工业和信息化部"十二五"规划教材

黑龙江省精品工程专项资金资助出版

U0292965

反应堆热工水力学

FANYINGDUI REGONG SHUILIXUE

主编 孙中宁 范广铭 王建军

哈尔滨工程大学出版社

内 容 简 介

本书以压水核反应堆为例,较全面地介绍了堆内热工水力过程的基本规律和基本计算方法,以及一些经典的分析方法和分析模型,主要包括核反应堆技术发展概况、反应堆的热源及其分布、反应堆稳态工况下的传热计算、反应堆稳态工况下的水力计算、堆芯稳态热工分析、堆芯瞬态热工分析、反应堆热工分析工具简介等。

本书既可作为高等学校核工程专业本科教材,也可供相关工程技术人员和科研人员参考。

图书在版编目(CIP)数据

反应堆热工水力学/孙中宁,范广铭,王建军主
编. —哈尔滨:哈尔滨工程大学出版社,2017.1(2019.1 重印)
ISBN 978 - 7 - 5661 - 1215 - 6

Ⅰ.①反… Ⅱ.①孙… ②范… ③王… Ⅲ.①反应堆
—热工水力学 Ⅳ.①TL33

中国版本图书馆 CIP 数据核字(2016)第 325232 号

责任编辑 雷 霞
封面设计 博鑫设计

出版发行 哈尔滨工程大学出版社
社　　址 哈尔滨市南岗区东大直街 124 号
邮政编码 150001
发行电话 0451 - 82519328
传　　真 0451 - 82519699
经　　销 新华书店
印　　刷 哈尔滨市石桥印务有限公司
开　　本 787 mm×1 092 mm　1/16
印　　张 15.25
字　　数 396 千字
版　　次 2017 年 1 月第 1 版
印　　次 2019 年 1 月第 2 次印刷
定　　价 35.80 元
http://www.hrbeupress.com
E-mail:heupress@hrbeu.edu.cn

前　言

核能的发展与和平利用是20世纪科技史上最杰出的成就之一。尽管核能在其发展历史上经历了曲折，但随着设计、运行、管理等各个方面的经验积累和技术发展，核能目前已被公认为是一种安全、清洁、可持续发展的能源，在世界范围内获得了广泛应用，我国也制定了积极发展核电的能源政策，是目前国际上规模最大、发展速度最快的核电市场。

反应堆的堆芯释热率从物理的观点上看，可以非常大，但从热工上看，则取决于堆内释热能否安全、经济地予以取出并加以利用，反应堆的瞬态运行特性和事故工况的安全性都与反应堆热工有密切关系，因此，充分了解反应堆燃料元件的传热特性、冷却剂的流动特性和热量传输特性，掌握相应的分析方法，对反应堆设计和反应堆运行都至关重要。

本教材以压水核反应堆为例，从基本概念和基本原理出发，较全面地介绍了堆内热工水力过程的基本规律和基本计算方法，以及一些经典的分析方法和分析模型。从内容编排上，注意深入浅出，循序渐进，并适当吸收最新的研究成果，使教材内容既能满足本科教学的需要，也能为工程设计人员提供参考。

全书共分7章，其中，第1章简要介绍了核反应堆技术的发展概况和一些具有代表性的压水堆、沸水堆、重水堆，以及一些新概念水冷堆的结构设计和工作原理，并在此基础上介绍了热工水力分析的主要任务；第2章主要介绍了反应堆堆芯释热及其分布规律；第3章首先简要介绍了反应堆堆内传热涉及的基本理论和基本计算方法，在此基础上，重点介绍了典型燃料元件的径向和轴向温度分布的计算方法；第4章介绍了反应堆内稳态水力特性分析方法，主要包括冷却剂的流动压降、临界流动、自然循环和流动不稳定性的计算与分析；第5章简要介绍了反应堆稳态热工水力设计原理、方法和步骤，并对单通道模型和子通道模型进行了讨论；第6章介绍了反应堆瞬态热工水力分析模型和典型求解方法；第7章对目前已获得广泛应用的系统分析程序和典型CFD计算程序的结构和应用等进行了简要介绍。

本书的编写分工如下：孙中宁编写第1,2章和第3章的3.1节至3.3节，并负责全书的统稿和内容审核；范广铭编写第3章的3.4节至3.7节和第4章；王建军编写第5,6,7章。在本书的编写过程中，硕士研究生李文超、李伟超、郭恒辰等参加了书稿的校对工作，编者在此表示衷心的感谢！

在本书的编写过程中，编者总结了哈尔滨工程大学在"反应堆热工水力学"课程教学上的经验，参考了国内外已出版的反应堆热工水力学分析、流体力学、两相流、传热学等方面的教材和参考文献。由于编者水平有限，加之时间仓促，书中难免有疏漏和错误之处，敬请读者批评指正。

编　者

2016年1月

主要字母表

A　　面积,m^2

C_{PR}　堆芯和一回路的总阻力系数,m^{-4}

c_p　　比定压热容,$J/(kg \cdot K)$

c_V　　比定容热容,$J/(kg \cdot K)$

D　　通道的直径,m

D_e　　通道的当量直径,m

E　　能量,J

F_a　　堆芯的释热占堆总释热的份额

f　　摩擦阻力系数

f_{fo}　全液相摩擦系数

G　　质量流速,$kg/(m^2 \cdot s)$

G_c　　临界质量流速,$kg/(m^2 \cdot s)$

g　　重力加速度,m/s^2

Z　　堆芯高度,m

Z_e　　堆芯外推高度,m

H　　比焓,J/kg

H_0　　两相流的滞止焓,J/kg

H_{f0}　液相滞止焓,J/kg

H_{g0}　气相滞止焓,J/kg

H_{fs}　饱和液体的比焓,J/kg

H_{gs}　饱和蒸汽比焓,J/kg

H_{fg}　汽化潜热,J/kg

J　　两相流的折算速度,m/s

L　　通道长度,m

L_e　　流体达到定型流动时的进口长度,m

M　　质量流量,kg/s

N　　核密度,cm^{-3}

P_h　　通道湿润周长,m

p　　压力,Pa

p_0　　滞止压力,Pa

p_b　　背压,Pa

Δp_{el}　重位压降,Pa

Δp_a 加速压降,Pa

Δp_f 摩擦压降,Pa

Δp_c 形阻压降,Pa

Δp_e 有效压头,Pa

$\Delta p_{c,e}$ 截面突然扩大的形阻压降,Pa

$\Delta p_{c,c}$ 突然缩小的形阻压降,Pa

Δp_{gd} 定位架形阻压降,Pa

q_v 体积释热率,W/m^3

q 表面热负荷,W/m^2

R 堆芯半径,m

R_e 堆芯外推半径,m

S 滑速比

S^* 临界流动时滑速比

T 温度,K

u 速度,m/s

V 体积流量,m^3/s

υ 比体积,m^3/kg

υ_{fg} 气液两相比体积差,m^3/kg

υ_{gs} 饱和蒸汽比体积,m^3/kg

υ_{fs} 饱和液体比体积,m^3/kg

υ_m 均质两相流比体积,m^3/kg

υ_M 动量平均比体积,m^3/kg

υ_E 能量平均比体积,m^3/kg

X 马蒂内里参数

x 质量含气率

x_e 热力学含气率

β 体积含气率

μ 动力黏度,N·s/m^2

ν 运动黏度,m^2/s

ρ 密度,kg/m^3

ρ_m 均质两相流密度,kg/m^3

ρ_o 两相流的真实密度,kg/m^3

τ 切应力,Pa

a 截面含气率

Ω 修正系数

ϕ 中子通量,1/(cm^2·s)

σ_f 　微观裂变截面,cm^2

Σ_f 　宏观裂变截面,cm^{-1}

ξ 　形阻系数

ξ_e 　突然扩大形阻系数

ξ_c 　突然缩小形阻系数

ξ_{gd} 　定位架形阻系数

ε 　通道表面的绝对粗糙度,m

$\dfrac{\varepsilon}{D}$ 　通道表面的相对粗糙度

θ 　通道轴线与水平面间的夹角,(°)

φ 　定位架正面的凸出截面积与棒束中的自由流通截面积之比

Φ_f^2 　分液相倍增系数

Φ_g^2 　分气相倍增系数

Φ_{fo}^2 　全液相倍增系数

Φ_{go}^2 　全气相倍增系数

$\dfrac{\mathrm{d}p_f}{\mathrm{d}z}$ 　摩擦压降梯度,$N/(m^2 \cdot m)$

$\dfrac{\mathrm{d}p_{el}}{\mathrm{d}z}$ 　重位压降梯度,$N/(m^2 \cdot m)$

$\dfrac{\mathrm{d}p_a}{\mathrm{d}z}$ 　加速压降梯度,$N/(m^2 \cdot m)$

$\left(\dfrac{\mathrm{d}p}{\mathrm{d}z}\right)_{fo}$ 　全液相摩阻梯度,$N/(m^2 \cdot m)$

$\left(\dfrac{\mathrm{d}p}{\mathrm{d}z}\right)_{go}$ 　全气相摩阻梯度,$N/(m^2 \cdot m)$

Re 　雷诺数

Re_d 　棒束组件的雷诺数

下标

g 　气相

f 　液相

in 　进口

out 　出口

s 　饱和

w 　壁面

目 录

第 1 章 绪 论

1.1 核反应堆技术发展概况

核能是目前比较成熟并已在工业上获得大规模应用的清洁能源。核反应堆是一种能将核能持续可控地转换为热能的装置。自 1954 年 4 月第一艘核潜艇在美国下水,1954 年 6 月 27 日世界上第一座核电站在苏联建成并网发电以来,反应堆技术得到了快速发展,研究人员相继开发了多种类型的反应堆。按中子能量不同,反应堆可分为慢中子反应堆(或热中子反应堆)、中能中子反应堆和快中子反应堆;按所使用燃料不同,反应堆可分为浓缩铀反应堆、天然铀反应堆、混合燃料反应堆和钍基燃料反应堆;按冷却剂/慢化剂种类不同,反应堆可分为压水反应堆、沸水反应堆、重水反应堆、气冷堆、液态金属堆、熔盐堆和有机堆;按用途不同,反应堆可分为动力堆、研究堆、生产堆和生产动力堆;按燃料在堆内的分布形式不同,反应堆可分为均匀堆和非均匀堆。

在核电领域,核电站的建设经历了四个阶段:实验示范阶段(1965 年以前),期间全球共有 38 台机组投入运行;快速推广阶段(1966—1980 年),在此期间全球共有 242 台核电机组投入运行;缓慢发展阶段(1981—2000 年),主要是由于经济发展减缓导致电力需求下降,尤其受 1979 年美国三里岛核电站事故以及 1986 年苏联切尔诺贝利核泄漏事故的影响,全球核电发展速度明显放缓;核电发展逐步复苏阶段(2001 年至今),随着核电技术的不断进步,以及世界能源紧张形势的加剧和温室气体减排压力的增加,核电重新受到青睐,核电发展逐步复苏,期间尽管经历了福岛核泄漏事故,但并未从根本上改变核电大国发展核电的态势,只是对核电机组的设计和运行安全提出了更加严格的要求。

伴随着核电站的建设,研究人员相继开发了三代核反应堆:第一代反应堆以原型堆的形式在 20 世纪五六十年代投入应用;第二代反应堆以大型商业化核电站的形式在 20 世纪 70 年代出现并运行至今,包括美国、欧洲国家和日本的压水堆(PWR)与沸水堆(BWR),俄罗斯的轻水堆(VVER)以及加拿大开发的坎杜重水堆(CANDU),第二代反应堆已经在环境和经济等方面验证了核电的安全性和竞争力;第三代反应堆发展于 20 世纪 90 年代,最具代表性的有美国研发的先进沸水堆(ABWR)和先进压水堆(AP1000),以及法国推出的欧洲先进压水堆(EPR),第三代反应堆将安全作为首要参考因素,主要目标是进一步提高反应堆的安全性。

2000 年 5 月,美国能源部又发起并组织了近百名专家就第四代核电的一般目标问题进行研讨,举办了第四代核能国际论坛,将超高温气冷堆、超临界水冷反应堆、气冷快堆、钠冷快堆、铅冷快堆和熔盐堆作为下一代核反应堆的首选堆型,其目标是通过革命性的技术革新,使核电不仅在经济性和安全性方面更具有竞争力,而且能够防止核扩散,实现核电的长期可持续发展。

中国尽管是世界五个核大国之一,但民用核电事业的发展却起步很晚,直到 1991 年 12

月,首座自行设计建造的 300 MW 秦山核电站才并网发电。1994 年 2 月和 5 月从法国引进的两套 900 MW 核电机组在广东大亚湾建成并投入商业运行,从此揭开了我国(台湾地区除外)大规模和平利用核能的历史进程,此后又先后引进了加拿大的 CANDU – 6、俄罗斯的 VVER – 1000、美国的 AP1000 和法国的 EPR1000。与此同时,我国也在不断加强自主研发,在先后完成 600 MW 和 1 000 MW 压水堆核电机组自主设计的同时,还研制开发了具有完全自主知识产权的第三代核电机组"华龙一号"和 CAP1400,以及具有第四代核电技术特征的模块式高温气冷堆。目前,我国已具备了自主发展核电的经济基础和技术力量,拥有巨大的国内电力需求市场,此外,一套完整的市场机制也正在不断完善当中。截至 2015 年 1 月 1 日,全国共有 22 个核电机组投入运行,另有 27 个核电机组正在建设中,总装机容量达到 48 643 MW,我国被认为是今后二十年内世界上最大的核电市场。

1.2　核反应堆简介

用于发电的反应堆有压水堆、重水堆、沸水堆、高温气冷堆、钠冷快中子堆等。根据国际原子能机构公布的数据,截至 2014 年 12 月 31 日,全世界正在运行的核电机组共有 438 台,其中绝大多数都是水冷堆,所占份额超过 90%。因此,本节主要对具有代表性的压水堆、沸水堆、重水堆,以及一些新概念水冷堆设计进行简要介绍。反应堆的堆型不同,它们的结构形式、冷却剂特性、运行参数和安全要求等方面也有很大差异。为了使问题便于讨论,并考虑我国选择发展核能的主要堆型,本书将以压水堆作为主要研究对象进行相关内容的介绍。

1.2.1　压水堆(PWR)

压水堆核电机组约占世界在运核电机组总数的 60%。压水堆主要由反应堆压力容器、堆芯、堆芯支撑结构和控制棒驱动机构等部分组成,如图 1 – 1 所示。压水堆利用轻水作冷却剂和慢化剂,一回路工作压力一般在 15.5 MPa 左右,冷却剂在流过堆芯时一般不出现饱和核态沸腾,堆芯出口冷却剂有 15 ~ 20 ℃的过冷度。

反应堆压力容器是放置堆芯和堆内构件,使核燃料的链式裂变反应被限制在一个密封的空间内进行,防止放射性物质外泄的高压设备,它的完整性直接关系到反应堆的正常运行和使用寿命。压力容器带有偶数(4 ~ 8)个进出口管嘴,整个容器由进出口管嘴下部钢衬与混凝土基座支撑,可移动的上封头用螺栓与筒体固定。

堆芯是反应堆的核心部分,是放置核燃料,实现持续的受控链式反应,从而成为不断释放出大量能量,并将核能转化为热能的场所。压水堆堆芯由核燃料组件、控制棒组件、固体可燃毒物组件、阻力塞组件以及中子源组件等组成,并由上下栅格板及堆芯围板包围起来后,依靠吊篮定位于反应堆压力容器冷却剂进出口管的下方。

现代压水堆中大多数核燃料组件由燃料棒、导向管、定位格架和上下管座组成(如图 1 – 2 所示),燃料棒呈 17 × 17 正方形排列。导向管与 8 ~ 11 层格架和上下管座连接,组成基本的燃料组件结构骨架,燃料棒则被支撑并夹紧在这个结构骨架内,棒的间距沿组件的全长保持不变,每个组件共有 289 个栅元,设有 24 根导向管和 1 根堆内通量测量管,其余 264 个栅元装有燃料棒。

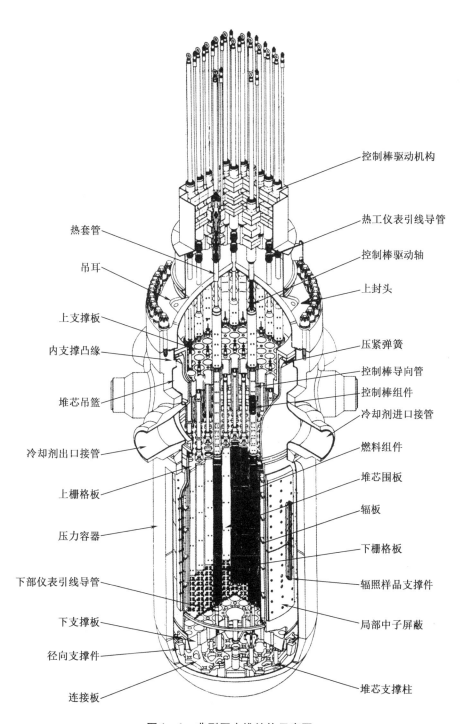

控制棒驱动机构

热工仪表引线导管

控制棒驱动轴

热套管

吊耳

上封头

上支撑板

内支撑凸缘

压紧弹簧

控制棒导向管

控制棒组件

堆芯吊篮

冷却剂进口接管

冷却剂出口接管

燃料组件

堆芯围板

上栅格板

辐板

压力容器

下栅格板

下部仪表引线导管

辐照样品支撑件

下支撑板

局部中子屏蔽

径向支撑件

连接板

堆芯支撑柱

图 1-1 典型压水堆结构示意图

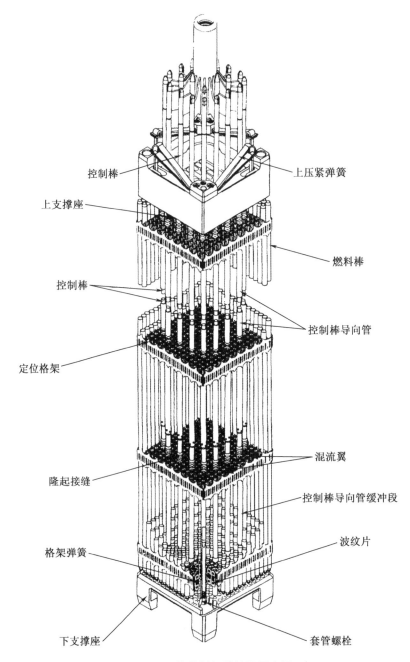

控制棒　　　　　　　　　　　　　　　上压紧弹簧

上支撑座

燃料棒

控制棒

控制棒导向管

定位格架

混流翼

隆起接缝

控制棒导向管缓冲段

波纹片

格架弹簧

下支撑座　　　　　　　　　　　　　　套管螺栓

图 1-2　核燃料组件结构示意图

　　燃料棒是核燃料组件的核心,直径约 10 mm,长 3~4 m,用锆合金作包壳,内装二氧化铀芯块,并在包壳管内腔预先充有 3 MPa 的惰性气体氦,以此保证当燃料元件棒工作到接近寿期末时,包壳管内氦气加上裂变气体的总压力同包壳管外面冷却剂的工作压力值相近。包壳既保证了燃料棒的机械强度,又将核燃料及其裂变产物包容住,构成了强放射性裂变产物与外界环境之间的第一道屏障。

　　控制棒组件采用棒束型结构,一般采用铪或银-铟-镉合金作控制棒的吸收体,外包不锈钢包壳。每个组件的控制棒通过上部的指状连接头组成一束,在控制棒机构的驱动下做上下移动,用于控制和调节堆芯内裂变中子的数目,以此达到控制反应堆功率的目的。

中子源组件的主要作用:一是提高堆内中子通量水平,增加仪表测量精度,为堆的安全启动提供可靠的依据;二是在反应堆启动时起"点火"的作用。中子源由可以自发产生中子的材料制成。中子源一般做成小棒形状,在反应堆装料时放入空的控制棒导向管内。

控制棒驱动机构是反应堆控制和保护的伺服机构,其主要功能是实现控制棒的提升、下插、保持和快插,通过一系列动作来完成反应堆的启动、功率调节、功率保持、停堆,以及在事故工况下实现快速停堆,保证反应堆安全。控制棒驱动机构有多种结构形式,在压水堆核电站中一般采用电磁驱动的步进式控制棒驱动机构。该类型控制棒驱动机构具有提棒精度高,不易失步,在需要紧急停堆时只需切断电源,控制棒便可由自身重力驱动,快速插入堆芯等优点。

反应堆运行时,用作慢化剂兼冷却剂的水,从进口接管流入压力容器,沿吊篮与压力容器内壁之间的环形通道流向堆芯下腔室,然后转而向上流经堆芯,带走堆芯产生的热量。加热后的冷却剂经由上栅格板、上腔室,经出口管嘴流出,进入环路的热管段。随后,冷却剂进入蒸汽发生器,将热量传递给二次侧的工质产生蒸汽。经冷却的水从蒸汽发生器出来后,通过冷却剂泵升压,之后进入环路冷管段,最终流回反应堆容器,构成闭合回路。

1.2.2 先进压水堆(APWR)

自20世纪90年代开始,为了进一步提高核电应用的安全性,世界核能界集中力量对核电站专设安全系统和严重事故的预防与后果缓解进行研究,开发出了安全性、经济性更高的第三代核电技术。通过采用非能动安全系统或者增加安全系统的冗余度,增设缓解严重事故后果的工程设施,以及应用数字化仪控系统等先进技术降低核电站的严重事故风险,实现更高的安全目标,使核电技术向更安全、更经济的方向发展。美国西屋开发的先进压水堆 AP1000 就是其中的典型代表。

AP1000 反应堆的一回路保留了现役压水堆的大部分设计特点,并增加了若干改进型设计以提高系统的安全性和可维修性。一回路系统由两个环路组成,每个环路包括一台蒸汽发生器、两台反应堆冷却剂泵,以及一根冷却剂主管道热管段和两根冷管段,其中冷却剂泵采用的是屏蔽泵,泵入口与蒸汽发生器下封头直接相连(如图 1 - 3 所示),使一回路系统得到明显简化,进而减少了在役检修量,并提高了系统和设备的可维修性。

AP1000 沿用了成熟的压水堆技术,并稍作改进。其中最显著的特点是在事故应急中采用了非能动堆芯冷却系统,利用自然界的固有规律,如流体所受重力、自然对流、扩散、蒸发和冷凝等来冷却反应堆和带走堆芯余热,没有泵、风机、柴油机、制冷剂或者安全系统所需要的其他旋转机械,也不需要与安全相关的交流电源。

非能动堆芯冷却系统由非能动余热排出系统和非能动安全注入系统两部分组成,主要包括两个堆芯补水箱、两个安注箱、安全壳内置换料水箱、非能动余热排出热交换器,以及相关的管道、阀门、仪表和其他设备,另外,作为反应堆冷却剂系统一部分的自动降压系统和喷淋器也是非能动堆芯冷却系统重要功能的组成部分。非能动堆芯冷却系统可保证当发生事故并失去交流电源后 72 h 以内无须操纵员动作就可以保持堆芯的冷却和安全壳的完整性,如图 1 - 4 所示。

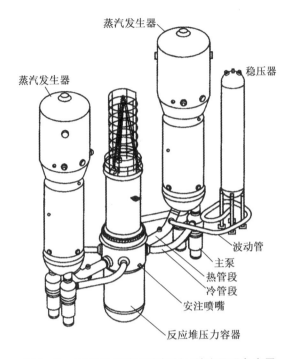

图 1 - 3　AP1000 反应堆冷却剂系统主要设备布置

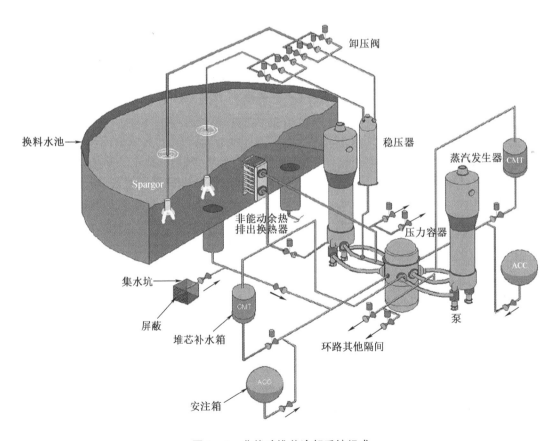

图 1 - 4　非能动堆芯冷却系统组成

非能动堆芯余热排出系统的功能主要是在非 LOCA(失水)事故工况下应急排出堆芯余热。非能动余热排出热交换器的上进水口与反应堆热管段相连,出水口与蒸汽发生器的下封头冷腔室相连,热交换器位置高于堆芯冷却系统环路,从而在反应堆冷却剂泵不可用时,使冷却剂依靠自然循环流过热交换器。

堆芯补水箱的主要功能是在发生 LOCA 事故工况下,当正常补给系统不可用或补水不足时,对反应堆冷却剂系统提供补给和硼化。两个堆芯补水箱位于安全壳内稍高于反应堆冷却剂环路标高的位置。当蒸汽管线发生破裂时,堆芯补水箱中的硼水能够为堆芯提供足够的停堆裕度。

安注箱的主要功能是在发生 LOCA 事故时依靠安注箱上部空间的压缩氮气非能动地向反应堆压力容器注入高流量的硼水,从而迅速冷却堆芯。由于安注箱总容量只有 $56.6\ m^3$,所以安注箱可提供几分钟的高流量安注。安全壳内置换料水箱的底部在反应堆冷却剂系统标高的上面,使硼水能在反应堆冷却剂系统充分降压后靠重力作用注入反应堆冷却剂系统。堆芯补水箱、安注箱、安全壳内置换料水箱,以及安全壳非能动冷却系统保证了反应堆冷却剂系统在发生失水情况时,能够提供4种不同的水源进行非能动安注。其中堆芯补水箱能较长时间提供相对高流量的安注,安注箱能在短时间(数分钟)里提供大流量的安注,安全壳内置换料水箱能提供更长时间的低流量安注。上述3个水源安注结束后,压力容器被淹,安全壳系统成为最终的长期冷却热阱。

1.2.3 沸水堆(BWR)

沸水堆也是轻水堆的一种类型,约占在运反应堆总数的18%。它与压水堆的本质区别是降低了一回路冷却剂的工作压力,一回路冷却剂在堆芯内发生饱和沸腾,并将产生的蒸汽直接送往汽轮机做功发电。

沸水堆的外壳是一个钟罩形的压力容器,内部装有堆芯、堆内支撑结构、汽水分离器、蒸汽干燥器和喷射泵等设备,上盖用螺栓与壳体连接,换料时可以打开,壳体与底部支撑焊接固定,如图 1-5 所示。

沸水堆的堆芯主要由核燃料组件、控制棒及中子测量探头等组成,布置在压力容器内中间偏下的部位。在堆芯外面是堆芯围筒,在堆芯围筒与压力容器之间设置有冷却水喷射泵,用于将来自汽水分离器的水和从汽轮机冷凝器流回的给水送回到堆芯区再循环。堆芯的顶部设置有汽水分离器和蒸汽干燥器,将堆芯内产生的汽水混合物进行汽水分离、干燥,提高蒸汽的干度,然后送往汽轮机做功。

沸水堆的燃料元件与压水堆的类似,一般也是采用棒状燃料元件,长约 4 m,但外径略粗,约为 12 mm。燃料组件是将元件棒按 7×7 或 8×8 排列成正方形栅阵,中间由几层弹簧格架定位夹紧,装入锆合金的方盒内,构成方盒组件,如图 1-6 所示。

沸水堆采用碳化硼作为中子吸收材料,封装在极细的不锈钢管内,然后再将这些不锈钢管排列组装成十字翼片形控制棒,插在四个方盒燃料组件之间,如图 1-7 所示。控制棒驱动机构设置在反应堆底部外侧,通过液压传动系统,从反应堆的底部插入堆芯,驱动控制棒在燃料组件之间的空隙中运动,这样可以使堆芯轴向发热更加均匀,并便于反应堆压力容器上部设置喷射泵、汽水分离器和干燥器等设备。

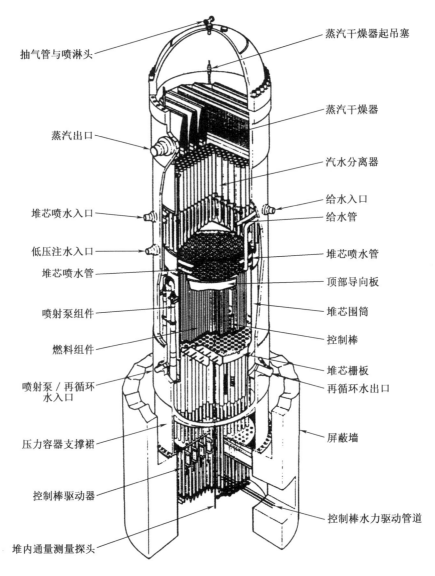

蒸汽干燥器起吊塞

抽气管与喷淋头

蒸汽干燥器

蒸汽出口

汽水分离器

给水入口

堆芯喷水入口

给水管

低压注水入口

堆芯喷水管

堆芯喷水管

顶部导向板

喷射泵组件

堆芯围筒

燃料组件

控制棒

喷射泵/再循环水入口

堆芯栅板

再循环水出口

压力容器支撑裙

屏蔽墙

控制棒驱动器

控制棒水力驱动管道

堆内通量测量探头

图1-5　沸水反应堆结构

　　沸水堆的冷却剂工作压力约为7 MPa,稍低于饱和温度的冷却剂从堆芯下部流入燃料棒之间的空隙,水流自下而上,在沿堆芯上升过程中,从燃料棒那里吸收热量,变成饱和温度为280 ℃的汽水混合物,然后进入汽水分离器,经过汽水分离器将蒸汽与水分离,分离后的水通过喷射泵仍送回到堆芯,而蒸汽通过干燥器后成为高干度蒸汽,直接送往汽轮机做功,做功后的乏汽在冷凝器中凝结成水,经净化、加热器加热后再由给水泵送回反应堆,形成闭式循环。

1.2.4　先进沸水堆(ABWR)

　　先进沸水堆(ABWR)仍具有沸水堆(BWR)的基本设计特点,是集沸水堆几十年的运行经验和不断改进而逐步发展起来的,其先进性、安全性和经济性均有明显提高,实现了一体

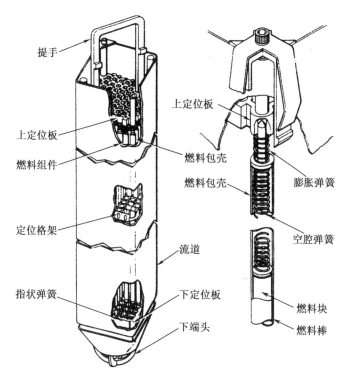

图 1-6 沸水反应堆燃料组件

化设计,如图 1-8 所示。相较于 BWR,ABWR 的改进主要体现在以下几方面:

(1)改进堆芯和燃料设计。首先,是堆芯燃料元件铀的富集度沿元件长度分成两段,上段为高浓度区,下段为低浓度区。由于运行时反应堆上部含气率高,中子慢化能力差,故用高浓度燃料予以补偿,起到展平轴向功率的作用,在径向上则是通过装载具有不同富集度的核燃料进行展平。其次,是在燃料组件中装有一定数量的含钆燃料棒以平衡燃耗,这样就不需要再设置燃耗补偿棒,使控制棒总数大为减少。同时,通过燃料富集度和钆毒物的不同轴向分布,使得运行时控制棒几乎全部提出堆芯外。最后,是采用纯锆内衬包壳管,在燃料元件上、下两端加装天然铀再生段。这些措施都提高了中子的经济性。

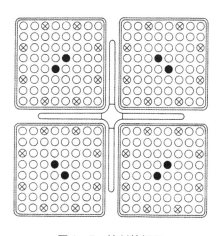

图 1-7 控制棒栅元

○燃料棒;●水棒;⊗定位棒

(2)改进冷却剂回路设计。将原来压力容器外侧的反应堆冷却剂再循环泵改为安装在压力容器内部的内置泵,通过可控硅驱动水泵电机,这样既可以保证堆芯部位以下没有大口径管嘴及其导致的大破口事故,又可以减少在役检查的工作量和职业辐照量,还有利于实现反应堆厂房小型化。再加上堆内测试系统所完成的自动三维堆芯功率矫正,就可以根据负荷及其分布调节冷却剂流量和分布,提高反应堆的经济性。

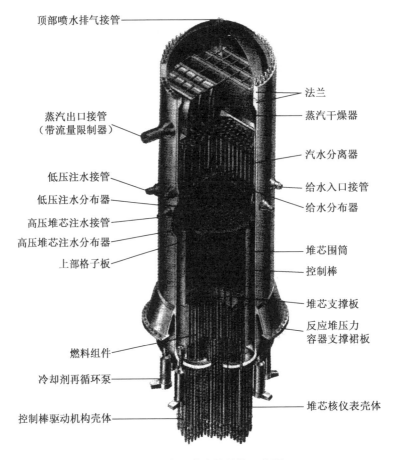

图1-8 先进沸水堆结构示意图

（3）改进堆内结构。将汽水分离器由二级改为三级,保证了更高的蒸汽干度,使汽轮机的效率和使用寿命得到提高;由于先进沸水堆采用了内置泵,消除了反应堆压力容器外大口径管道破裂的可能性,因此将堆芯喷淋和低压堆芯围板内注水均改为堆芯围板外注水,使堆内构件结构大为简化;上栅格板由组装式改为整板加工式,并将上围筒与上栅格板合成一体,增强了结构的抗震能力。

（4）改进控制棒驱动机构。控制棒驱动机构由普通沸水堆的水力驱动改为电力和水力双动力驱动。具体而言,就是当需要快速停堆时,仍采用水力驱动,充分利用水力驱动速度快、不易被卡住的优点;而当需要步进动作时,则采用步进电机进行电力驱动,使动作步长由水力驱动的每步76 mm,减小到每步18 mm,使控制精度显著提高。

1.2.5 重水堆

重水堆也是发展较早的核电站动力堆之一。从20世纪50年代初起,加拿大原子能有限公司（AECL）就开始研究重水慢化天然铀动力反应堆,简称为CANDU型反应堆。经历了长期考验后,CANDU型反应堆已成为世界上少数几个比较成熟的堆型之一,约占世界在运核电机组总数的11%。我国的秦山核电站三期采用的就是该堆型。

CANDU 型重水堆为压力管卧式反应堆,结构如图1-9所示。反应堆本体是一个大型水平放置的圆筒形容器,通称排管容器。里面盛有低温、低压的重水慢化剂,在容器内贯穿许多根水平管道,称为燃料管道,其中装有天然铀燃料棒束和高温、高压重水冷却剂。低温的慢化剂也设有循环冷却系统,用于将高温燃料管道传给慢化剂的热能和重水本身与中子及 γ 射线相互作用产生的热能带走。由于重水的热中子吸收截面大大低于轻水,因此,重水堆可以直接利用天然铀作反应堆核燃料,而不受铀浓缩能力的限制,这是重水反应堆的突出优点。不过由于重水的慢化能力较轻水差,且价格较高,导致反应堆的结构复杂,体积也比轻水堆大,其造价一般要比轻水堆高 $10\% \sim 20\%$ 。

CANDU 型堆堆芯由 380 根压力管排列组成,每根压力管内装有 12 或 13 束燃料组件。为了防止热量从冷却剂重水中传出来,在每根压力管外都设置一根同心的容器管,两管之间充装干燥的氮气作绝热层,以保持慢化剂温度低于 $60 \ ℃$,压力管和容器管贯穿在充满重水的反应堆排管容器中,两端由法兰固定,与壳体连成一体。控制棒设置在反应堆上部,穿过反应堆排管容器插入压力管束间隙的慢化剂中。对反应性的调节,除采用控制棒外,还可用改变反应堆容器中重水慢化剂的液位来实现,快速停堆时将控制棒快速插入堆内,同时打开装在反应堆容器底部的大口径排水阀,把重水慢化剂急速排入储水箱内,以减少反应性,从而达到停堆的目的。

重水堆用天然铀(或稍富集铀)作燃料,并将其压制、烧结成二氧化铀圆柱状芯块,装在外径为 20 mm,长约 500 mm 的锆合金包壳管内。锆合金包壳里装有 29 个燃料芯块,密封构成棒状燃料元件。由 19 根到 37 根数目不等的燃料元件棒组成一束,棒之间用锆合金定位块隔开,端头由锆合金支撑板连接,构成长约 500 mm,外径为 100 mm 左右的燃料棒束。

反应堆的一回路系统分为左右两个相同的环路,对称布置(图1-10),每一个环路有两台蒸汽发生器和两台主泵,蒸汽发生器和冷却剂泵安装在反应堆的两端,并通过管道连接而成。整个一回路系统设有一台稳压器用于维持较高的系统压力。运行时,冷却剂在主泵的唧送下从反应堆的左侧环路流进堆芯的一半燃料管道,对燃料进行冷却并将热量带出,在流经右侧环路蒸汽发生器时将热量传递给二回路侧产生蒸汽,然后再在右侧环路主泵的唧送下,以相反的方向使冷却剂流入另一半燃料管道,将燃料的热量带出,并传递给左侧的蒸汽发生器用于产生蒸汽。蒸汽发生器产生的蒸汽被送往汽轮机进行做功发电。

1.2.6 一体化压水堆(IRIS)

IRIS(International Reactor Innovative and Secure)是一个由美国西屋公司领导的国际性联盟共同设计研发的新型反应堆,其目的是达到由美国能源部提出的第四代核电系统的四大目标,即防止核扩散、提高安全性、提高经济竞争力和减少废物。该堆采用了成熟的压水堆技术和一体化设计(图1-11),其反应堆压力容器不仅包容了堆芯、燃料组件和堆内构件,同时也将冷却剂系统的主要部件(如冷却剂泵、蒸汽发生器、稳压器、控制棒驱动机构和中子反射层等设备)容纳在其内部。

IRIS 的堆芯设计与西屋公司设计的回路式压水堆堆芯相似,也采用了棒状二氧化铀燃料和 17×17 正方形栅格燃料组件,但燃料富集度达到 4.95% 。反应性采用固体可燃毒物、控制棒和在反应堆冷却剂中加入极少量的可溶硼进行控制,堆芯平均线功率密度为 AP600 的 75% ,换料周期和方式为 3~4 年进行半堆换料。8 台冷却剂泵和 8 台螺旋管直流蒸汽发生器布置在堆芯围板外侧和压力容器内侧壁的环形空间里,不锈钢反射层围绕在堆芯周

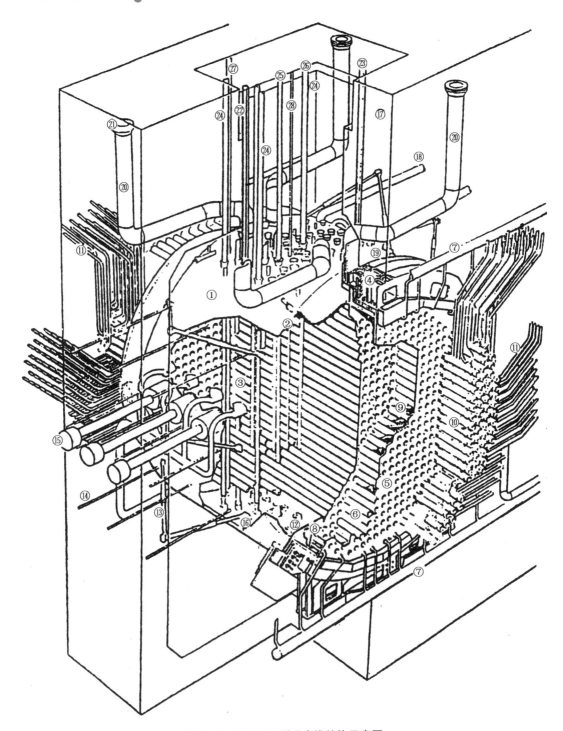

图 1-9 CANDU 型反应堆结构示意图

1—排管容器;2—排管容器外壳;3—容器管;4—嵌入环;5—换料机侧管板;6—端屏蔽延伸管;7—端屏蔽冷却管;

8—进出口过滤器;9—钢球屏蔽;10—端部件;11—进水管;12—慢化剂出口;13—慢化剂入口;

14—通量监测器和毒物注入;15—电离室;16—抗震阻尼器;17—堆室壁;18—堆室冷却水管;19—慢化剂溢流管;

20—泄压管;21—爆破膜;22—反应堆控制棒管嘴;23—观察口;24—停堆棒;25—调节棒;26—控制吸收棒;

27—区域控制棒;28—垂直通量监测器

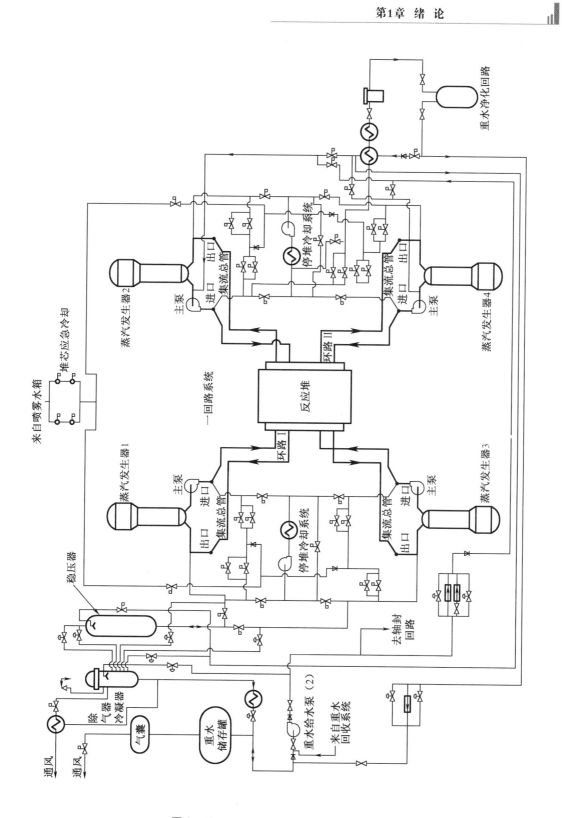

图1-10 CANDU 型反应堆一回路系统示意图

围,这既提高了中子利用的经济性,也提供了附加的内部屏蔽。稳压器位于压力容器的上封头处。稳压器区通过一个倒置的顶帽式结构将其中的饱和水与循环的冷却剂分隔开,与传统核电站的独立式稳压器相比,IRIS稳压器提供了非常大的水容积和蒸汽容积,因此,稳压器不再需要喷淋。运行时,冷却剂水向上流经堆芯并穿过上升段后,在上升段顶部进入堆芯围板和压力容器内部之间的环形空间处的主泵吸入口,由冷却剂泵进行强迫循环,冷却剂从泵的出口出来并直接向下流过与每台泵相连的蒸汽发生器传热管外侧,在蒸汽发生器中进行换热后,一次侧流体沿堆芯外部的环形下降段流到压力容器下腔室并重新流回堆芯,从而完成一次循环。

由于IRIS采用了一体化布置方式,使得反应堆压力容器比传统压水堆大,堆芯上部空间较高,冷却剂流动阻力较小,取消了原来独立的压力容器与大型回路之间的连接管道。这一方面,从设计上消除了发生大破口事故的可能性,使中小破口事故的后果得到有效缓解,使堆内具备较大的自然循环能力;另一方面,也使一回路系统结构变得非常紧凑,其安全壳与分布式反应堆的安全壳相比,尺寸显著减小,从而大大减小了核电站的总尺寸。

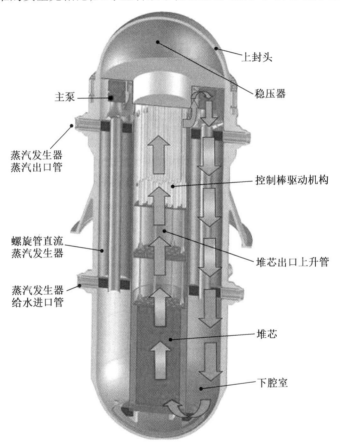

主泵
上封头
稳压器
蒸汽发生器蒸汽出口管
控制棒驱动机构
螺旋管直流蒸汽发生器
堆芯出口上升管
蒸汽发生器给水进口管
堆芯
下腔室

图 1-11　IRIS 结构示意图

1.2.7 固有安全反应堆(PIUS)

PIUS(Process Inherent Ultimate Safety Reactor)是由瑞典 ABB 公司设计的一款新概念固有安全反应堆。该堆的设计考虑了非常极端的事故假设:

(1)紧急情况下电厂操纵员完全不知所措,犯了一切可能犯的错误;

(2)机械的或电气的设备在需要时都不能发挥功能;

(3)除钢制压力容器外,任何承压构件均可能随时失效;

(4)电厂可能遭受内部或外部恐怖分子的蓄意破坏;

(5)极端的外部事件会作用于电厂;

(6)宽限期一周之后,可以相信有外来干预保证堆芯的连续冷却。

为了在如此极端的事故工况下仍能保证反应堆的安全,研究人员将压水堆与游泳池反应堆技术进行融合,提出了如图 1 - 12 所示的反应堆设计方案:反应堆整体被放置在一个深 45 m、总容积 3 500 m³、充满含硼水的预应力混凝土水池的下部,稳压器设置在水池的顶部,并与水池连为一体。反应堆外侧设置有围筒,反应堆上部设置有略高于水池的上升通道,围筒和上升通道连为一体,将水池与反应堆一回路隔离,并通过主管道与蒸汽发生器和主泵相连。同时,反应堆底部和上升通道顶部又分别通过一个被称为"密度锁"的通道结构与水池连通。水池内设置有依靠空气冷却的热量导出系统,用于保持池水温度一直处于较低水平。水池内壁表面覆有一层不锈钢衬里作为附加密封手段,在混凝土壁内预埋有两层密封钢衬筒,该容器用钢索预紧。除顶部外,水池筒体上没有贯穿件,这就消除了失水事故发生的可能性,唯一可能的冷却剂丧失途径是通过顶部稳压器的阀门排出蒸汽。由于堆芯布置在水池底部,可以保证长期被水所淹没。PIUS 堆芯采用缩短了的标准压水堆组件,燃料元件热负荷较低,冷却剂温度也比传统压水堆低约 30 ℃,因而有较大的 DNB 裕量。扁平的堆芯有利于克服轴向和径向氙振荡。

采用密度锁技术是 PIUS 的最大特点之一。密度锁是由两端开口的竖直小管组成的蜂窝状管束型通道,其内没有任何机械隔离部件,它的作用相当于一个"阀门"而又不像普通阀门那样具有阀芯和瓣膜。在反应堆正常运行期间,高温主冷却剂稳定地分层于低温含硼水之上,从而在上、下密度锁内形成稳定的冷/热流体交界面。在两个交界面之间,主回路高温水与水池内的低温水之间由于密度的不同而形成驱动压头,该驱动压头要依靠主泵所提供的水力压头平衡,使交界面位于密度锁中,从而将主回路与含硼水池中的两种不同温度的工质隔开,既使它们相互连通又阻止它们相互交混。这时,密度锁处于"关闭"状态。一旦反应堆发生主泵停运事故,冷/热流体交界面处的压力平衡将被打破,密度锁自动开启,池内含有较多硼酸的冷水就会从下密度锁进入堆芯,热水从上密度锁向下流出。这一行为首先使反应堆停闭,同时形成自然循环排出堆芯余热。可见,密度锁从"关闭"到投入工作的过程中不需要任何工作人员及外部动力的干预,仅仅依靠反应堆自身运行特性来实现反应堆的安全停堆,以此保证在发生任何严重事故的情况下,都能使堆芯得到及时冷却,因此被认为是固有安全性极高的反应堆。

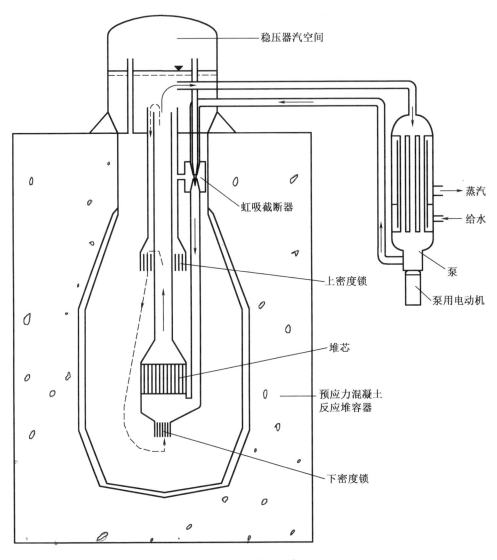

稳压器汽空间

虹吸截断器

蒸汽

给水

泵

泵用电动机

上密度锁

堆芯

预应力混凝土
反应堆容器

下密度锁

图 1－12　PIUS 示意图

1.2.8　超临界水冷堆(SCWR)

超临界水冷堆的概念最先是由美国西屋公司(Westinghouse)和通用电气(General Electric)在 20 世纪 50 年代提出的,美国和苏联分别于 20 世纪 50 年代和 60 年代对 SCWR 做了初步研究。在 20 世纪 70 年代,阿贡国家实验室(ANL)对这一概念做了回顾总结。经过 30 多年核能发展的低潮之后,在 20 世纪 90 年代初,日本东京大学的 Oka 教授重新提出超临界水冷堆这一概念,并且有了进一步的发展。超临界水冷堆作为唯一入选第四代核能系统开发的水冷型反应堆,具有机组热效率高、系统简化、主要设备和反应堆厂房小型化、技术继承性好、核燃料利用率高等突出优点。

SCWR 是基于成熟的水冷堆技术和超临界火电技术展开设计的。在多个不同设计方案中,以日本提出的压力容器式热中子谱超临界水冷堆系统最为典型,如图 1－13 所示。该方案取消了蒸汽发生器、稳压器和二回路相关系统,整个装置是一个简单的闭式直接循环系统。超临界压力水通过反应堆堆芯加热后直接引入汽轮机做功,实现了直接循环,使系统大大简化,系统的运行可靠性得到显著提高。

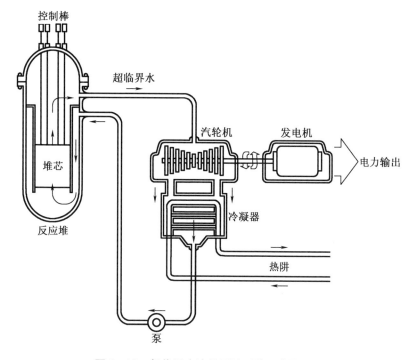

图 1 − 13 超临界水冷堆回路系统示意图

SCWR 堆芯使用二氧化铀芯块和镍基合金包壳,制成棒状燃料元件,采用密集栅布置,相邻燃料棒间距减小至 1.0 mm 左右,反应堆运行压力提高到 25 MPa,反应堆出口温度达到 510 ~ 550 ℃,堆芯流量只有传统轻水堆的 1/10。因此,与相同功率的压水堆相比,超临界水冷堆的体积显著减小,系统的热效率达到 40% 以上。与之相适应,为了展平功率分布并克服冷却剂慢化能力不足和镍基合金包壳热中子吸收率高的问题,堆芯采用方形盒装燃料组件(图 1 − 14),燃料棒在组件内呈方格形布置,300 根燃料棒和 24 根含钆燃料棒布置在方格线上,方格内和燃料组件盒壁都被设计成水棒结构,燃料富集度在径向上保持均匀,但在轴向上分三段采用不同富集度,燃料平均富集度达到 6.3%。反应堆运行采用控制棒束作为主要的反应性控制手段,控制棒驱动机构安装在反应堆压力容器顶部,辅助的停堆反应性控制通过硼水注入系统来实现,两套系统均能在冷态下使反应堆停堆。

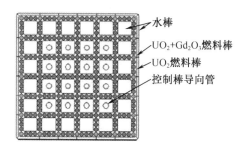

图 1 − 14 超临界水冷堆燃料组件横截面示意图

SCWR 的实际应用还有许多技术问题待解决,涉及反应堆物理、反应堆热工、反应堆材料、反应堆水化学、系统控制、计算机分析程序等诸多方面。

1.3　核反应堆热工分析的任务

对于各种用途的反应堆,最基本的要求是安全。保证反应堆的安全,就是要求在整个寿命期内能够长期稳定运行,并能够适应启动、功率调节和停堆等功率变化,要保证在一般事故工况下堆芯不会遭到破坏,甚至在最严重的事故工况下,也要保证堆芯中的放射性物质不扩散到周围环境中去。在确保安全的前提下,还要尽可能提高反应堆的经济性,为此要设法降低造价、减少燃料的装载量、提高冷却剂的温度等来提高电厂的热力循环效率。对于某些特殊用途的反应堆,还有一些特殊的要求。例如,对于舰船用动力反应堆,就要求反应堆和整套动力装置具备结构紧凑、质量轻、可靠性高等特点。

反应堆的安全性和经济性需要靠反应堆物理、热工、结构、材料、控制、化工等多种学科的合理设计来共同保证,但是热工设计在其中起着特殊的重要作用。这是因为反应堆是一种结构紧凑、单位体积释热率高的热源,堆内的结构材料又长期处于高强度的射线辐照下,工作条件非常恶劣,反应堆的设计就是要从各方面保证反应堆处于良好的工作状态之中。在设计过程中,热工分析为各方面的设计提供参数和设计依据,而各方面的设计是否合理又要经受热工分析的检验。从设计的全局来说,一个理想的堆芯方案能否实现,反应堆的安全性、经济性以及与各方面设计的协调,也都要在热工设计中体现出来。因此,在整个反应堆设计过程中,热工设计常常起主导和桥梁作用。

反应堆热工水力学的研究对象主要是反应堆燃料元件的导热特性、冷却剂的流动特性和热量传输特性,其主要任务是分析燃料元件内的温度分布、冷却剂的流场和焓场分布、预测在各种运行工况下反应堆的热力参数,以及在各种瞬态和事故工况中温度、压力、流量等热力参数随时间的变化过程,通过对额定功率下反应堆的稳态运行分析,可以在初步设计阶段对各种方案进行比较,协调各种矛盾,并确定反应堆的结构和运行参数,通过稳态分析,还可以预测反应堆在各种工况下的安全特性,提出各种安全保护系统动作的整定值和动作时间、各种专用安全设施的性能要求,制定合理的运行方式和运行规程,并对反应堆稳态设计提出修正。

本书作为教材,将着重介绍反应堆热工分析的基本概念和理论、堆内热工水力过程的基本规律和特点。在此基础上,介绍一些分析方法和分析模型。这些方法和模型虽然大多数是解析的、经典的,但是它们有助于弄清物理概念和基本规律。对于近期发展起来的分析模型和计算方法,本书也做了一些简单介绍,以便为深入研究打下基础。

习　　题

1-1　通过文献检索,了解当前国内外反应堆技术发展的最新动态。

1-2　简述典型压水堆的组成结构。

1-3　简述 AP1000 反应堆的主要特点。该型反应堆主要采用了哪些非能动堆芯冷却技术？

1-4　简述典型沸水堆的组成结构。

1-5　先进沸水堆主要采取了哪些改进措施？

1-6　简述重水堆的组成结构。

1-7　简述 IRIS 的主要结构特点。

1-8　简述 PIUS 的最大特点及其工作原理。

1-9　简述超临界水冷堆的主要特点。

1-10　反应堆设计的基本要求有哪些？

1-11　为什么说在整个反应堆设计过程中,热工设计常常起主导和桥梁作用？

1-12　反应堆热工分析的主要任务是什么？

第2章 反应堆的热源及其分布

2.1 核裂变产生的能量及其分布

在反应堆活性区内,只要有足够数量的燃料和足够高的燃料富集度,反应堆就能够达到较高的中子通量和核裂变数,产生一定的裂变功率。为了及时、有效地将堆内释放的热量导出,保证反应堆的安全运行,首先必须了解堆内热量产生的源头和分布情况。

反应堆的热源来自核裂变过程中释放出来的巨大能量,其大致的数值和分配列在表 2-1 中。可以看出,每次核裂变释放出来的总能量约为 200 MeV,由裂变碎片的动能和各类射线所携带的能量两部分组成,其中大部分为裂变碎片的动能,约占总能量的 84%。

表 2-1 裂变能的近似分配

类型		过程	能量/MeV	射程	释热场所
裂变	瞬发	裂变碎片的动能	168	极短, ≈0.01 mm	在燃料元件内
		裂变中子动能	5	中	大部分在慢化剂内
		瞬发 γ 射线的能量	7	长	堆内各处
	缓发	裂变产物衰变的 β 射线能	7	短	大部分在燃料元件内,小部分在慢化剂内
		裂变产物衰变的 γ 射线能	6	长	堆内各处
过剩中子引起的上(n,γ)反应	瞬发和缓发	过剩中子引起的非裂变反应加上(n,γ)反应产物的 β 衰变和 γ 衰变能	≈7	有长有短	堆内各处
总计			≈200		

注:伴随着 β 衰变还放出约 10 MeV 的中微子能量,但中微子会穿出堆外,因此这部分能量未能得到利用。

裂片碎片在铀中的射程很短,约为 0.012 7 mm,所以可以认为这部分能量是在发生裂变处就地释放出来的,只有很少一部分裂变碎片会穿入包壳内,但不会穿透包壳。在均匀装载的反应堆内,由裂变碎片动能转换成的热能的分布与燃料元件内中子通量的分布基本相同。裂变中子的能量主要在慢化剂内释放,热能分布取决于它的平均自由程,射程由几厘米到几十厘米不等,但是在头几次和慢化剂的碰撞中就失去了大部分能量。裂变过程中产生的 γ 射线(包括瞬发 γ 射线和缓发 γ 射线),其穿透能力很强,因此它的能量将分别在堆芯、反射层、热屏蔽和生物屏蔽中转换成热能,也有极少部分 γ 射线穿出堆外。由 γ 射线产生的热能的分布与堆的具体设计有关。高能 β 粒子在铀内的射程小于 0.254 mm,所以高能 β 粒子的能量大部分在燃料元件内转换成热能。只有少部分高能 β 粒子会穿出燃料元件进入慢化剂,但不会穿过堆芯。

从以上分析可以看出,裂变能的绝大部分是在燃料元件内转换为热能的,所以输出燃料元件内所产生热能的热工水力问题就成为反应堆设计的关键之一。在缺乏精确数据的情况下,对于热中子反应堆可以假定 90% 以上的总裂变能是在燃料元件内转化成热能的,大约 5% 的总裂变能在慢化剂中转化成热能,而余下不足 5% 的总裂变能则是在反射层、热屏蔽层等部件中转化成热能的。在压水动力堆的设计中,往往取燃料元件的释热量占堆总释热量的 97.4%。

应该指出,不同核素所释放出的裂变能的数值是有差异的(表 2 - 2),每次核裂变产生的能量按 200 MeV 计算是一个近似的平均值,而且是在反应堆稳定运行一段时间后才能达到的平衡值。对于刚启动的新堆,由于堆内裂变产物尚未达到一定数量,衰变过程尚未达到平衡,由裂变产物产生的能量比表 2 - 1 所列值要低。堆的热源及其分布不仅与空间有关,而且还与时间有关。一座反应堆在稳定运行较长时间后停堆,由于缓发中子释放产生的剩余裂变及裂变产物的衰变在堆芯内还要持续释放出较多的热量,因此反应堆功率不是立即就下降到零,而是降到一个相当低的数值(运行功率的 6% 左右),而后便从这个水平继续衰减。在这种情况下的堆内热源分布和运行时的热源就不同了。例如,停堆 1 h 后,燃料元件的释热率只等于运行时的 1%,而反射层和热屏蔽的释热率却等于该处运行时的 10%,这是因为停堆后的释热主要由吸收裂变产物衰变放出的 γ 射线产生,在堆正常运行时这部分热量虽然只占堆芯释热的一小部分,但却占堆的其他部件释热相当大的份额。

表 2 - 2　不同核素所释放的裂变能值(在重水堆中)

核素	E_f(核裂变)/MeV	核素	E_f(核裂变)/MeV
^{232}Th	196.2 ± 1.1	^{238}U	208.5 ± 1.1
^{233}U	199.0 ± 1.1	^{239}Pu	210.7 ± 1.2
^{235}U	201.7 ± 0.6	^{241}Pu	213.8 ± 1.0

2.2　堆芯功率分布及其影响因素

在反应堆堆芯中,核裂变率 R 为

$$R = \Sigma_f \phi = N \sigma_f \phi \qquad (2-1)$$

式中　ϕ——中子通量,$1/(\text{cm}^2 \cdot \text{s})$;

　　　σ_f——微观裂变截面,cm^2;

　　　N——可裂变核的核密度,cm^{-3};

　　　Σ_f——宏观裂变截面,cm^{-1}。

若堆芯内单位体积的释热率为 q_v,则它的计算表达式为

$$q_v = F_a E_f N \sigma_f \phi \qquad [\text{MeV}/(\text{cm}^3 \cdot \text{s})] \qquad (2-2)$$

式中　E_f——每次核裂变释放出的总能量, MeV/核裂变;

　　　F_a——堆芯(主要是燃料元件)的释热占堆总释热的份额。

如果堆芯体积是 V_c, 则反应堆堆芯释出的总热功率 N_c 为

$$N_c = 1.602\ 1 \times 10^{-10} F_a E_f N \sigma_f \bar{\phi} V_c \quad (kW) \qquad (2-3)$$

式中, $\bar{\phi}$ 是整个堆芯体积内的平均中子通量, $1/(cm^2 \cdot s)$。

如果计入位于堆芯之外的反射层、热屏蔽等的释热, 则反应堆释出的热功率为 N_t

$$N_t = N_c / F_a = (q_v V_c) 10^6 / F_a$$
$$= 10^6 E_f N \sigma_f \bar{\phi} V_c \quad (MeV/s) \qquad (2-4)$$

或　　　　　　$$N_t = 1.602\ 1 \times 10^{-10} E_f N \sigma_f \bar{\phi} V_c \quad (kW) \qquad (2-5)$$

对于一个具体的反应堆, 式(2-3)和式(2-5)中的 E_f, σ_f, V_c 均为常数。如果裂变物质在堆芯中的分布是均匀的, 则可以认为 N 也是常数(实际上在运行中是变化的, 为简化起见, 在这里认为它是常数), 这样式(2-3)和式(2-5)中就只有一个变量 $\bar{\phi}$ 了, 可见堆的热功率和 $\bar{\phi}$ 成正比。

2.2.1　堆芯内的释热率分布

堆芯内的释热率分布是随燃耗变化而改变的。在对堆芯进行详细的热工分析时, 堆芯释热率分布随燃耗的变化由物理计算直接给出。为了介绍一些基本概念和基本知识, 以便能对堆芯进行初步的热工分析, 下面所讨论的仅限于一些具有代表性的、在做了简化后得到的释热率分布。

假定燃料在堆芯内的分布是均匀的, 富集度也是相同的, 且没有反射层, 则对于圆柱形堆芯, 其中子通量在径向上为贝塞尔函数分布, 轴向上为余弦函数分布(图2-1)。若把坐标原点取在堆芯的中心, 则其数学表达式为

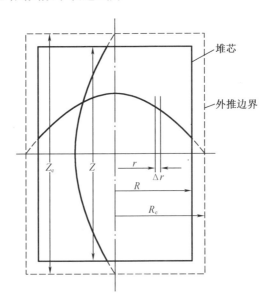

图 2-1　圆柱形堆芯的中子通量分布

$$\phi(r,z) = \phi(0,0) J_0\left(2.405\frac{r}{R_e}\right)\cos\frac{\pi z}{Z_e} \qquad (2-6)$$

式中 R_e——堆芯外推半径,$R_e = R + \Delta R$,m(其中 R 为堆芯实际半径,m;ΔR 为径向外推长度,m);

Z_e——堆芯外推高度,$Z_e = Z + 2\Delta Z$,m(其中 Z 为堆芯实际高度,m;ΔZ 为轴向外推长度,m);

J_0——零阶第一类贝塞尔函数;

$\phi(0,0)$——堆芯中子通量最大值,$1/(cm^2 \cdot s)$。

由于堆芯体积释热率与中子通量成正比,因而根据式(2-6)可以写出堆芯的释热率分布为

$$q_v(r,z) = q_{v,\max} J_0\left(2.405\frac{r}{R_e}\right)\cos\frac{\pi z}{Z_e} \qquad (2-7)$$

式中,$q_{v,\max}$ 是堆芯最大体积释热率,$MeV/(cm^3 \cdot s)$,$q_{v,\max} = F_a E_f N\sigma_f \phi(0,0)$。

2.2.2 影响堆芯功率分布的因素

1. 燃料装载的影响

根据体积释热率的定义式(2-2)可知,影响功率分布的因素之一是易裂变核的核密度,易裂变核的核密度分布与燃料装载方式直接相关。早期的压水堆大都采用均匀装载方案,其优点之一就是装卸料方便。但对核电厂来说,均匀装载也有不利的方面,从式(2-7)可知,在均匀装载的堆芯内,功率分布极不均匀,在中心区域会出现一个高的功率峰值,从而限制了反应堆的总功率输出量。此外,由于采用整堆换料,平均燃耗也很低。为了克服这些缺点,通常采用燃料分区装载方式(图2-2),即在堆芯不同位置布置不同富集度的燃料。通过燃料的分区装载,就可以相对地降低堆芯内区的功率密度,同时提高外区的功率密度,展平堆芯功率,从而增大反应堆的热功率输出。图2-3给出了一个压水堆采用分三区装料时的径向功率展平情况。这种反应堆在换料时只需更换一部分燃料元件,即在第一个堆芯的寿期末,将燃耗最大的中心区燃料元件从堆芯中提出来,而将中间区的燃料元件移到中心区的位置上,再将外区移到中间区的位置上,然后把新的燃料元件装载在最外区的空位上。采用这种倒料方案,可以提高燃料的平均燃耗。

2. 控制棒的影响

为了保证反应堆的运行安全,所有反应堆一般都需合理布置一定数量的控制棒,并且是布置在高中子通量区域。控制棒的插入会使堆芯中央高中子通量区的功率水平因中子通量的大幅下降而降低。在积分功率保持不变的情况下,堆芯外围区域的功率水平则因中子通量的上升而增加,因而使堆芯的径向功率水平得到展平,如图2-4所示。但也应该注意到,控制棒下插在使径向功率得到展平的同时,也给轴向功率分布带来不利影响。以压水堆为例(图2-5),在反应堆寿期初,控制棒的插入使中子通量分布歪向堆芯底部,而到反应堆寿期末,随着控制棒的提出,由于堆芯顶部的燃耗较低,又会使中子通量分布向堆芯顶部歪斜。从热工角度来看,这都是不利的,这有可能会使堆芯功率峰值与平均功率之比高于未受扰动的堆芯比值。

为了克服控制棒调节堆芯功率分布的不利影响,目前在压水堆核电站中,一般都采用化学补偿控制,即在燃料循环寿期初向堆芯加入硼酸以抵消剩余反应性。当堆芯反应性随

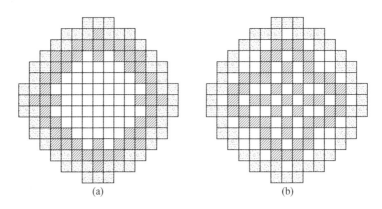

图 2-2　两种燃料芯块的装料方式

（a）分区装载；（b）分散装载和分区装载相结合

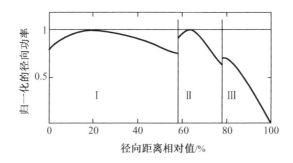

图 2-3　压水堆采用三区分批装料时的归一化功率分布

燃耗增加而减小时,逐渐稀释硼酸的浓度,因而在反应堆满功率运行期间,除少数几束调节棒部分插入堆芯外,其他所有控制棒都抽出堆芯,从而使控制棒对堆芯功率分布的影响大为减小。

3. 水隙及空泡的影响

在以轻水为慢化剂的反应堆内,还必须考虑由附加水隙所引起的局部功率扰动。附加水隙包括燃料元件盒之间存在的水隙以及栅距变化和控制棒提起时所留下的水隙。这些水隙引起的附加慢化作用会使该处的中子通量上升,并使水隙周围元件的功率提高,从而增大了功率分布的不均匀程度。

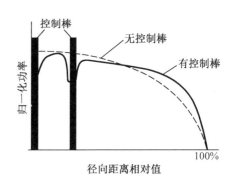

图 2-4　圆柱形反应堆带与不带控制棒时的功率分布

在一个具有低浓缩铀和使用不锈钢燃料元件包壳的堆芯内,圆形水孔的影响如图 2-6 所示。可以看出,为了使堆芯功率分布均匀,应尽量避免水隙或减小它的影响。早期压水堆使用的控制棒下端带有一段用中子吸收截面小的材料制成的"挤水棒",这样,在控制棒上提时,挤水棒就可挤去空腔中的水。近代压水堆多采用棒束型控制棒组件,控制棒的数量多而且细,控制棒上提后留下的水隙较小,由此引起的中子通量峰值并不明显,因此往往可以省掉挤水棒,这样做不仅可以降低压力容器的高度,而且也有利于堆芯结构设计。

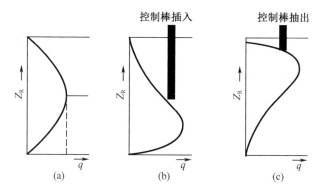

图2-5 控制棒对轴向功率分布的影响

(a)无控制棒;(b)寿期初;(c)寿期末

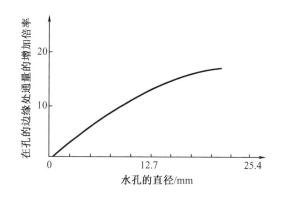

图2-6 在圆形水孔边缘上的中子通量变化

此外,在热中子反应堆中,空泡的存在通常也会影响中子通量的分布,是中子通量分布发生畸变的另一重要因素。对压水堆而言,设计上允许在堆芯内最热通道出口处产生沸腾,甚至是饱和沸腾。沸腾产生的空泡也会对当地中子通量分布造成影响,原因是慢化剂密度的下降导致其对快中子慢化能力不足,从而降低了热中子通量水平,使沿轴线方向反应堆的功率分布变得更不均匀。当然空泡的存在也使堆芯功率下降,这种效应在事故工况下尤为显著,它能在一定程度上减轻些事故的严重性。

4. 结构材料的影响

定位格架、燃料包壳、堆芯支撑结构等所采用的材料都会吸收中子,引起当地中子通量水平降低。如果材料的中子吸收截面小,则这种影响较小;如果采用材料的中子吸收截面大,则会明显影响当地的中子通量,进而影响当地的功率分布。

5. 反射层的影响

为了有效地减少中子泄漏量,在反应堆设计中,通常设置有反射层,其主要原理是利用中子和反射层材料间的弹性散射机制,将一部分中子反射回堆芯。因此,反射层的存在,会使堆芯边缘处的中子通量水平有所提高,进而展平堆芯的功率分布。图2-7所示为设置反射层后反应堆中的径向中子通量分布,可以看出无论是均匀装载还是非均匀装载,反射层都会对径向中子通量的分布产生影响。

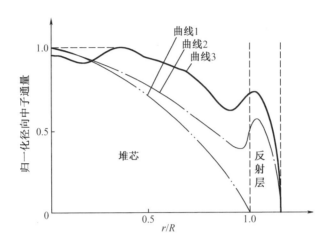

图 2 - 7　反射层对径向中子通量的分布的影响

曲线 1—裸堆,燃料富集度均匀装载;曲线 2—有反射层,燃料富集度均匀装载;

曲线 3—有反射层,三种燃料富集度混合装载

6. 燃料自屏效应的影响

　　在均匀装载的非均匀堆中,中子通量的分布如图 2 - 8 所示。它可以看成是由两部分中子通量叠加而成的,一部分是沿着整个堆变化的总体中子通量分布,另一部分为栅元内局部的中子通量分布。当大量燃料元件均匀分散在堆芯时,从宏观上看,非均匀堆内的中子通量分布和均匀堆内是相同的。但从一个栅元来看,一方面是裂变中子主要在慢化剂内被慢化成热中子,另一方面是热中子主要被燃料棒吸收,而且首先为外层的燃料吸收,由此造成燃料棒内层的热中子通量比外层的低。

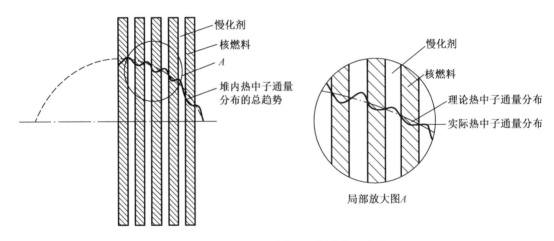

图 2 - 8　非均匀堆的中子通量分布示意图

2.3 单根燃料棒内的释热计算

尽管中子通量及体积释热率在单根燃料元件内并不是常数,但由于每根燃料棒的横截面积与整个堆芯的横截面积相比非常小,以至于可以忽略燃料棒内中子通量的径向变化。为了不失一般性,计算均匀堆内单根燃料元件的总释热时,在距反应堆中心 r 处取一元件,则这根元件的总释热率为

$$q_{vt}(r) = \int_{-\frac{H}{2}}^{\frac{H}{2}} q_v(r,z)A_u \mathrm{d}z \qquad (2-8)$$

式中,A_u 是燃料芯块横截面积,m^2。

将体积释热率表达式(2-7)代入式(2-8)可得

$$
\begin{aligned}
q_{vt}(r) &= \int_{-\frac{H}{2}}^{\frac{H}{2}} A_u q_{v,\max} \mathrm{J}_0\left(\frac{2.405r}{R_e}\right)\cos\frac{\pi z}{H_e}\mathrm{d}z \\
&= \int_{-\frac{H}{2}}^{\frac{H}{2}} A_u q_{t0}(r)\cos\frac{\pi z}{H_e}\mathrm{d}z
\end{aligned} \qquad (2-9)
$$

$$q_{t0}(r) = q_{v,\max}\mathrm{J}_0\left(\frac{2.405r}{R_e}\right) \qquad (2-10)$$

式中,$q_{t0}(r)$ 为 r 处那根元件的最大体积释热率,即 $z=0$ 处的体积释热率。

考虑到在 r 选定后,可认为在 r 位置处的燃料元件内 $\mathrm{J}_0\left(\dfrac{2.405r}{R_e}\right)$ 是常数。于是式(2-9)可简化为

$$q_{vt}(r) = q_{t0}(r)\frac{2A_u H_e}{\pi}\sin\left(\frac{\pi H}{2H_e}\right) \qquad (2-11)$$

很显然,无论是该根元件内的最大体积释热率,还是这根元件总释热率,都仅与其在堆内所处的位置 r 有关。

2.4 均匀装载反应堆内总释热计算

对实际反应堆而言,堆内燃料分布本身在空间上都是不连续的,因此从理论上讲,不能用积分法来直接计算反应堆的总释热率。为此,引入等效面积的方法,通过简化处理,把单根棒的释热折算到整个栅元面积上,进而将不连续的释热分布转化为连续函数,最后利用积分的方法计算非均匀核反应堆的总释热率。

对于一个无干扰的均匀装载的圆柱形反应堆堆芯,每一燃料元件平均所占的堆芯截面积为 A_h,即

$$A_h = \frac{\pi R^2}{n} \qquad (2-12)$$

式中　R——活性区等效半径,m;

　　　n——堆芯燃料元件总数。

将位置 r 处的某根燃料元件所释放的热量,等效为在栅元面积 A_h 上所放出的热量,则在栅元单位面积上的平均释热率 $q_h''(r)$ 为

$$q_h''(r) = \frac{q_{vt}(r)}{A_h} = \frac{n}{\pi R^2}q_{vt}(r) \tag{2-13}$$

将式(2-10)和式(2-11)代入式(2-13)可得

$$q_h''(r) = \frac{2n}{\pi^2 R^2}A_u Z_e q_{v,\max} J_0\left(\frac{2.405r}{R_e}\right)\sin\left(\frac{\pi Z}{2Z_e}\right) \tag{2-14}$$

于是,在堆芯整个横截面上,释热率就变成连续函数,也就可以通过积分的方法计算整个堆芯活性区截面上的释热,进而求得反应堆的热功率,即

$$N_t = \frac{1}{F_a}\int_0^R q_h''(r)2\pi r\,dr = \frac{4n}{F_a \pi R^2}A_u Z_e q_{v,\max}\sin\left(\frac{\pi Z}{2Z_e}\right)\int_0^R rJ_0\left(\frac{2.405r}{R_e}\right)dr \tag{2-15}$$

当忽略外推长度时,式(2-15)变为

$$N_t = \frac{4n}{F_a \pi R^2}A_u Z q_{v,\max}\int_0^R rJ_0\left(\frac{2.405r}{R}\right)dr \tag{2-16}$$

查取贝塞尔函数表可知:

$$\int_0^R rJ_0\left(\frac{2.405r}{R}\right)dr = \frac{R}{2.405}\left[rJ_1\left(\frac{2.405r}{R}\right)\right]_0^R = 0.216R^2 \tag{2-17}$$

将式(2-17)代入式(2-16)可得

$$N_t = \frac{4}{\pi}\frac{n}{F_a}\frac{A_u}{R^2}Z q_{v,\max}\times 0.216R^2 = 0.289nA_u Z q_{v,\max} \tag{2-18}$$

式中,F_a 取0.95。

2.5 控制棒、慢化剂和反应堆结构材料的释热

2.5.1 控制棒的释热

控制棒内的热源来自两个方面:一方面是吸收堆芯 γ 射线的放热;另一方面是控制棒材料和中子发生(n,α)反应或者(n,γ)反应后的放热。控制棒的释热及其分布与堆型和控制棒所用材料等有直接的关系。控制棒在运行中可能被插入或者被提出堆芯,因此受到中子和 γ 射线的辐照也有较大变化。在考虑对控制棒冷却时,应按它可能接受的最大中子通量和 γ 辐照来计算它的释热。

计算控制棒释热时,要先确定控制棒材料吸收中子是发生(n,α)反应还是发生(n,γ)反应,这需要根据所采用的材料而定。如果中子与控制棒材料发生(n,α)反应,则由于 α 粒子的射程短,α 粒子的能量几乎都被控制棒所吸收。因此由(n,α)反应引起的控制棒释热可表示为

$$q_{v,(n,\alpha)}(r) = 1.602\times 10^{-13}\int N\sigma_{n,\alpha}(E)\phi(r,E)E_\alpha dE \tag{2-19}$$

式中　$q_{v,(n,\alpha)}(r)$——空间位置 r 处(n,α)反应的体积释热率,MW/m³;

　　　N——控制棒材料的核密度,cm⁻³;

　　　$\sigma_{n,\alpha}(E)$——中子能量为 E 的(n,α)反应微观截面,cm²;

$\phi(r,E)$——空间位置 r 处能量为 E 的中子通量，$1/(\mathrm{cm}^2 \cdot \mathrm{s})$；

E_α——(n,α) 反应释放的能量，MeV。

如果控制棒材料和中子发生 (n,γ) 反应，则由于 (n,γ) 反应所引起的控制棒释热为

$$q_{v,(\mathrm{n},\gamma)}(r) = 1.602 \times 10^{-13} \int E_\gamma \mu_\alpha(r,E) \phi_\gamma(r,E) \mathrm{d}E \qquad (2-20)$$

式中　$q_{v,(\mathrm{n},\gamma)}(r)$——空间位置 r 处 (n,γ) 反应的释热率，$\mathrm{MW/m}^3$；

　　　E_γ——γ 射线能量，MeV；

　　　$\phi_\gamma(r,E)$——r 处能量为 E 的 γ 射线注射率，$1/(\mathrm{cm}^2 \cdot \mathrm{s})$；

　　　$\mu_\alpha(r,E)$——r 处材料对能量为 E 的 γ 射线的能量吸收系数，cm^{-1}。

控制棒的总释热是以上两部分释热的叠加，待求得控制棒的总释热后，可根据具有内热源的热传导方程求出控制棒内的温度分布。工作时应该保证控制棒中心的温度低于允许值。

2.5.2　慢化剂的释热

慢化剂中所产生的热量主要包括吸收中子慢化释放的能量、吸收裂变产物放出 β 粒子的一部分能量、吸收各种 γ 射线的部分能量。因为裂变中子的大部分动能都在初始的几次碰撞中失去，因此它产生的热源分布将取决于快中子的平均自由程。如果反应堆内快中子的平均自由程很短，例如在以轻水作为慢化剂的反应堆内，慢化剂中热源的分布大致与中子通量的分布相同；如果平均自由程长，则其热源的分布就接近于均匀分布。慢化剂中的体积释热率可近似地用下式表示，即

$$q_{v,m} = 0.10 q_v \frac{\rho_\mathrm{f}}{\rho_\mathrm{av}} + 1.602 \times 10^{-13} (\Sigma_\mathrm{s} \phi_\mathrm{f}) \Delta E \qquad (2-21)$$

式中　$q_{v,m}$——慢化剂的体积释热率，$\mathrm{MW/m}^3$；

　　　q_v——均匀化处理后堆芯某一位置上的体积释热率，$\mathrm{MW/m}^3$；

　　　ρ_f——慢化剂的平均密度，$\mathrm{kg/m}^3$；

　　　ρ_av——堆芯材料的平均密度，$\mathrm{kg/m}^3$；

　　　Σ_s——快中子宏观弹性散射截面，cm^{-1}；

　　　ϕ_f——快中子通量，$1/(\mathrm{cm}^2 \cdot \mathrm{s})$；

　　　ΔE——中子每次碰撞时的平均能量损失，MeV。

ΔE 值由下式求得，即

$$\Delta E = \frac{E_\mathrm{fa} - E_t}{n} \qquad (2-22)$$

式中　E_fa——快中子的能量，MeV；

　　　E_t——热中子的能量，MeV；

　　　n——快中子慢化成热中子所需的平均碰撞次数，其值为 $n = \ln\left(\dfrac{E_\mathrm{fa}}{E_t}\right)\Big/\zeta$，这里 ζ 是平均对数能降，对轻水，$\zeta = 92$。

应当指出，如果冷却剂和慢化剂是同一种材料，例如压水堆，则慢化剂的冷却问题就可以合并在元件的冷却问题中一起考虑；如果冷却剂是液体而慢化剂是固体，例如水 – 石墨堆，则慢化剂的冷却必须专门考虑。

2.5.3 堆芯结构材料的释热

1. 堆芯内部结构材料的释热

在核反应堆中,燃料包壳、定位格架、控制棒导向管以及燃料组件骨架(或元件盒)等堆芯结构材料内的释热,主要是由堆内的 γ 射线所引起的。

在估算堆芯构件内 γ 射线的释热时,可以忽略 γ 射线在构件内的衰减(因为堆内燃料包壳等这样一些构件都比较细薄)。也就是说,计算时可使用堆内未经吸收的总 γ 射线作为能量来源,并利用 γ 射线平均释热率概念,这样带来的误差不大。一般情况下,每次裂变时的总 γ 射线能约占可回收能量的 10%,如果忽略 γ 射线在堆芯内的衰减并认为结构材料对 γ 射线的吸收正比于材料的密度,则堆芯结构材料某处 γ 射线的体积释热率便可近似表示为

$$q_{v,\gamma} = 0.10 q_v \frac{\rho}{\rho_{av}} \qquad (2-23)$$

式中 $q_{v,\gamma}$ ——在堆芯特定区域内某结构材料因吸收 γ 射线而引起的体积释热率,W/cm^3;

   q_v ——该区域内的总体积释热率,MW/m^3;

   ρ ——某结构材料的密度,kg/m^3;

   ρ_{av} ——堆芯材料的平均密度,kg/m^3。

2. 堆芯外结构部件的释热

在活性区外,γ 射线和中子辐射水平仍比较高,像热屏蔽和压力容器这样的厚壁构件也会因为与中子及 γ 射线相互作用而产生热量,因此堆芯外的结构部件也存在释热问题。在计算这些结构部件的释热时,由于相对于直径来说壁厚较薄,因而可以把圆筒近似按平板处理。同时,考虑到由碳钢和不锈钢等结构材料的快中子非弹性散射所引起的释热量仅占 γ 射线总释热量的 10% 以下,所以在估算时也可不考虑非弹性散射产生的释热量,使计算过程得以简化。

习　　题

2-1　试述反应堆热源的由来及其分布。

2-2　有限圆柱体均匀裸堆功率如何分布?

2-3　现代压水堆的堆芯一般如何布置?这种装料方式有何优点?

2-4　影响堆芯功率分布的因素主要有哪些?

2-5　控制棒、慢化剂和反应堆结构材料释热的热源是什么?

2-6　一圆柱形均匀堆堆芯等效半径为 R,堆芯的高度为 Z,内有一点 A 的径向坐标为 R,轴向坐标为 $\frac{Z}{3}$,已知可裂变核子密度 $N = 7 \times 10^{22}\ cm^{-3}$,堆中心的最大中子通量为 $\phi_0(0,0) = 10^{15}\ 1/(cm^2 \cdot s)$,$J_0(2.405) = 0.0025$,$^{235}U$ 的微观裂变截面为 $\sigma_f = 582 \times 10^{-24}\ cm^2$。

(1)忽略外推长度的影响后,求 A 点的体积释热率 $q_v\left(R, \frac{Z}{3}\right)$。

（2）若已知：$J_0(0)=1$，$J_0\left(2.405\dfrac{0.2R}{R_e}\right)=0.943$，$J_0\left(2.405\dfrac{0.5R}{R_e}\right)=0.671$，$J_0\left(2.405\dfrac{0.7R}{R_e}\right)=0.383$。试画出轴向坐标$\dfrac{Z}{3}$截面处堆芯体积释热径向分布曲线。

2-7 已知某大型圆柱形均匀裸堆半径为R，高度为Z，堆内的燃料元件总数为n，单根燃料元件的半径为R，堆内最大体积释热率为$q_{v,\max}$，试推导该反应堆堆芯的总释热功率（假定堆芯的所有释热来自于燃料元件）。

附：
$$\int_0^R rJ_0(2.405r/R)\,dr=\frac{R}{2.405}\left[rJ_1(2.405r/R)\right]\Big|_0^R$$

其中$J_1(0)=0$，$J_1(2.405)=0.519$。

第3章 反应堆稳态工况下的传热计算

将堆芯燃料芯块核反应释放的热量传输到反应堆外,需要依次经过燃料元件的导热、包壳外表面与冷却剂之间的传热和冷却剂的输热三个过程。

3.1 导　热

物体各部分之间不发生相对位移时,依靠分子、原子及自由电子等微观粒子的热运动而产生的热能传递称为导热。例如,固体内部热量从温度较高的部分传递到温度较低的部分,以及温度较高的固体把热量传递给与之接触的温度较低的另一个固体都是导热现象。

导热遵守傅里叶定律,其一般表达式为

$$q = -k\nabla T \tag{3-1}$$

式中　q——热流密度,W/m^2;

　　　k——材料的热导率,$W/(m \cdot ℃)$;

　　　∇T——温度梯度,负号表示热流方向是指向温度降低的方向(即温度梯度的反方向),$℃/m$。

对于两个表面都维持均匀温度 T_{w1} 和 T_{w2}、无内热源、具有常热导率 k 的平壁稳态导热,傅里叶定律有如下最简单的形式:

$$q = \frac{Q}{A_s} = k\frac{T_{w1} - T_{w2}}{\delta} \tag{3-2}$$

式中　Q——单位时间内通过平壁截面 A_s 的热流量,W;

　　　A_s——垂直于导热方向的截面积,m^2;

　　　$T_{w1} - T_{w2}$——平壁两侧面的温差,$℃$;

　　　δ——平壁的厚度,m。

燃料元件的导热是指在燃料内因核反应所产生的热量通过燃料芯块、气隙和包壳导热后,传到燃料元件包壳外表面的过程。

描述温度场一般性规律的微分方程称为导热微分方程,不同导热问题的微分方程列于表 3-1 中。其中,拉普拉斯算子在不同的坐标系下的表示形式列于表 3-2 中。

表 3-1　导热中的微分方程式

名称	导热过程	方程
通用导热方程	有内热源的瞬态过程	$\nabla^2 T + \dfrac{q_v}{k} = \dfrac{1}{a}\dfrac{\partial T}{\partial t}$
泊松方程	有内热源的稳态过程	$\nabla^2 T + \dfrac{q_v}{k} = 0$

表 3 −1(续)

名称	导热过程	方程
傅里叶方程	无内热源的瞬态过程	$\nabla^2 T = \dfrac{1}{a}\dfrac{\partial T}{\partial t}$
拉普拉斯方程	无内热源的稳态过程	$\nabla^2 T = 0$

表 3 − 2　不同坐标下 $\nabla^2 T$ 的表示形式

坐标	三维	一维
直角坐标	$\dfrac{\partial^2 T}{\partial x^2} + \dfrac{\partial^2 T}{\partial y^2} + \dfrac{\partial^2 T}{\partial z^2}$	$\dfrac{\mathrm{d}^2 T}{\mathrm{d}x^2}$
圆柱坐标	$\dfrac{\partial^2 T}{\partial r^2} + \dfrac{1}{r}\dfrac{\partial T}{\partial r} + \dfrac{1}{r^2}\dfrac{\partial^2 T}{\partial \varphi^2} + \dfrac{\partial^2 T}{\partial z^2}$	$\dfrac{\mathrm{d}^2 T}{\mathrm{d}r^2} + \dfrac{1}{r}\dfrac{\mathrm{d}T}{\mathrm{d}t}$
球坐标	$\dfrac{\partial^2 T}{\partial r^2} + \dfrac{2}{r}\dfrac{\partial T}{\partial r} + \dfrac{1}{r^2\tan\varphi}\dfrac{\partial T}{\partial \varphi} + \dfrac{1}{r^2}\dfrac{\partial^2 T}{\partial \varphi^2} + \dfrac{1}{r^2\sin^2\Psi}\dfrac{\partial^2 T}{\partial \Psi^2}$	$\dfrac{\mathrm{d}^2 T}{\mathrm{d}r^2} + \dfrac{2}{r}\dfrac{\mathrm{d}T}{\mathrm{d}r}$

直角坐标、圆柱坐标和球坐标如图 3 −1 所示。

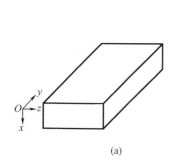
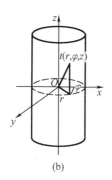
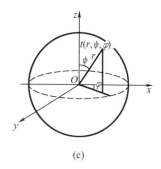

(a)　　　　　　　　(b)　　　　　　　　(c)

图 3 −1　直角坐标、圆柱坐标和球坐标

(a)直角坐标;(b)圆柱坐标;(c)球坐标

3.2　单相对流传热

在核反应堆内,核燃料裂变所产生的能量主要是通过元件包壳表面传给冷却剂。这种由冷却剂流过元件包壳表面时产生的热量传递过程称为对流传热。压水堆在正常运行状态下,包壳外表面与冷却剂之间主要是单相对流传热,只在最热通道的出口段可能出现过冷沸腾或饱和沸腾传热。

单相对流传热分为强迫对流和自然对流传热。传热过程可由牛顿冷却定律来描述:

$$q = h(T_w - T_f) \tag{3−3}$$

式中　h——对流传热系数，$W/(m^2 \cdot ℃)$；

　　　T_w 和 T_f——壁面温度和流体温度，℃。

3.2.1　单相强迫对流传热

强迫对流传热是指由水泵、风机或其他压差作用驱动流体流过固体表面时发生的传热过程。对于大多数动力堆，在正常运行状态下，流经反应堆的冷却剂一般都做强迫湍流流动。

1. 圆形通道内的强迫对流湍流传热

流体在圆形通道内做强迫对流湍流流动（即定型湍流流动）时，传热系数 h 常用 Dittus – Boelter 关系式计算，即

$$Nu_f = 0.023 Re_f^{0.8} Pr_f^n \tag{3-4}$$

式（3 – 4）的适用范围：加热流体时，$n = 0.4$，冷却流体时，$n = 0.3$；$\dfrac{L}{D} \geqslant 50$；壁面与流体间温差 $\Delta T = T_w - T_f < 30 ℃$，$10^4 \leqslant Re_f \leqslant 1.2 \times 10^5$，$0.6 \leqslant Pr_f \leqslant 120$。式中采用流体平均温度为定性温度。

对于高温差（$\Delta T > 30 ℃$）情况，流体黏度沿通道横截面发生较大变化。此时必须考虑黏度变化对单相对流传热具有重要影响。下列关系式都考虑了流体黏度变化对传热系数的影响。

（1）修正 Dittus – Boelter 关系式

$$Nu_f = 0.023 Re_f^{0.8} Pr_f^n c_f \tag{3-5}$$

对于液体

$$c_f = \left(\frac{\mu_f}{\mu_w}\right)^a \tag{3-6}$$

当液体被加热时，$a = 0.11$；当液体被冷却时，$a = 0.25$。

对于气体

$$c_f = \left(\frac{T_f}{T_w}\right)^{0.5} \tag{3-7}$$

当烟气被冷却时取 $c_f = 1$。

（2）Seider – Tate 关系式

$$Nu_f = 0.027 Re_f^{0.8} Pr_f^{1/3} \left(\frac{\mu_f}{\mu_w}\right)^{0.14} \tag{3-8}$$

式（3 – 8）的适用范围：对于空气，$\Delta T > 50 ℃$；对于液体，$\Delta T > 20 ℃$；其他参量的适用范围与式（3 – 5）相同。

（3）米海耶夫关系式

$$Nu_f = 0.021 Re_f^{0.8} Pr_f^{0.43} \left(\frac{Pr_f}{Pr_w}\right)^{0.25} \tag{3-9}$$

式（3 – 9）的适用范围：$\dfrac{L}{D} \geqslant 50$，$1 \times 10^4 \leqslant Re_f \leqslant 1.75 \times 10^6$，$0.6 \leqslant Pr_f \leqslant 700$。

（4）格尼林斯基关系式

$$Nu_f = \frac{\left(\dfrac{f}{8}\right)(Re_f - 1\,000)Pr_f}{1 + 12.7(Pr_f^{2/3} - 1)\left(\dfrac{f}{8}\right)^{0.5}}\left[1 + \left(\frac{D}{L}\right)^{2/3}\right]c_f \tag{3-10}$$

对于液体

$$c_f = \left(\frac{Pr_f}{Pr_w}\right)^{0.11} \tag{3-11}$$

对于气体

$$c_f = \left(\frac{T_f}{T_w}\right)^{0.45} \tag{3-12}$$

式中 L——流道长度，m；

   f——管内湍流流动的达西阻力系数，按弗洛年柯公式计算

$$f = (1.82\lg Re_f - 1.64)^{-2} \tag{3-13}$$

式（3-10）的实验验证范围：$2\,300 \leqslant Re_f \leqslant 1 \times 10^6$，$0.6 \leqslant Pr_f \leqslant 1 \times 10^5$。

对于液态金属冷却剂，不能用上述关系式。这是因为液态金属的热导率 k_f 很大，黏度 μ 和比定压热容 c_p 较低，因而 Pr_f 数很小。在这种情况下，必须考虑液态金属中的分子导热。对于沿圆管壁以均匀热流密度加热时的洁净传热面，液态金属冷却剂做湍流流动时的对流传热系数可按 Lyon - Martinelli 关系式计算，即

$$Nu_f = 7.0 + 0.025Pe_f^{0.8} \tag{3-14}$$

其中

$$Pe_f = Re_f \cdot Pr_f = \frac{\rho u D}{\mu} \cdot \frac{c_p \mu}{k_f} = \frac{\rho u D c_p}{k_f} \tag{3-15}$$

式（3-15）中消去了动力黏度 μ，这表明液态金属的黏度对传热的影响可以忽略。式（3-14）中的 Nu_f 由两项组成，第一项为常数项 7.0，它代表导热的作用，这表明即使在低流速下，液态金属仍然有较大的传热系数。这是由于液态金属有很高的热导率，它与湍流热扩散相比是个不可忽略的因素；第二项即 $0.025Pe_f^{0.8}$，代表湍流热扩散的作用，仅当 Pe_f 很高时（例如 $Pe_f \geqslant 1\,000$），它的作用才比较显著。对于均匀壁温情况，只要把式（3-14）中的第一项 7.0 换成 5.0 即可。

【例题 3-1】 水在管内做强迫湍流流动（定型），如果水的质量流量和水的物性都保持不变，只是将管直径减小到原来的 $1/2$。试用 Dittus - Boelter 传热关系式分析对流传热系数将变成原来的多少倍。

解 Dittus - Boelter 传热关系式为

$$h = 0.023\frac{k_f}{D}\left(\frac{\rho u D}{\mu}\right)^{0.8}Pr_f^{0.4} = 0.023\frac{k_f}{D}\left(\frac{4M}{\pi D\mu}\right)^{0.8}Pr_f^{0.4} = 0.023\frac{k_f}{D^{1.8}}\left(\frac{4M}{\pi\mu}\right)^{0.8}Pr_f^{0.4}$$

设原来的管径为 D_0，传热系数为 h_0；现在的管径为 D，传热系数为 h。由于流量 M、物性 k_f、μ 和 Pr_f 保持不变，所以依据上面式子可得 $\dfrac{h}{h_0} = \left(\dfrac{D_0}{D}\right)^{1.8}$，从而得

$$h = h_0\left(\frac{D_0}{0.5D_0}\right)^{1.8} = 2^{1.8}h_0 = 3.48h_0$$

即传热系数是原来的 3.48 倍。

2. 水纵向流过平行棒束时的传热

在采用棒束燃料组件的水冷堆芯内,水纵向流过平行棒束,其内的速度场与管内流动时的速度场有所不同,因此它们的传热计算公式也不相同。对于棒束中的强迫对流传热计算,Weisman 推荐如下的关系式:

$$Nu_f = CRe_f^{0.8}Pr_f^{1/3} \qquad (3-16)$$

式中,系数 C 取决于栅格的排列和栅距(图3-2),用下列式子计算,即

对于正方形栅格,当 $1.1 \leqslant \dfrac{P}{D} \leqslant 1.3$ 时,有

$$C = 0.042\frac{P}{D} - 0.024 \qquad (3-17)$$

对于三角形栅格,当 $1.1 \leqslant \dfrac{P}{D} \leqslant 1.5$ 时,有

$$C = 0.026\frac{P}{D} - 0.006 \qquad (3-18)$$

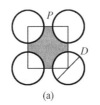 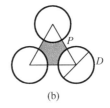

(a)   (b)

图3-2　棒束栅格的排列

(a)正方形栅格;(b)三角形栅格

【例题3-2】　某压水堆的棒束燃料组件被纵向流过的轻水所冷却。若在棒束高度方向上任取一小段 Δz,在该段内冷却剂水的平均温度 $T_f = 300$ ℃,平均流速 $u = 4$ m/s,冷却剂压力 $p = 14.7$ MPa,燃料元件外表面平均热流密度 $q = 1.3 \times 10^6$ W/m²,棒束栅格为正方形排列,棒外径 $D = 10$ mm,栅距 $P = 13$ mm。试求该段内一个子通道的平均对流传热系数 h 和元件外表面温度 T_w。

解　$\dfrac{P}{D} = \dfrac{13}{10} = 1.3$,此值在式(3-17)的适用范围内,对于正方形栅格,有

$$C = 0.042\frac{P}{D} - 0.024 = 0.042 \times 1.3 - 0.024 = 0.0306$$

代入式(3-16)得

$$Nu_f = 0.0306Re_f^{0.8}Pr_f^{1/3}$$

水在 $p = 14.7$ MPa 和 $T_f = 300$ ℃下的物性参量值为 $k_f = 0.564$ W/(m²·℃),$\mu_f = 88.9 \times 10^{-6}$ Pa·s,$\rho_f = 725.7$ kg/m³,$Pr_f = 0.9$。子通道的当量直径 D_e 为

$$D_e = \frac{4A}{P_h} = \frac{4 \times (P^2 - \pi D^2/4)}{\pi D} = \frac{4 \times (13^2 - \pi \times 10^2/4) \times 10^{-6}}{\pi \times 10 \times 10^{-3}} = 11.5 \times 10^{-3} \text{ m}$$

$$Re_f = \frac{\rho_f u_f D_e}{\mu} = \frac{725.7 \times 4 \times 11.5 \times 10^{-3}}{88.9 \times 10^{-6}} = 3.755 \times 10^5$$

$$Nu_f = 0.0306Re_f^{0.8}Pr_f^{1/3} = 0.0306 \times (3.755 \times 10^5)^{0.8} \times (0.9)^{1/3} = 851$$

$$h = \frac{Nu_f k_f}{D_e} = \frac{851 \times 0.564}{11.5 \times 10^{-3}} = 4.17 \times 10^4 \ \text{W/(m}^2 \cdot \text{℃)}$$

由
$$q = h(T_c - T_f)$$
得
$$T_w = T_f + \frac{q}{h} = 300 + \frac{1.3 \times 10^6}{4.17 \times 10^4} = 300 + 31.2 = 331.2 \ \text{℃}$$

3. 单相强迫对流层流传热

虽然在水冷反应堆正常运行和预期的瞬态工况下不会发生层流流动，但是在某些事故工况下可能发生冷却剂的层流。对于圆管内充分发展的定型层流流动，其对流传热系数常按如下公式计算。

恒热流时：
$$Nu_f = \frac{hD}{k_f} = 4.364 \tag{3-19}$$

恒壁温时：
$$Nu_f = \frac{hD}{k_f} = 3.657 \tag{3-20}$$

考虑到自然对流的影响，米海耶夫推荐下式：
$$Nu_f = 0.15 Re_f^{0.33} Pr_f^{0.43} \left(\frac{Pr_f}{Pr_w}\right)^{0.25} Gr^{0.1} \tag{3-21}$$

式中，Gr 是格拉晓夫数。

3.2.2　自然对流传热

流体的自然对流是指不依靠泵或风机等外力推动，由流体自身温度场的不均匀所引起的流体运动。在反应堆工程中，自然对流传热对反应堆的冷却及事故分析都具有重要意义。自然对流传热准则关系式一般可以写成
$$Nu = C(GrPr)_m^n \tag{3-22}$$
式中，系数 C 和幂指数 n 取决于物体的几何形状、放置方式，以及热流方向和 $(GrPr)$ 的范围等。而下标 m 是指取 $T_m = \frac{T_f + T_w}{2}$ 作为定性温度。

自然对流传热过程比较复杂，受通道的几何形状影响比较大，一般只能通过实验来得到在某些特定条件下的经验关系式。

1. 竖壁

当壁面的热流密度 q 为常数时，Hoffmann 推荐用以下公式计算竖壁的自然对流传热（实验介质为水）：

当 $1 \times 10^5 < Gr_x^* < 1 \times 10^{11}$（层流）时，有
$$Nu_{x,m} = 0.60(Gr_x^* Pr)_m^{1/5} \tag{3-23}$$
当 $2 \times 10^{13} < Gr_x^* < 1 \times 10^{16}$（湍流）时，有
$$Nu_{x,m} = 0.17(Gr_x^* Pr)_m^{1/4} \tag{3-24}$$
式中，Gr_x^* 为修正的格拉晓夫数，其表达式为
$$Gr_x^* = Gr_x Nu_x = \frac{g\beta q x^4}{k\nu^2} \tag{3-25}$$

式中 g——重力加速度，m/s^2；

β——水的容积膨胀系数，$1/℃$；

x——从传热起始点算起的竖直距离，m；

ν——运动黏度，m^2/s。

下标 x 表示取 x 为特征长度。

米海耶夫根据实验数据(实验介质为水等)得到了下列公式，用于计算 q 为常数时的竖壁自然对流传热：

当 $1 \times 10^3 < (Gr_x Pr)_f < 1 \times 10^9$ 时，有

$$Nu_{x,f} = 0.60(Gr_x Pr)_f^{0.25}\left(\frac{Pr_f}{Pr_w}\right)^{0.25} \qquad (3-26)$$

当 $(Gr_x Pr)_f > 6 \times 10^{10}$ 时，有

$$Nu_{x,f} = 0.15(Gr_x Pr)_f^{1/3}\left(\frac{Pr_f}{Pr_w}\right)^{0.25} \qquad (3-27)$$

$$Gr_x = g\beta\Delta T x^3/\nu^2 \qquad (3-28)$$

$$\Delta T = T_w - T_f \qquad (3-29)$$

2. 横管

横管的自然对流平均传热系数，对于水等可用米海耶夫公式计算：

$$Nu_d = 0.50(Gr_d Pr)_f^{0.25}\left(\frac{Pr_f}{Pr_w}\right)^{0.25} \qquad (3-30)$$

式中，下标 d 表示取横管的直径作为特征长度，上式适用范围是 $(Gr_d Pr)_f < 1 \times 10^8$。

水平放置的圆柱体对液态金属的传热可用下式计算：

$$Nu_d = 0.53(Gr_d Pr^2)^{1/4} \qquad (3-31)$$

此外，对池式堆的棒束自然对流传热进行实测，结果发现大空间的自然对流传热公式与某种棒束实测得到的自然对流传热公式基本一致，棒束传热系数比大空间的传热系数高 20%~40%。由此看来，在缺乏精确数据的情况下，作为粗略近似，可用大空间自然对流的公式来计算棒束或管内的自然对流传热。

3.3 沸 腾 传 热

在目前的大型压水堆电站中，正常工况下允许堆芯内局部出现核态沸腾。这样不但可以提高燃料元件的传热效率，还可以提高堆芯出口平均温度，从而使电站的总体热效率提高。对于沸水堆，沸腾传热是堆芯内的主要传热方式。

在沸腾传热过程中，伴随有气泡的生成、长大、脱离等现象。这些对沸腾传热都有较大影响。另外，沸腾传热过程常伴随有热力学不平衡现象，沸腾传热中的沸腾起始点、沸腾临界点，都是很难确定的参数，这些参数在工程中占有很重要的地位。因此，目前在反应堆热工研究中，沸腾传热的研究占有很大比例。

3.3.1 大容积沸腾

大容积沸腾是指浸没在具有自由表面原来静止的大容积液体内的加热面所发生的沸

腾。研究发现,在大容积沸腾条件下,加热表面的热流密度 q 与壁面和流体的温差 $T_w - T_s$ 之间存在着确定的关系。图 3-3 示出了它们之间的关系。

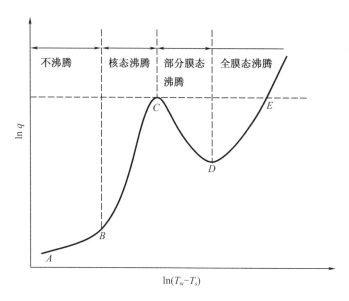

图 3-3 大容积沸腾曲线与传热区域示意图

(1)自然对流区(AB):壁面过热度较小(对于水在一个大气压下的饱和沸腾为 $\Delta T < 4\ ℃$)时,壁面上没有气泡产生,传热属于单相自然对流。

(2)核态沸腾区(BC):当加热壁面的过热度 $\Delta T \geq 4\ ℃$ 后,壁面上个别地点(称为汽化核心)开始产生气泡,这些气泡彼此互不干扰,称孤立气泡区。随着 ΔT 进一步增加,汽化核心数量增加,气泡互相影响,并会合成气块及气柱。在这两个区中,气泡的扰动剧烈,传热系数和热流密度都急剧增大。由于汽化核心对传热产生决定性影响,这两个区的沸腾统称为核态沸腾。核态沸腾有温压小、传热强的特点,所以一般工业应用都设计在这个范围。

(3)过渡沸腾区(CD):从峰值点 C 进一步提高 ΔT,传热规律出现异乎寻常的变化。热流密度不仅不随 ΔT 的升高而提高,反而越来越低,这是因为气泡汇聚覆盖在加热面上,而蒸汽排除过程越趋恶化。这种情况持续到最低热流密度为 q_{min} 为止。这段沸腾称为过渡沸腾,是很不稳定的过程。

(4)膜态沸腾区(DE):从 q_{min} 起传热规律再次发生转折。这时加热面上已形成稳定的蒸汽薄膜,产生的蒸汽有规则地排离膜层,q 随 ΔT 的增加而增大。此段称为稳定膜态沸腾。稳定膜态沸腾在物理上与膜状凝结有共同点,不过因为热量必须穿过的是热阻比较大的气膜,而不是液膜,所以传热系数比凝结小得多。

位于过渡沸腾与稳定膜态沸腾之间的热流密度最低的点,称为莱登佛罗斯特点。

习惯上将包含自然对流在内的图 3-3 所示的曲线称为大容积饱和沸腾曲线,其中核态沸腾、过渡沸腾、稳定膜态沸腾三个区域属于沸腾传热的范围。由以上讨论可见,对于沸腾传热,过程进行的动力是壁面的过热度,所以牛顿冷却公式中的温差是 $\Delta T = T_w - T_s$。

3.3.2 流动沸腾概述

当欠热流体进入加热通道时,由壁面输入的热量把过冷流体加热,变成气－液两相混合物,其过程如图3－4所示。整个过程大致经过以下几个区域。

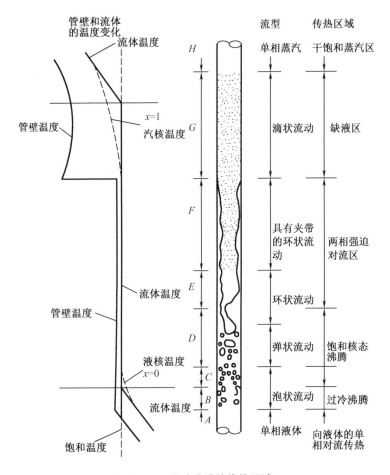

图3－4 流动沸腾的传热区域

液体的单相对流传热(A区):在本区内液体虽然被加热升高了温度,但仍低于它的饱和温度,且壁温仍低于产生气泡所必需的过热度。

核态沸腾:核态沸腾又分为欠热核态沸腾(B区)和饱和核态沸腾(C区和D区)。过冷沸腾的特征是,在加热面上,蒸汽在那些有利于生成气泡的点上以气泡形式形成。这些气泡在跃离加热面后,按平衡态模型,通常认为它们在过冷液芯内被凝结,其总的效应是系统内没有净蒸汽产生。而在C区和D区中,流体的主流温度达到饱和值,所产生的气泡不再消失,有净蒸汽产生。

两相强迫对流区(E区和F区):在本区内紧贴通道壁面的是一层薄的液膜,由于这层薄的液膜的有效导热,足以抑止该层液体过热到产生气泡的温度,于是通过液膜中的强迫对流,把从通道壁上导出的热量传到液膜与汽核的分界面上,并在这个分界面上蒸发。

缺液区(G区)与干饱和蒸汽区(H区):在含汽量的某个临界值上,发生液膜完全蒸发,这种转换叫作"蒸干"或"烧干",对于具有可控表面热流量的通道,这时就会伴随着出现壁温的升高,所以一般把环状流动时的液膜中断或"烧干"称为沸腾临界,从烧干点到开始向 H 区转变之间的区域称为缺液区。当烧干工况开始时,覆盖在通道壁上的液膜开始破裂,并形成细小的"液流",如果这时继续增加热流密度,将导致加热壁面温度的波动和升高。这是由于在这种工况下通道壁面交替地被水蒸气冲刷或被任意流过的"液流"再润湿的结果。当热流密度继续增加,将导致壁面温度大大超过饱和温度,"液流"完全蒸干,壁面干燥。接下去就是干饱和蒸汽区,在该区全部是单相蒸汽。

3.3.3 流动沸腾起始点的确定

1. 沸腾起始点 A 的确定

关于沸腾起始点的定义,各种文献的说法不一。有些文献认为,第一个气泡开始出现的那个点就是沸腾起始点。这种说法理论上是正确的,但是没有实际意义。因为气泡的产生是一个统计过程,第一个气泡产生点是不确定的,往往与液体中溶解气体的情况、加热面的性质和清洁度等许多不确定因素有关。因此,实际上的沸腾起始点往往是用过冷沸腾表现出对热工参数的实际影响来间接确定的。目前,主要是用壁温的变平或局部过冷度来判断沸腾起始点。下面介绍一种确定方法。

对圆形通道,有热平衡关系式

$$q \pi D z_A = M c_p (T_{f,A} - T_{f,in}) \tag{3-32}$$

式中　z_A——由入口到沸腾起始点的通道长度,m;

　　　$T_{f,A}$——沸腾起始点的主流温度,℃;

　　　$T_{f,in}$——入口温度,℃。

由式(3-32)得

$$T_{f,A} = \frac{q \pi D z_A}{M c_p} + T_{f,in} \tag{3-33}$$

$$\Delta T_A = T_s - T_{f,A} = T_s - \frac{q \pi D z_A}{M c_p} - T_{f,in} \tag{3-34}$$

Jens-Lottes 经过大量的实验工作,给出了过冷沸腾区传热计算的经验公式,即

$$\Delta T = T_w - T_s = 25 \left(\frac{q}{1 \times 10^6} \right)^{0.25} \exp(-p/6.2) \tag{3-35}$$

得到 A 点的壁温为

$$T_{w,A} = T_s + 25 \left(\frac{q}{1 \times 10^6} \right)^{0.25} \exp(-p/6.2) \tag{3-36}$$

由对流传热计算公式(3-3)也可以得到 A 点的壁面温度

$$T_{w,A} = \frac{q}{h} + T_{f,A} \tag{3-37}$$

在沸腾起始点处,式(3-36)和式(3-37)计算得到的壁温 $T_{w,A}$ 应该相等,于是有

$$\Delta T_A = \frac{q}{h} - 25 \left(\frac{q}{1 \times 10^6} \right)^{0.25} \exp(-p/6.2) \tag{3-38}$$

由式(3-34)和式(3-38)得

$$z_A = \frac{M c_p \left[T_s - T_{f,in} - \frac{q}{h} + 25 \left(\frac{q}{1 \times 10^6} \right)^{0.25} \exp(-p/6.2) \right]}{\pi D q} \tag{3-39}$$

2. 气泡脱离壁面起始点 B 的确定

B 点也称净蒸汽产生点,常用萨哈和朱伯提出的计算方法来确定。他们的实验结果如图 3-5 所示。在低流速下,气泡脱离受热力控制,在某一恒定的 Nu 下发生过渡;在高流速下,气泡脱离受流体动力效应控制,在某一恒定的 St 下发生过渡。定义

$$Nu = \frac{qD}{k_f(T_s - T_B)} \tag{3-40}$$

$$St = \frac{q}{Gc_p(T_s - T_B)} \tag{3-41}$$

$$Pe = \frac{GDc_p}{k_f} = \frac{Nu}{St} \tag{3-42}$$

当 $Pe \leqslant 70\ 000$ 时,$St - Pe$ 曲线的斜率为 -1,Nu 为常数,即

$$Nu = \frac{qD}{k_f \Delta T_B} = 455 \tag{3-43}$$

当 $Pe > 70\ 000$ 时,St 为常数,即

$$St = \frac{q}{Gc_p \Delta T_B} = 0.006\ 5 \tag{3-44}$$

因为 $Pe = Re \cdot Pr$,所以在判断流动工况时根据 Re 很容易算出 Pe,然后用以上公式把 B 点的欠热度计算出来,从而可以确定入口到 B 点的距离 z_B。

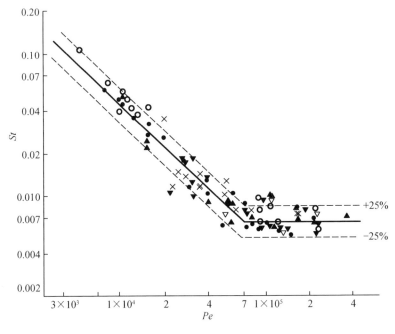

图 3-5　气泡开始脱离壁面点的条件

3.3.4　流动沸腾传热与沸腾临界

沸腾传热过程十分复杂,机理还没有彻底弄清,涉及的一些物理现象还不能完全用理论来解释。因此,目前沸腾传热的计算还主要依赖于经验公式。下面介绍常用于反应堆热工计算的沸腾传热计算公式。

1. 过冷沸腾区的传热计算

在压水反应堆堆芯内,正常工况下出现的主要是过冷沸腾,这种情况下可以用以下关系式计算传热。

（1）Rohsenow 关系式

Rohsenow 给出计算深度过冷区沸腾传热的经验关系式为

$$\frac{c_p \Delta T_{\text{sat}}}{H_{\text{fg}}} = C_{\text{fs}} \left[\frac{q_{\text{sub}}}{\mu_f H_{\text{fg}}} \sqrt{\frac{\sigma}{g(\rho_f - \rho_g)}} \right]^{0.33} \left(\frac{c_p \mu_f}{k_f} \right)^{1.7} \tag{3-45}$$

式中　q_{sub}——沸腾传热分量,W/m^2；

　　　ΔT_{sat}——壁面温度与流体饱和温度间的差值,℃；

　　　C_{fs}——特性常数,取 $C_{\text{fs}} = 0.006$。

（2）Thom 关系式

Thom 给出轻度过冷沸腾区传热温差和表面热流密度之间的关系式为

$$\Delta T_{\text{sat}} = 22.65 q^{0.5} \exp(-p/8.7) \tag{3-46}$$

式中　q——热流密度,MW/m^2；

　　　p——压力,MPa。

2. 饱和沸腾区的传热计算

饱和沸腾区的传热计算公式较多,目前在反应堆热工分析中使用较多的是 Chen 公式。Chen 认为在饱和沸腾区沸腾传热的热流密度可表示为

$$q = h(T_w - T_s) \tag{3-47}$$

式中,h 是总传热系数,它由两部分组成

$$h = h_b + h_f \tag{3-48}$$

式中　h_b——核态沸腾传热系数；

　　　h_f——强迫对流传热系数。

强迫对流传热系数可用修正后的 Ditus－Boelter 关系式计算,即

$$h_f = 0.023 F \left[\frac{G(1-x)D_e}{\mu_f} \right]^{0.8} Pr^{0.4} \frac{k_f}{D_e} \tag{3-49}$$

对于沸腾传热,传热系数表达式为

$$h_b = 0.00122 S \left(\frac{k_f^{0.79} c_p^{0.45} \rho_f^{0.49}}{\sigma^{0.5} \mu_f^{0.29} H_{\text{fg}}^{0.24} \rho_g^{0.24}} \right) \Delta T_{\text{sat}}^{0.24} (p_w - p_s)^{0.75} \tag{3-50}$$

式中　p_w——对应于表面温度的饱和压力,Pa；

　　　p_s——对应于液体饱和温度的饱和压力,Pa。

F 可用以下公式计算：

当 $\frac{1}{X_{tt}} \leqslant 0.10$ 时,有

$$F = 1.0 \tag{3-51}$$

当 $\frac{1}{X_{tt}} > 0.10$ 时,有

$$F = 2.35 \left(\frac{1}{X_{tt}} + 0.213 \right)^{0.736} \tag{3-52}$$

式中,X_{tt} 是 Martinelli 参数,其表达式为

$$\frac{1}{X_{tt}} = \left(\frac{x}{1-x}\right)^{0.9} \left(\frac{\rho_f}{\rho_g}\right)^{0.5} \left(\frac{\mu_g}{\mu_f}\right)^{0.1} \tag{3-53}$$

S 用以下方法计算：

当 $Re_{tp} < 32.5$ 时，

$$S = (1 + 0.12Re_{tp}^{1.141})^{-1} \tag{3-54}$$

当 $32.5 \leqslant Re_{tp} < 70$ 时，

$$S = (1 + 0.42Re_{tp}^{0.78})^{-1} \tag{3-55}$$

当 $Re_{tp} \geqslant 70$ 时，

$$S = 0.1 \tag{3-56}$$

其中

$$Re_{tp} = F^{1.25} \frac{G(1-x)D_e}{\mu_f} \times 10^{-4} \tag{3-57}$$

3. 流动沸腾临界

沸腾临界一般是指由于沸腾传热机理改变，换热系数突然减小，加热面温度突然升高，加热面与流体间传热受到阻滞的现象。在大容积沸腾中，介质的物性参数基本保持不变，因此可认为沸腾临界状态只与热流密度有关。而在流动沸腾中，沸腾临界现象不但与流体物性有关，还与介质的流速、局部含气率、通道形状等因素有关。

（1）低含气率时的沸腾临界

当加热表面的热流密度很高时，在通道内含气率较低的情况下就可能会出现沸腾临界。对这种条件下的沸腾临界机理主要有两种解释。第一种认为由于高热流密度的作用，加热面上的气泡受热后急剧长大，热量没有及时传到主流中，从而使气泡覆盖下的局部加热面温度快速升高进而造成沸腾临界。第二种认为上游加热面产生的气泡滑动到下游，使下游气泡产生堆积，加热面形成气泡层，该气泡层阻碍液体与加热面的接触，使加热面不能得到很好的冷却，加热面温度迅速升高，从而形成沸腾临界，如图 3-6(a) 所示。

（2）高含气率时的沸腾临界

当加热面热流密度不是很高时，在低含气率区，一般不会出现沸腾临界，只有在含气率很高时才会出现沸腾临界。这时加热通道内往往是环状流，由于气相密度较小，介质流动速度较高，在加热面热流密度和介质动量冲击的双重作用下，会使局部液膜从加热面消失，液膜被撕裂成液滴，于是传热减弱，加热面温度升高，如图 3-6(b) 所示。

这种沸腾临界工况主要受两个因素影响：一个是介质的流速；另一个是表面热流密度。如果通道内的质量流速和表面热流密度都很低，一般会出现图 3-6(b) 的情况，此时通道的含气率很高，加热面的液膜被全部蒸干。由于高含气率沸腾临界的出现是由于加热面液膜消失造成的，因此，这种沸腾临界也被称作干涸。

【例题 3-3】 水以质量流速 $G = 4\,074$ kg/(m²·s) 流过内径 $D = 0.012$ m 的圆管。沿管全长均匀加热，管出口处水的压力保持在 $p = 15.085$ MPa（绝压）。如果管出口水的温度维持在 $T_{f,A} = 321$ ℃，试确定在此温度下，管道出口处开始发生核态沸腾所要求的热流密度 q 和相应管壁温度 $T_{w,A}$。

核态沸腾传热公式请用 Thom 公式；单相对流传热系数公式请用 Dittus - Boelter 关系式。查得物性参量为饱和温度 $T_s = 342$ ℃，$\mu_f = 0.84 \times 10^{-4}$ Pa·s，$k_f = 0.51$ W/(m·℃)，$Pr = 1$。计算中保留四位有效数字。

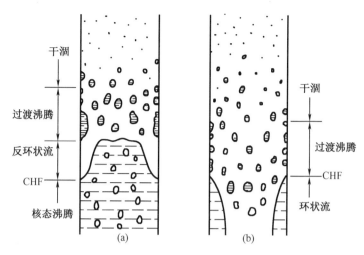

图 3-6 高、低含气率时的沸腾临界

(a)低含气率;(b)高含气率

解 单相对流传热和核态沸腾传热方程为

$$T_{w,A} - T_{f,A} = \frac{q}{h} \tag{1}$$

$$T_{w,A} - T_s = 0.022\,65 q^{0.5} \exp(-p/8.7) \tag{2}$$

其中

$$h = 0.023 \frac{k_f}{D} \left(\frac{GD}{\mu_f}\right)^{0.8} Pr_f^{0.4} = 0.023 \times \frac{0.51}{0.012} \times \left(\frac{4\,074 \times 0.012}{0.84 \times 10^{-4}}\right)^{0.8} \times 1$$

$$= 4 \times 10^4 \text{ W/(m}^2 \cdot \text{℃)}$$

用式(2)减去式(1)得

$$T_s - T_{f,A} + 0.022\,65 q^{0.5} \exp(-p/8.7) - \frac{q}{h} = 0$$

即

$$342 - 321 + 0.022\,65 q^{0.5} \exp(-15.085/8.7) - \frac{q}{4 \times 10^4} = 0$$

整理后得

$$25\left(\frac{q}{1 \times 10^6}\right) - 4\left(\frac{q}{1 \times 10^6}\right)^{0.5} - 21 = 0$$

令

$$x = \left(\frac{q}{1 \times 10^6}\right)^{0.5}$$

则

$$25x^2 - 4x - 21 = 0 \rightarrow (25x + 21)(x - 1) = 0$$

解得 $x = 1$ 或 $x = -\dfrac{21}{25}$。

$x = -\dfrac{21}{25}$ 为增根,所以 $x = 1$ 为解,即

$$\left(\frac{q}{1 \times 10^6}\right)^{0.5} = 1$$

由上式可得 $q = 1 \times 10^6 \text{ W/m}^2$,代入式(1)得

$$T_{w,A} = 321 + \frac{1 \times 10^6}{4 \times 10^4} = 321 + 25 = 346 \ ℃$$

【例题 3 - 4】 设有一根竖直圆管，内径 $D = 0.010\ 16$ m，管长 $L = 3.66$ m，沿管长均匀加热，热功率 $Q = 200$ kW，进口水流量 $M_f = 0.432$ kg/s，进口水温度 $T_{f,in} = 203$ ℃，管内压力 $p = 6.89$ MPa（常数）。设单相水对流传热系数 $h = 4.78 \times 10^4$ W/（m²·℃），液体平均比定压热容 $c_p = 4.94 \times 10^3$ J/（m²·℃）。试确定沸腾起始点处的壁温 $T_{w,A}$ 和液体平均温度 $T_{f,A}$，以及到进口的距离 z_A，气泡开始脱离壁面点处的液体平均温度 $T_{f,B}$ 和到进口的距离 z_B。〔已知 $\rho_f = 869.6$ kg/m³，$k_f = 0.57$ W/（m·℃）〕

解 根据压力和入口温度可以查得 $h_{in} = 0.867 \times 10^6$ J/kg，水的饱和温度 $T_s = 284.6$ ℃。

热流密度 $q = \dfrac{Q}{\pi D L} = \dfrac{200 \times 10^3}{\pi \times 0.010\ 16 \times 3.66} = 1.712 \times 10^6$ W/m²。

（1）沸腾开始点

Jens - Lottes 方法：

由式（3 - 36）得

$$T_{w,A} = 284.6 + 25(1.712)^{0.25} e^{-6.89/6.2} = 284.6 + 9.4 = 294 \ ℃$$

由式（3 - 37）得

$$T_{f,A} = T_{w,A} - \frac{q}{h} = 294 - \frac{1.712 \times 10^6}{4.78 \times 10^4} = 294 - 35.8 = 258.2 \ ℃$$

由式（3 - 32）得

$$z_A = \frac{M c_p (T_{f,A} - T_{f,in})}{q P_h} = \frac{0.432 \times 4.94 \times 10^3 \times (258.2 - 203)}{1.712 \times 10^6 \times \pi \times 0.010\ 16} = 2.16 \ \text{m}$$

Thom 方法：

由式（3 - 46）得

$$\begin{aligned}
T_{w,A} &= T_s + 22.65 q^{0.5} \exp(-p/8.7) \\
&= 284.6 + 22.65(1.712)^{0.5} e^{-6.89/8.7} \\
&= 284.6 + 13.4 = 298 \ ℃
\end{aligned}$$

由式（3 - 37），得

$$T_{f,A} = T_{w,A} - \frac{q}{h} = 298 - \frac{1.712 \times 10^6}{4.78 \times 10^4} = 298 - 35.8 = 262.2 \ ℃$$

由式（3 - 32），得

$$z_A = \frac{M c_p (T_{f,A} - T_{f,in})}{q P_h} = \frac{0.432 \times 4.94 \times 10^3 \times (262.2 - 203)}{1.712 \times 10^6 \times \pi \times 0.010\ 16} = 2.31 \ \text{m}$$

（2）气泡开始脱离壁面点

首先判断 Pe

$$Pe = \frac{G c_p D}{k_f} = \frac{5\ 328.5 \times 4.94 \times 10^3 \times 1.010\ 16}{0.57} = 4.7 \times 10^5$$

因为 $Pe > 7 \times 10^4$，所以 $T_s - T_B = \dfrac{q}{0.006\ 5 G c_p}$，即

$$T_s - T_B = \frac{1.712 \times 10^6}{0.006\ 5 \times 5\ 328.5 \times 4.94 \times 10^3} = 10 \ ℃$$

$$T_B = 284.6 - 10 = 274.6 \ ℃$$

$$z_B = \frac{Mc_p(T_B - T_{f,in})}{qP_h} = \frac{0.432 \times 4.94 \times 10^3 \times (274.6 - 203)}{1.712 \times 10^6 \times \pi \times 0.010\ 16} = 2.96\ \text{m}$$

3.4　冷却剂的输热

冷却剂的输热是指冷却剂流过堆芯时,把燃料元件传给冷却剂的热量以热焓的形式载出反应堆的过程,用冷却剂的能量守恒方程可以描述输热过程。如果输送到堆外的热功率为 Q,所需冷却剂的质量流量为 M,则冷却剂流过反应堆的焓升满足下面的输热方程:

$$Q = M(h_{out} - h_{in}) \tag{3-58}$$

当从反应堆流过的冷却剂不发生相变时,方程式(3-58)也可写成

$$Q = M\bar{c}_{p,f}(T_{f,out} - T_{f,in}) \tag{3-59}$$

3.5　燃料元件的径向传热计算

燃料元件的温度分布在反应堆热工设计中具有非常重要的作用,直接关系到反应堆的结构设计、运行功率,以及冷却剂流速的确定,下面分别介绍不同结构的燃料元件径向传热过程的计算。

3.5.1　板状燃料元件的传热计算

堆芯传热的核心问题是确定燃料元件内的工作温度和燃料元件所能传给冷却剂的热流密度。本节以板状元件为例,分析燃料元件的温度分布。为此,首先做如下几点假设。

(1)板状元件的厚度远小于高度和宽度,且具有对称性。因此,可以忽略高度和宽度方向的导热,简化为一维导热问题。

(2)假定芯块内的体积释热率为常数。

(3)包壳和冷却剂内不释热;所有材料的物性参数不随温度变化。

1. 燃料芯块内的导热及温度分布

图 3-7 表示一段截面均匀的板状燃料元件,其周围为冷却剂且冷却条件相同。坐标原点取在燃料芯块的中分面上(见图 3-7(a)),燃料芯块厚度为 $2a$,热导率为 k_u,由于燃料芯块的对称性,只需处理 $x > 0$ 的部分即可。

根据假设条件,燃料芯块内的导热可按具有内热源的一维稳态导热进行处理。由表 3-1 可知,燃料芯块内的一维稳态导热方程(泊松方程)为

$$\frac{d^2 T}{dx^2} + \frac{q_v}{k_u} = 0 \tag{3-60}$$

对式(3-60)进行两次积分,可得

$$T = -\frac{q_v}{2k_u}x^2 + C_1 x + C_2 \tag{3-61}$$

式中,C_1 和 C_2 是积分常数。

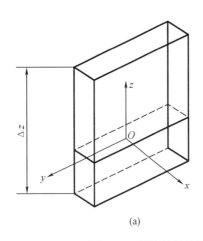
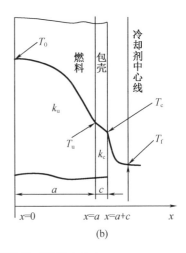

(a)   (b)

图 3 - 7　板状燃料元件和其被冷却时的温度分布

（a）板状燃料原件三维示意图；（b）板状燃料原件温度分布

由于燃料是对称的,因此中分面上温度最高,设最高温度为 T_0,由此给出边界条件:

在 $x = 0$ 处

$$\frac{\mathrm{d}T}{\mathrm{d}x} = 0 \tag{3 - 62}$$

和

$$T = T_0 \tag{3 - 63}$$

将边界条件应用于式(3 - 61)可求得 $C_1 = 0$ 和 $C_2 = T_0$。于是,板状燃料芯块内的温度分布函数为

$$T(x) = T_0 - \frac{q_v}{2k_u}x^2 \tag{3 - 64}$$

当 $x = a$ 时,可求得芯块表面温度

$$T_u = T_0 - \frac{q_v}{2k_u}a^2 \tag{3 - 65}$$

在 $x = a$ 处的表面积 A 上,单位时间内导出的总热量 Q 等于燃料在 $x = 0$ 与 $x = a$ 之间的总释热量,即

$$Q = q_v A a \tag{3 - 66}$$

该式也可由傅里叶定律和式(3 - 64)求得

$$Q = -k_u A \frac{\mathrm{d}T}{\mathrm{d}x}\bigg|_a = -k_u A \frac{\mathrm{d}}{\mathrm{d}x}\left(T_0 - \frac{q_v}{2k_u}x^2\right)\bigg|_a = q_v A a \tag{3 - 67}$$

从燃料芯块的两个侧面导出的总释热量 Q' 是 Q 的两倍(忽略边缘导出的热量)。如果以 $A_s = 2A$ 表示燃料芯块两侧的总传热面积,则

$$Q' = 2k_u A_s \frac{T_0 - T_u}{a} \tag{3 - 68}$$

2. 包壳内的导热及温度分布

假设包壳厚度为 c,热导率为 k_c,包壳内没有释热,即 $q_v = 0$,则包壳内的稳态导热方程(拉普拉斯方程)为

$$\frac{\mathrm{d}^2 T}{\mathrm{d}x^2} = 0 \quad (a \leqslant x \leqslant a + c) \tag{3-69}$$

将式(3-69)积分两次得

$$T = C_1 x + C_2 \tag{3-70}$$

包壳导热问题的边界条件如下:

①在 $x = a$ 处,有

$$T = T_{\mathrm{u}} \tag{3-71}$$

②在 $x = a + c$ 处,有

$$T = T_{\mathrm{c}} \tag{3-72}$$

将式(3-71)和式(3-72)分别代入式(3-70),可得

$$C_1 = -\frac{T_{\mathrm{u}} - T_{\mathrm{c}}}{c}, \ C_2 = \frac{T_{\mathrm{u}} - T_{\mathrm{c}}}{c} a + T_{\mathrm{u}} \tag{3-73}$$

于是,包壳内的温度分布函数为

$$T(x) = T_{\mathrm{u}} - \frac{x - a}{c}(T_{\mathrm{u}} - T_{\mathrm{c}}) \quad (a \leqslant x \leqslant a + c) \tag{3-74}$$

上式表明,在无内热源的包壳内,温度 T 与包壳厚度之间为线性关系,见图3-7(b)。因为包壳内无内热源,故在稳态时由芯块传递给包壳的热量与由包壳外表面传递给冷却剂的热量相等,于是由傅里叶定律可写出由包壳面积 A 所导出的热量为

$$Q = -k_{\mathrm{c}} A \frac{\mathrm{d}T}{\mathrm{d}x}\Big|_{a+c} = k_{\mathrm{c}} A \frac{T_{\mathrm{u}} - T_{\mathrm{c}}}{c} \tag{3-75}$$

即

$$T_{\mathrm{u}} - T_{\mathrm{c}} = Q \frac{c}{k_{\mathrm{c}} A} \tag{3-76}$$

如果忽略芯块与包壳间的热阻,则式(3-65)、式(3-66)和式(3-76)合并后,得

$$T_0 - T_{\mathrm{c}} = Q \left(\frac{a}{2k_{\mathrm{u}} A} + \frac{c}{k_{\mathrm{c}} A} \right) \tag{3-77}$$

或

$$Q = \frac{T_0 - T_{\mathrm{c}}}{\dfrac{a}{2k_{\mathrm{u}} A} + \dfrac{c}{k_{\mathrm{c}} A}} \tag{3-78}$$

由板状元件可知两侧总面积 $A_{\mathrm{s}} = 2A$,则两个侧面导出的总热量是式(3-78)所示热流量的两倍,则有

$$Q' = \frac{T_0 - T_{\mathrm{c}}}{\dfrac{a}{2k_{\mathrm{u}} A_{\mathrm{s}}} + \dfrac{c}{k_{\mathrm{c}} A_{\mathrm{s}}}} \tag{3-79}$$

3. 燃料元件对冷却剂的放热

如果冷却剂的主流温度为 T_{f}(图3-7),且认为包壳和冷却剂内均无内热源,则在稳态条件下,经元件一侧表面 A 导出的热量与由面积 A 传给冷却剂的热量应该相等。于是,由式(3-67)、式(3-75)和牛顿冷却定律可写出

$$Q_a = q_v A a = 2k_{\mathrm{u}} A \frac{T_0 - T_{\mathrm{u}}}{a} = k_{\mathrm{c}} A \frac{T_{\mathrm{u}} - T_{\mathrm{c}}}{c} = h A (T_{\mathrm{c}} - T_{\mathrm{f}}) \tag{3-80}$$

式(3-80)对温差求解可得到

$$T_0 - T_\mathrm{u} = \frac{Qa}{2k_\mathrm{u}A} = \frac{q_v a^2}{2k_\mathrm{u}} \qquad (3-81)$$

$$T_\mathrm{u} - T_\mathrm{c} = \frac{Qx}{2k_\mathrm{c}A} = \frac{q_v ac}{k_\mathrm{c}} \qquad (3-82)$$

$$T_\mathrm{c} - T_\mathrm{f} = \frac{Q}{hA} = \frac{q_v a}{h} \qquad (3-83)$$

将式(3-81)、式(3-82)和式(3-83)相加,得

$$T_0 - T_\mathrm{f} = \frac{Q}{A}\left(\frac{a}{2k_\mathrm{u}} + \frac{c}{k_\mathrm{c}} + \frac{1}{h}\right) = q_v\left[\frac{a^2}{2k_\mathrm{u}} + a\left(\frac{c}{k_\mathrm{c}} + \frac{1}{h}\right)\right] \qquad (3-84)$$

或

$$Q_a = \frac{T_0 - T_\mathrm{f}}{\dfrac{a}{2k_\mathrm{u}A} + \dfrac{c}{k_\mathrm{c}A} + \dfrac{1}{hA}} \qquad (3-85)$$

3.5.2 棒状燃料元件的传热计算

在进行棒状燃料元件传热计算时,采用如下假设:

(1)由于燃料元件的半径远小于高度,因此忽略沿高度方向的导热,将燃料元件内的导热简化为一维导热问题;

(2)当讨论元件横截面上的传热问题时,芯块内中子通量的自屏效应和周向不均匀性可以忽略不计;

(3)包壳气隙和冷却剂内不释热,所有材料为常物性。

沿棒状燃料元件的轴向 z 任取一微元段 Δz,截面如图3-8所示,该元件的周围冷却条件相同。设燃料芯块的半径为 a,燃料热导率 k_u 为常数,包壳厚度为 c,其热导率 k_c 为常数,燃料芯块表面和包壳内表面之间的间隙为 δ_g。

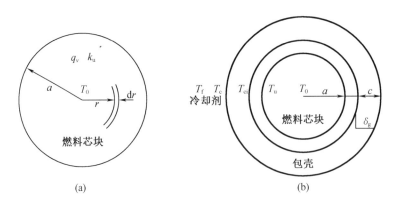

(a)   (b)

图3-8 燃料芯块横截面和棒状燃料元件横截面及周围冷却剂

1. 燃料芯块内(有内热源)的导热及其温度分布

对于热导率 k_u 为常数的棒状燃料芯块,导热微分方程可以简化为

$$\frac{1}{r}\frac{\mathrm{d}}{\mathrm{d}r}\left(r\frac{\mathrm{d}T}{\mathrm{d}r}\right) + \frac{q_v}{k_\mathrm{u}} = 0,\ 0 \leqslant r \leqslant a \qquad (3-86)$$

对方程式(3-86)积分两次后得到通解为

$$T(r) = -\frac{q_v}{4k_u}r^2 + C_1\ln r + C_2 \qquad (3-87)$$

其边界条件为

$$r = 0, \frac{\mathrm{d}T}{\mathrm{d}r} = 0 \qquad (3-88)$$

$$r = 0, T(0) = T_0 \qquad (3-89)$$

利用上述边界条件可以得到积分常数 $C_1 = 0$，$C_2 = T_0$。把 C_1 和 C_2 的值代入方程式(3-87)，得到棒状燃料元件燃料芯块内的温度分布函数为

$$T(r) = T_0 - \frac{q_v}{4k_u}r^2, 0 \leqslant r \leqslant a \qquad (3-90)$$

式(3-90)表明，棒状燃料芯块内的温度分布 $T(r)$ 也是一条向上凸的抛物线。

在式(3-90)中，令 $r = a$，可得燃料芯块的表面温度 T_u，即

$$T_u = T_0 - \frac{q_v}{4k_u}a^2 \qquad (3-91)$$

由假设(1)(2)可知，在长度为 Δz 的微元段内，通过燃料元件导出的热量应等于该段燃料产生的总热量 ΔQ，即

$$\Delta Q = q_v\pi a^2\Delta z \qquad (3-92)$$

将式(3-91)和式(3-92)合并后，可以得到

$$\Delta Q = 4\pi\Delta zk_u(T_0 - T_u) \qquad (3-93)$$

或者

$$q_1 = \frac{\Delta Q}{\Delta z} = 4\pi k_u(T_0 - T_u) \qquad (3-94)$$

式中，q_1 是在单位时间内单位燃料芯块长度上导出的总热量，称为线功率，单位为 W/m。

2. 气隙内的导热及其温度分布

由假设可知，气隙内的稳态导热微分方程为

$$\frac{\mathrm{d}}{\mathrm{d}r}\left(r\frac{\mathrm{d}T}{\mathrm{d}r}\right) = 0, a \leqslant r \leqslant a + \delta_g \qquad (3-95)$$

方程式(3-95)的通解为

$$T(r) = C_1\ln r + C_2 \qquad (3-96)$$

其边界条件为

$$r = a, T = T_u \qquad (3-97)$$

$$r = a + \delta_g, T = T_{ci} \qquad (3-98)$$

将式(3-97)和式(3-98)代入式(3-96)可得积分常数 C_1 和 C_2，分别为

$$C_1 = -\frac{T_u - T_{ci}}{\ln(1 + \delta_g/a)}, C_2 = T_a + \frac{(T_u - T_{ci})\ln a}{\ln(1 + \delta_g/a)}$$

将 C_1 和 C_2 的值代入式(3-96)便得间隙内的温度分布函数为

$$T(r) = T_u - \frac{T_u - T_{ci}}{\ln(1 + \delta_g/a)}\ln\left(\frac{r}{a}\right), a \leqslant r \leqslant a + \delta_g \qquad (3-99)$$

根据傅里叶定律，可以由式(3-99)求得从气隙空间导出的热量为

$$\Delta Q = -2\pi(a+\delta_g)\Delta z k_g \left(\frac{dT}{dr}\right)_{a+\delta_g} = 2\pi\Delta z k_g \frac{T_u - T_{ci}}{\ln(1+\delta_g/a)} \tag{3-100}$$

从而得

$$T_u - T_{ci} = \frac{\Delta Q \ln(1+\delta_g/a)}{2\pi\Delta z k_g} \tag{3-101}$$

3. 包壳内的导热及其温度分布

与气隙相似,可以求得包壳内的温度分布函数为

$$T(r) = T_{ci} - \frac{T_{ci}-T_c}{\ln\left(1+\dfrac{c}{a+\delta_g}\right)}\ln\left(\frac{r}{a+\delta_g}\right),\ a+\delta_g \leqslant r \leqslant a+\delta_g+c \tag{3-102}$$

式中,T_c 是包壳外表面温度,单位为℃。

根据傅里叶定律,可以由式(3-102)求得经包壳导出的热量为

$$\begin{aligned} \Delta Q &= -2\pi(a+\delta_g+c)\Delta z k_c \left(\frac{dT}{dr}\right)_{a+\delta_g+c} \\ &= 2\pi\Delta z k_c \frac{T_{ci}-T_c}{\ln[1+c/(a+\delta_g)]} \end{aligned} \tag{3-103}$$

从而得

$$T_{ci} - T_c = \frac{\Delta Q \ln[1+c/(a+\delta_g)]}{2\pi\Delta z k_c} \tag{3-104}$$

4. 燃料包壳外表面对冷却剂的传热

包壳外表面传给冷却剂的热量用牛顿冷却定律描述,即

$$\Delta Q = 2\pi(a+\delta_g+c)\Delta z h(T_c - T_f) \tag{3-105}$$

由于

$$q_v \frac{\pi D_u^2}{4} = q\pi D_c = \frac{\Delta Q}{\Delta z} = q_1 \tag{3-106}$$

于是可以将式(3-91)、式(3-101)、式(3-104)和式(3-105)依次写成

$$T_0 - T_u = \frac{q_v a^2}{4k_u} = \frac{q_v D_u^2}{16k_u} = \frac{q_1}{4\pi k_u} \tag{3-107}$$

$$T_u - T_{ci} = \frac{q_v a^2 \ln(1+\delta_g/a)}{2k_g} = \frac{q_1 \ln(D_{ci}/D_u)}{2\pi k_g} \tag{3-108}$$

$$T_{ci} - T_c = \frac{q_v a^2 \ln[1+c/(\delta_g+a)]}{2k_c} = \frac{q_1 \ln(D_c/D_{ci})}{2\pi k_c} \tag{3-109}$$

$$T_c - T_f = \frac{q_v a^2}{2(a+\delta_g+c)h} = \frac{q_1}{\pi D_c h} = \frac{q}{h} \tag{3-110}$$

式中　D_u——燃料芯块直径,m;

D_{ci}, D_c——包壳内径和外径,m。

当已知 T_f, h 和 q_1(或 q_v)时,可根据以上四式分别求解出 T_c, T_{ci}, T_u 和 T_0 的值。

将式(3-107)至式(3-110)四式相加可得从燃料中心到冷却剂的总温降,即

$$\begin{aligned} T_0 - T_f &= \frac{q_v D_u^2}{4}\left[\frac{1}{4k_u} + \frac{\ln(D_{ci}/D_u)}{2k_g} + \frac{\ln(D_c/D_{ci})}{2k_c} + \frac{1}{D_c h}\right] \\ &= \frac{q_1}{\pi}\left[\frac{1}{4k_u} + \frac{\ln(D_{ci}/D_u)}{2k_g} + \frac{\ln(D_c/D_{ci})}{2k_c} + \frac{1}{D_c h}\right] \end{aligned} \tag{3-111}$$

或者

$$q_v = \frac{T_0 - T_f}{\dfrac{D_u^2}{4}\left[\dfrac{1}{4k_u} + \dfrac{\ln(D_{ci}/D_u)}{2k_g} + \dfrac{\ln(D_c/D_{ci})}{2k_c} + \dfrac{1}{D_c h}\right]} \qquad (3-112)$$

$$q = \frac{T_0 - T_f}{\dfrac{D_c}{4k_u} + \dfrac{D_c\ln(D_{ci}/D_u)}{2k_g} + \dfrac{D_c\ln(D_c/D_{ci})}{2k_c} + \dfrac{1}{h}} \qquad (3-113)$$

$$q_l = \frac{T_0 - T_f}{\dfrac{1}{4\pi k_u} + \dfrac{\ln(D_{ci}/D_u)}{2\pi k_g} + \dfrac{\ln(D_c/D_{ci})}{2\pi k_c} + \dfrac{1}{\pi D_c h}} \qquad (3-114)$$

式(3-113)和式(3-114)等号右侧的分母是棒状元件的串联总热阻。

5. 对流传热系数 h 对燃料元件释热的影响

方程式(3-112)表明,在燃料元件尺寸、燃料热导率 k_u、间隙热导率 k_g 和包壳热导率 k_c 都已经确定的情况下,对于任意体积释热率 q_v,为了既要提高冷却剂温度 T_f(提高 T_f 可使装置的热效率提高),同时又不使燃料中心温度 T_0 过高,就必须尽量提高传热系数 h。如果 T_0 的大小受到限制,则为了提高 q_v 的值,也必须增高 h。可见,提高 h 值的好处是:或者可以提高装置的热效率,增加堆的功率输出;或者可以降低燃料元件的工作温度,提高堆的安全性。

然而,提高 h 的收益是有限的。由式(3-112)可以看出,当 $h \to \infty$ 时,可得到允许的最大体积释热率为

$$q_v = \frac{T_0 - T_f}{\dfrac{D_u^2}{4}\left[\dfrac{1}{4k_u} + \dfrac{\ln(D_{ci}/D_u)}{2k_g} + \dfrac{\ln(D_c/D_{ci})}{2k_c}\right]} \qquad (3-115)$$

3.5.3 球形燃料元件的传热计算

典型球形燃料元件结构如图3-9所示,燃料元件包括燃料芯块和涂层。为了分析燃料元件的传热及元件任意截面上的温度分布,需做如下几点简化假设:

(1)在燃料球内的释热是均匀的;

(2)在燃料涂层和冷却剂内不释热,所有材料为常物性;

(3)外侧流体的冷却是均匀的,由于对称性,可选择球形燃料元件任一截面进行分析。

其中芯块部分的导热微分方程为

$$\frac{d^2 T}{dr^2} + \frac{2}{r}\frac{dT}{dr} + \frac{q_v}{k_u} = 0 \qquad (3-116)$$

即

$$\frac{1}{r^2}\frac{d}{dr}\left(k_u r^2 \frac{dT}{dr}\right) + q_v = 0 \qquad (3-117)$$

对其积分两次,得通解为

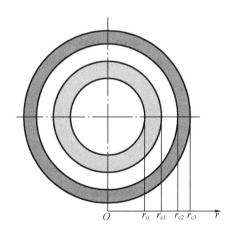

图3-9 球形燃料元件示意图

$$T(r) = -\frac{q_v}{6k_u}r^2 - \frac{C_1}{k_u}\frac{1}{r} + C_2 \tag{3-118}$$

式中，C_1 和 C_2 是积分常数。

其边界条件如下：

在 $r = 0$ 处，有

$$\mathrm{d}T/\mathrm{d}r = 0 \tag{3-119}$$

$$T = T_0 \tag{3-120}$$

由边界条件可求得 $C_1 = 0$，$C_2 = T_0$。于是，燃料球内的温度分布函数为

$$T(r) = T_0 - \frac{q_v r^2}{6k_u} \quad (0 < r < r_u) \tag{3-121}$$

当 $r = r_u$ 时，有

$$T_u = T_0 - \frac{q_v r_u^2}{6k_u} \tag{3-122}$$

由于涂层中无内热源，所以燃料球释放的总热量等于由涂层部分导出的热量，即

$$Q = \frac{4}{3}\pi r_u^3 q_v \tag{3-123}$$

涂层内，导热方程为

$$\frac{\mathrm{d}^2 T}{\mathrm{d}r^2} + \frac{2}{r}\frac{\mathrm{d}T}{\mathrm{d}r} = 0 \tag{3-124}$$

对其积分两次，得通解为

$$T(r) = -\frac{C_1}{r} + C_2 \tag{3-125}$$

边界条件如下：

在 $r = r_u$ 处，有

$$T = T_u \tag{3-126}$$

$$k_u \frac{\mathrm{d}T}{\mathrm{d}r}\Big|_{r=r_u} = k_{c_1}\frac{\mathrm{d}T}{\mathrm{d}r}\Big|_{r=r_u} \tag{3-127}$$

由此可求得

$$C_1 = -\frac{q_v r_u^3}{3k_{c_1}}, \quad C_2 = T_0 - q_v r_u^3\left(\frac{1}{6k_u r_u} + \frac{1}{3k_{c_1}r_u}\right) \tag{3-128}$$

于是，第一层涂层的温度分布函数为

$$T(r) = T_0 - q_v r_u^3\left(\frac{1}{6k_u r_u} + \frac{1}{3k_{c_1}r_u} - \frac{1}{3k_{c_1}r}\right) \quad (r_u < r < r_{c_1}) \tag{3-129}$$

同理可求得其他涂层的温度分布函数

$$T(r) = T_0 - q_v r_u^3\left(\frac{1}{6k_u r_u} + \frac{1}{3k_{c_1}r_u} + \frac{1}{3k_{c_2}r_{c_1}} - \frac{1}{3k_{c_1}r_{c_1}} - \frac{1}{3k_{c_2}r}\right) \quad (r_{c_1} < r < r_{c_2}) \tag{3-130}$$

$$T(r) = T_0 - q_v r_u^3\left(\frac{1}{6k_u r_u} + \frac{1}{3k_{c_1}r_u} + \frac{1}{3k_{c_2}r_{c_1}} - \frac{1}{3k_{c_1}r_{c_1}} + \frac{1}{3k_{c_3}r_{c_2}} - \frac{1}{3k_{c_2}r_{c_2}} - \frac{1}{3k_{c_3}r}\right) \quad (r_{c_2} < r < r_{c_3}) \tag{3-131}$$

当 $r = r_u$ 时，由式(3-131)可以得到

$$T_{c_3} = T_0 - q_v r_u^3\left(\frac{1}{6k_u r_u} + \frac{1}{3k_{c_1}r_u} + \frac{1}{3k_{c_2}r_{c_1}} - \frac{1}{3k_{c_1}r_{c_1}} + \frac{1}{3k_{c_3}r_{c_2}} - \frac{1}{3k_{c_2}r_{c_2}} - \frac{1}{3k_{c_3}r_{c_3}}\right) \tag{3-132}$$

由涂层外表面导出的热功率与涂层外表面传给冷却剂的热功率应该相等,由傅里叶定律和牛顿冷却定律可得

$$-k_{c_3}\frac{\mathrm{d}T}{\mathrm{d}r}\bigg|_{r=r_{c_3}}=h(T_{c_3}-T_f) \tag{3-133}$$

从而可得

$$T_f=T_0-q_v r_u^3\left(\frac{1}{6k_u r_u}+\frac{1}{3k_{c_1}r_u}+\frac{1}{3k_{c_2}r_{c_1}}-\frac{1}{3k_{c_1}r_{c_1}}+\frac{1}{3k_{c_3}r_{c_2}}-\frac{1}{3k_{c_2}r_{c_2}}+\frac{1}{3r_{c_3}^2h}-\frac{1}{3k_{c_3}r_{c_3}}\right) \tag{3-134}$$

3.5.4　管状燃料元件的传热计算

图 3 - 10 为一管状燃料元件示意图,图中给出的是双面冷却的情况(也有设计成单面冷却的)。这种冷却方式的优点是增加了传热面积,缺点是制造工艺比棒状的复杂。由于是双面冷却,热量由两边传出,显然燃料芯块的最高温度将发生在径向的某一个位置上。如果该位置设为 0 点,则这个以 r_0 为半径的圆柱面就把管状元件的芯块划分为内外两个环,其中燃料元件的内表面、芯块的内表面、芯块的外表面和燃料元件的外表面相应的半径分别为 r_1,r_2,r_3,r_4。在管状元件的传热计算中,很重要的一个环节就是求解 r_0,之后管状燃料元件的传热计算就与棒状燃料元件的大体相同了。r_0 的具体求解步骤大致如下。

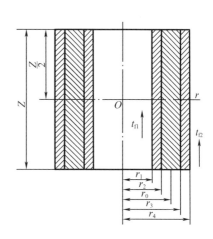

图 3 - 10　管状元件双冷面示意图

1. 求线功率

内环:

$$q_{l1}(z)=q_v(z)\pi(r_0^2-r_2^2) \tag{3-135}$$

外环:

$$q_{l2}(z)=q_v(z)\pi(r_3^2-r_0^2) \tag{3-136}$$

式中　$q_{l1}(z)$——内环的(坐标 z 处的)线功率;

　　　$q_{l2}(z)$——外环的(坐标 z 处的)线功率;

　　　$q_v(z)$——管状元件芯块的(坐标 z 处的)体积释热率。

2. 计算冷却剂的温度

内环:

$$T_{f1}(z)=T_{f,in}+\frac{1}{M_1 c_p}\int_{-\frac{Z}{2}}^{z}q_{l1}\mathrm{d}z \tag{3-137}$$

外环:

$$T_{f2}(z)=T_{f,in}+\frac{1}{M_2 c_p}\int_{-\frac{Z}{2}}^{z}q_{l2}\mathrm{d}z \tag{3-138}$$

式中　$T_{f,in}$——冷却剂的进口温度;

　　　M_1,M_2——内外通道的冷却剂质量流量。

3. 求燃料芯块和包壳表面的温度

内表面:

$$q_{l1}(z) = 2\pi r_1 h_1 \left[T_1(z) - T_{fl}(z) \right] \tag{3-139}$$

$$T_1 = T_{fl}(z) + \frac{q_{l1}(z)}{2\pi r_1 h_1} = T_{fl}(z) + \frac{q_v(z)(r_0^2 - r_2^2)}{2 r_1 h_1} \tag{3-140}$$

$$T_2 = T_1 + \frac{q_{l1}(z)\ln(r_2/r_1)}{2\pi k_c} \tag{3-141}$$

外表面:

$$T_4 = T_{f2}(z) + \frac{q_{l2}(z)}{2\pi r_4 h_2} = T_{f2}(z) + \frac{q_v(z)(r_3^2 - r_0^2)}{2 r_4 h_2} \tag{3-142}$$

$$T_3 = T_4 + \frac{q_{l2}(z)\ln(r_4/r_3)}{2\pi k_c} \tag{3-143}$$

式中, h_1, h_2 分别是内外冷却剂通道的传热系数。

4. 从有内热源的导热公式导出 $T_0(z)$ 与 T_2, T_3 的关系

具有内热源的圆柱形燃料芯块的导热微分方程式是

$$\frac{d^2 T}{dr^2} + \frac{1}{r}\frac{dT}{dr} + \frac{q_v}{k_u} = 0 \tag{3-144}$$

其边界条件, 对内环为

①$r = r_0$ 处, 有

$$\left(\frac{dT}{dr} \right)_{r=r_0} = 0 \tag{3-145}$$

②$r = r_2$ 处, 有

$$T(r_2) = T_2 \tag{3-146}$$

取 $r = r_0$, 则

$$T(r_0) = T_0 = -\frac{q_v}{k_u}\frac{r_0^2}{4} + \frac{q_v}{k_u}\frac{r_0^2}{2}\ln r_0 + C_2 \tag{3-147}$$

再取 $r = r_2$, 则

$$T(r_2) = T_2 = -\frac{q_v}{k_u}\frac{r_2^2}{4} + \frac{q_v}{k_u}\frac{r_0^2}{2}\ln r_2 + C_2 \tag{3-148}$$

用式(3-147)减去式(3-148)得

$$T_0 - T_2 = -\frac{q_v}{4k_u}(r_0^2 - r_2^2) + \frac{q_v r_0^2}{2k_u}\ln(r_0/r_2) \tag{3-149}$$

将式(3-140)和式(3-141)代入式(3-149)可得坐标 z 处的 T_0 为

$$T_0(z) = T_{fl}(z) + \frac{q_v(z)(r_0^2 - r_2^2)}{2 r_1 h_1} + \frac{q_{l1}(z)\ln(r_2/r_1)}{2\pi k_c} -$$

$$\frac{q_v}{4k_u}(r_0^2 - r_2^2) + \frac{q_v r_0^2}{2k_u}\ln(r_0/r_2) \tag{3-150}$$

同理,由外环可得

$$T_0(z) = T_{f2}(z) + \frac{q_v(z)\pi(r_3^2 - r_0^2)}{2\pi r_4 h_2} + \frac{q_{l2}(z)\ln(r_4/r_3)}{2\pi k_c} -$$

$$\frac{q_v}{4k_u}(r_0^2 - r_3^2) + \frac{r_0^2}{2}\ln(r_0/r_3) \tag{3-151}$$

从内、外环分别求出的 $T_0(z)$ 应该相等。这样,经整理得

$$r_0 = \sqrt{\frac{T_{f2}(z) - T_{f1}(z) + q_v(z)r_3^2\left[\dfrac{1}{2r_4 h_2} + \dfrac{\ln(r_4/r_3)}{2k_c} + \dfrac{1}{4k_u}\right] + q_v(z)r_2^2\left[\dfrac{1}{2r_1 h_1} + \dfrac{\ln(r_2/r_1)}{2k_c} - \dfrac{1}{4k_u}\right]}{\dfrac{q_v}{2}\left[\dfrac{1}{r_1 h_1} + \dfrac{1}{r_4 h_2} + \dfrac{\ln(r_2 r_4/r_1 r_3)}{k_c} + \dfrac{\ln(r_3/r_2)}{k_u}\right]}} \tag{3-152}$$

由式(3-152)可见,在 r_1, r_2, r_3, r_4 为已知的情况下,如果 k_u, k_c 是常数,则只要知道 $T_{f1}(z), T_{f2}(z), q_v(z), h_1, h_2$ 就可以求出 r_0。显而易见,在整个冷却剂通道的长度上,随着各参数值的改变,r_0 是不断变化的。如果 r_0 随高度的变化极其微小,在求解时可以认为 r_0 不随高度变化,而是一个常数。

3.5.5 积分热导率的概念及应用

上面在对燃料芯块导热问题进行讨论时,认为燃料芯块的热导率 k_u 为常数。然而,有些燃料(如UO_2)的 k_u 不仅小,而且随温度变化很显著,如果用按算术平均温度得到的 k_u 来计算燃料芯块的温度分布会产生较大的误差,因此必须考虑 k_u 随温度的变化。可是,UO_2 的热导率又是温度的非线性函数,很难算出其平均值。由此,引出积分热导率的概念,即把 k_u 对温度的积分 $\int k_u(T)\mathrm{d}T$ 作为整体,然后依靠实验测出 $\int k_u(T)\mathrm{d}T$ 与温度 T 间的关系。这样,在热工设计中,就能比较容易地求得燃料元件的线功率密度和工作温度,而不需要求某一温度下的热导率,这对设计者来说是极其方便的。

1. 平板形燃料芯块

在厚度为 $2a$,宽度为 b 的燃料平板上取一微元 Δz,如图3-11所示。通过 x 平面导出的热量为

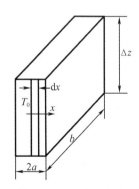

$$Q_1 = -k_u A\frac{\mathrm{d}T}{\mathrm{d}x} = -k_u b\Delta z\frac{\mathrm{d}T}{\mathrm{d}x} \tag{3-153}$$

而宽度为 b 的燃料产生的总热量为

$$Q_2 = q_v b\Delta z \cdot x \tag{3-154}$$

稳态条件下 $Q_1 = Q_2$,于是有

$$-k_u \mathrm{d}T = q_v x\mathrm{d}x \tag{3-155}$$

将式(3-155)积分得

$$\int_{T_0}^{T(x)} -k_u\mathrm{d}T = \int_0^x q_v x\mathrm{d}x \tag{3-156}$$

或

图3-11 平板形燃料元件芯块示意图

$$\int_{T(x)}^{T_0} k_u\mathrm{d}T = \frac{q_v}{2}x^2 \tag{3-157}$$

又由于 $q_v = \dfrac{1}{2ba}q$，当 $x = a$ 时，$T = T(a) = T_u$，则式(3-157)可写成

$$\int_0^{T_0} k_u \mathrm{d}T - \int_0^{T_u} k_u \mathrm{d}T = \int_{T_u}^{T_0} k_u \mathrm{d}T = \frac{a}{4b}q_1 \qquad (3-158)$$

上式就称为平板形燃料芯块积分热导率，单位为 W/m。

2. 圆柱形燃料芯块

考虑图 3-8(a)所示横截面的一小段圆柱形燃料芯块，其半径为 a，长度为 Δz，具有均匀体积热源 q_v。设热量只沿半径方向导出，忽略轴向导热。由对称性可知其等温面为圆柱面，在稳定工况下，单位时间内通过柱面 A 的热量 Q 等于它所包围的圆柱内的总释热率，即

$$Q = -2\pi r \Delta z k_u \frac{\mathrm{d}T}{\mathrm{d}r} = q_v \pi r^2 \Delta z \qquad (3-159)$$

简化整理得

$$-k_u \mathrm{d}T = \frac{q_v}{2} r \mathrm{d}r \qquad (3-160)$$

积分得

$$\int_{T(r)}^{T_0} k_u \mathrm{d}T = \frac{q_v}{4} r^2 \qquad (3-161)$$

式中，T_0 是燃料芯块的中心温度，$T(r)$ 是半径 r 处的温度。

当 $r = a$ 时，$T(r) = T_u$，于是有

$$\int_{T_u}^{T_0} k_u \mathrm{d}T = \frac{q_v}{4} a^2 \qquad (3-162)$$

由式(3-161)和式(3-162)可以得到

$$\int_0^{T(r)} k_u \mathrm{d}T = \int_0^{T_u} k_u \mathrm{d}T + \frac{q_v}{4}(a^2 - r^2) \qquad (3-163)$$

因为 $q_1 = \pi a^2 q_v$，则式(3-162)又可以表示为

$$\int_{T_u}^{T_0} k_u \mathrm{d}T = \frac{1}{4\pi} q_1 \qquad (3-164)$$

式(3-164)称为圆柱形燃料芯块的积分热导率，单位为 W/m。通常积分热导率的数据是以 $\int_0^{T_0} k_u(T)\mathrm{d}T$ 的形式给出的，所以就有

$$\int_{T_u}^{T_0} k_u(T)\mathrm{d}T = \int_0^{T_0} k_u \mathrm{d}T - \int_0^{T_u} k_u(T)\mathrm{d}T \qquad (3-165)$$

则式(3-164)可以改写成

$$\int_0^{T_0} k_u \mathrm{d}T = \int_0^{T_u} k_u \mathrm{d}T + \frac{q_1}{4\pi} \qquad (3-166)$$

积分热导率可以由实验测得。为了便于计算，积分热导率的具体数值可以用曲线的形式绘出(图 3-12)，也可以表格的形式给出(表 3-3)，利用式(3-166)就可以方便求得燃料中心温度、表面温度及线功率之间的关系。

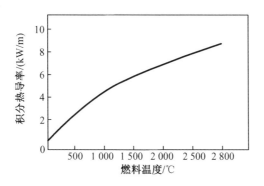

图 3 – 12 95％理论密度的 UO₂ 积分热导率随温度变化

表 3 – 3 UO₂ 的积分热导率

$T/℃$	$\int k_u(T)\,dT/(W/m)$	$T/℃$	$\int k_u(T)\,dT/(W/m)$
50	448	1 200	5 341
100	849	1 298	5 584
200	1 544	1 405	5 840
300	2 132	1 560	6 195
400	2 642	1 738	6 687
500	3 093	1 876	6 886
600	3 497	1 990	7 131
700	3 865	2 155	7 488
800	4 202	2 348	7 916
900	4 514	2 432	8 107
1 000	4 806	2 805	9 000
1 100	5 081		

也有一些学者为烧结芯块提供了积分热导率的计算表达式,例如,对于 95％ 密度的 UO₂,MacDonald 和 Thompson 就提出了以下公式。

温度在 0 ~ 1 650 ℃ 之间时,有

$$\int_0^T k\,dT = 40.4\ln(464 + T) + 0.027\,366 \times \exp(2.14 \times 10^{-3}T) - 248.02 \qquad (3-167)$$

温度在 1 650 ℃ 到熔点之间时,有

$$\int_{1\,650}^T k\,dT = 0.02(T - 1\,650) + 0.027\,366 \times \exp(2.14 \times 10^{-3}T) - 0.943\,77 \qquad (3-168)$$

由圆柱形和平板形燃料的积分热导率形式可以看出,不论燃料芯块是圆柱形还是平板形,燃料的积分热导率都可以写成同一形式,即

$$\int_{T_u}^{T_0} k_u\,dT = Cq \qquad (3-169)$$

对圆柱形：

$$C = \frac{1}{4\pi} \qquad\qquad (3-170)$$

对平板形：

$$C = \frac{a}{4b} \qquad\qquad (3-171)$$

【例题 3 – 5】 已知燃料元件棒 $q = 300$ W/m，UO_2 芯块（95% 理论密度）的表面温度 $T_u = 600$ ℃，试求燃料元件的中心温度。如果燃料元件的中心温度为 1 200 ℃，那么芯块表面温度又为多少？

解 由式(3 – 166)得

$$\int_0^{T_0} k_u dT = \int_0^{600} k_u dT + \frac{300}{4\pi}$$

$\int_0^{600} k_u dT$ 由表 3 – 3 查得为 3 497 W/m，代入上式得

$$\int_0^{T_0} k_u dT = 5\,884$$

对照表 3 – 3 中数据可以看出 T_0 介于 1 405 ~ 1 560 ℃之间，做线性插值求得燃料元件的中心温度为

$$T_0 = 1\,424.2 \text{ ℃}$$

同样，当 $T_0 = 1\,200$ ℃时，由表 3 – 3 可以查得 $\int_0^{1\,200} k_u dT = 5\,341$ W/m，于是有

$$\int_0^{T_u} k_u dT = \int_0^{1\,200} k_u dT - \frac{300}{4\pi} = 5\,341 - 2\,387 = 2\,954 \text{ W/m}$$

查表 3 – 3，做线性插值求得燃料芯快表面温度 $T_u = 469.2$ ℃。

3.5.6　间隙热阻的计算

棒状燃料元件的包壳内表面与燃料芯块表面之间一般都留有一定的间隙，其间充满氦气。这一薄层气隙的尺寸虽小，但它却能够引起显著的温度变化（图 3 – 13）。间隙传热计算的可靠程度，将会极大地影响燃料芯块温度计算的准确性。随着燃耗的增加，芯块的龟裂和肿胀变形、包壳的蠕变、裂变气体的释放等都会使间隙的几何条件和间隙中的气体成分不断改变，而这些物理量又难以定量描述。因此，要精确估算间隙的温差是相当困难的。虽然已经提出了多种不同的计算模型，开发了用于计算间隙导热的专门程序，还以图线的形式绘出了典型轻水堆的间隙等效传热系数的数值（图 3 – 14），但迄今为止，计算方法仍然还不完善。为了获得间隙温差的精确数据，仍需借助实验直接进行测量。在反应堆热工分析中，常见的间隙传热模型有两个，分别是气隙导热模型和接触导热模型，下面分别进行简要介绍。

1. 气隙导热模型

所谓气隙导热模型就是把气隙看作一个薄的同心圆环，并忽略对流和辐射传热作用，认为通过该间隙的传热是导热的计算模型。利用气隙导热模型的关键是如何确定气隙中气体的热导率 $k_{g,m}$。

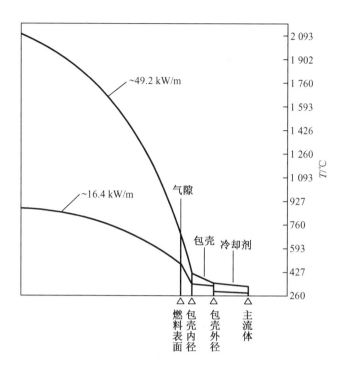

图 3 - 13   典型的压水堆棒状燃料元件温度剖面

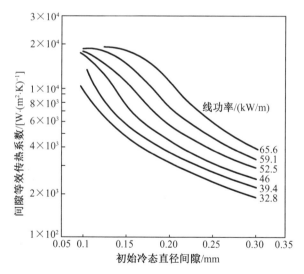

图 3 - 14   典型轻水堆燃料元件的间隙等效传热系数

注:图中所给出的是随冷态直径的间隙而变化的计算值。

通常在燃料元件的环形间隙中充有一定压力的氦气,运行一段时间之后,环形气隙中就混入了氪、氙等气体。因此要计算芯块和包壳间气隙的热导率,不但要知道纯氦、氪和氙的热导率,还应该有计算混合气体热导率的方法。

惰性气体的导热系数可表示为

$$k_{\text{g}} = A_1 T^{B_1} \tag{3-172}$$

式中　T——热力学温度,K;

　　　A_1,B_1——实验常数,几种常用气体的常数值列于表3-4中。

表3-4　式(3-172)的常数值

氖	$A_1 \times 10^4$	0.117	—
	B_1	0.648 6	—
氦	$A_1 \times 10^4$	0.39	0.25
	B_1	0.645	0.72
氩	$A_1 \times 10^4$	0.038 6	—
	B_1	0.676 1	—
氪	$A_1 \times 10^4$	0.009 4	0.006 5
	B_1	0.721 9	0.791
氙	$A_1 \times 10^4$	—	0.003 77
	B_1	—	0.954

注:第3列数据取自 GE-TM-66-7-9;第4列数据取自 WAPD-TM-618。

气体混合物的热导率 $k_{g,m}$ 可以用下式计算,即

$$k_{g,m} = \sum_{i=1} \frac{X_i M_i^{1/3} k_{g,i}}{X_i M_i^{1/3}} \tag{3-173}$$

式中　X_i——第 i 种气体的分子份额;

　　　M_i——第 i 种气体的相对分子质量;

　　　$k_{g,i}$——第 i 种气体的导热系数。

使用气隙导热模型的主要困难在于难以确定热态下间隙中裂变气体的含量和间隙尺寸的大小,这种模型比较适用于新的燃料元件和低燃耗的情况。

2. 接触导热模型

用于计算间隙导热的模型,除了上述的气隙导热模型外,较常见的还有接触导热模型。因为燃料芯块不仅因温度升高而膨胀,而且还会因辐照而产生肿胀和变形,这样就有可能使芯块与包壳产生接触。解释这种接触导热模型的理论有多种,不过不论哪一种理论,都认为在燃料芯块和包壳之间只有少数的离散点产生接触(图3-15)。实际上,即使用相当大的压力把两个光滑平坦的金属表面压在一起,两者真正的接触面积也还是非常小的(例如小于外观上接触面积的1%)。而且接触面积的大小还与两种金属表面的硬度和接触压力的大小有关。当接触压力增加时,接触点将产生变形,接触面积的大小和接触点的数目就会相应增加,整个表面上的接触点的分布则随两种金属表面形状的相似程度以及它们的粗糙度而定。迄今提出的关于两种金属表面接触的导热方法及其近似解,若用于解决实际问题,仍太复杂。

目前在接触导热模型中,往往通过引入一个经验间隙等效传热系数 h_g 的方法来处理间隙的传热问题。若燃料芯块与包壳恰好接触,且其接触压力为零,那么接触导热的等效传热系数约为 5 678 W/(m²·℃)。目前在大型轻水动力堆设计中,一般都取这个数值作为计

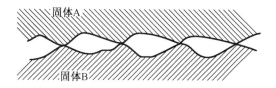

图 3 - 15　接触导热模型

算的依据。因而,燃料芯块表面温度 $T_u(z)$ 可用下式来表示,即

$$T_u(z) = T_{ci}(z) + \Delta T_g \cos \frac{\pi z}{Z_e} \tag{3-174}$$

其中

$$\Delta T_g = \frac{q_1(0)}{\pi D_{ci} h_g} \tag{3-175}$$

式中, h_g 为间隙等效传热系数。

实际上计算间隙导热的方法还不成熟,上面介绍的两种计算模型,究竟选用哪一种更合适,要视具体情况而定。对于新的燃料元件或燃耗很浅的燃料元件,可以认为包壳与芯块没有接触,采用气隙导热模型比较合适。当燃耗很深时,包壳与芯块已发生接触,则应该采用接触导热模型。

3. 间隙导热的经验数值

对以二氧化铀为燃料的燃料元件所做的试验表明,从燃耗为零开始,随着燃耗的增加,间隙传热开始时是下降的,当燃耗达到 10 000 MWd/TU 左右时,间隙传热达到了最低点。在这一阶段可认为是气隙导热起了主要的作用,间隙导热的下降是由于裂变气体不断释出导致间隙气体热导率降低的缘故。当燃耗超过 10 000 MWd/TU 时,间隙传热系数反而随燃耗的增加而增加,在这一阶段明显地表现出接触导热起了主导作用。在燃耗达到 30 000 MWd/TU 时,间隙传热系数又开始下降,表明接触导热的增长抵消不了气隙导热的下降,故总的间隙传热反而下降。到了燃耗为 100 000 MWd/TU 时,间隙传热系数降至较小的数值,但比前面的最小值稍大一些。

对于充氦气的轻水堆棒状燃料元件,在正常运行工况下的间隙等效传热系数不小于 10 000 W/(m² · ℃)。当燃耗在 10 000 MWd/TU 附近时,间隙等效传热系数可能达到最低,但不会小于 5 000 W/(m² · ℃),一般可以采用 7 000 W/(m² · ℃)。在高燃耗下,芯块与包壳发生接触,可采用间隙等效传热系数为 20 000 W/(m² · ℃)。目前,在压水堆电站设计中,间隙等效传热系数多采用 5 678 W/(m² · ℃)进行计算。

3.6　燃料元件和冷却剂的轴向温度分布

前面章节中重点介绍了各种燃料元件的径向温度分布,而对于具有一定长度的燃料元件来说,轴向温度分布对于堆芯释热的计算、冷却剂的温升以及冷却剂流量的分配等都具有重要的意义。下面将以棒状燃料元件为例进行讨论。

堆芯燃料元件内的体积释热率 q_v 沿轴向 z 呈余弦函数分布,如图 3 - 16 所示。堆芯高

度为 H，外推高度为 H_e，取坐标原点（$z=0$）在堆芯中平面上，于是有

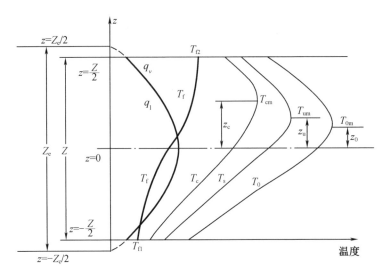

图 3-16 沿堆芯轴上释热率 q_v 或 q_1 的余弦分布和燃料元件各温度的分布

$$q_v(r,z) = q_v(r,0)\cos\frac{\pi z}{H_e} \qquad (3-176)$$

或

$$q_1(r,z) = q_1(r,0)\cos\frac{\pi z}{H_e} \qquad (3-177)$$

式中　r——燃料元件在径向的位置，m；

　　　$q_v(r,z)$——该燃料元件 z 处的体积释热率，W/m^3；

　　　$q_1(r,z)$——该燃料元件 z 处的线功率，W/m。

为简化起见，在计算轴向温度场时，采用如下假设：

（1）燃料、包壳材料和冷却剂的热物性以及对流传热系数沿冷却剂流动方向 z 都为常数；

（2）忽略燃料元件的轴向和周向传热；

（3）不考虑沸腾传热。

1. 冷却剂温度 T_f 的轴向分布

考虑堆芯中径向位置 r 处的一根燃料棒和其周围冷却剂构成的冷却剂通道。已知通道进口（$z=-Z/2$）冷却剂温度为 $T_{f,in}$，在通道任意轴向坐标 z 处，取高度为 dz 的一微元段，则在该微元段内，根据热平衡，可得

$$Mc_p dT_f = q_1(r,z)dz = q_1(r,0)\cos\left(\frac{\pi z}{Z_e}\right)dz \qquad (3-178)$$

对式（3-178）在 $-Z/2$ 到 z 之间的积分得

$$Mc_p\int_{T_{f,in}}^{T_f(x)} dT_f = q_1(r,0)\int_{-Z/2}^{z}\cos\left(\frac{\pi z}{Z_e}\right)dz \qquad (3-179)$$

于是得冷却剂温度 $T_f(z)$ 的表达式为

$$T_f(z) = T_{f,in} + \frac{q_1(r,0)Z_e}{\pi c_p M}\left(\sin\frac{\pi z}{Z_e} + \sin\frac{\pi Z}{2Z_e}\right) \qquad (3-180)$$

如果忽略外推长度,即 $Z_e \approx Z$,则式(3-180)简化为

$$T_f(z) = T_{f,in} + \frac{q_1(r,0)Z}{\pi c_p M}\left(\sin\frac{\pi z}{Z} + 1\right) \tag{3-181}$$

当 $z = Z/2$ 时,便得出冷却剂出口温度 $T_{f,o}$ 为

$$T_{f,o} = T_{f,in} + \frac{2q_1(r,0)Z}{\pi c_p M} \tag{3-182}$$

式(3-180)表明,冷却剂温度 $T_f(z)$ 沿 z 方向呈现正弦函数分布,在堆芯出口处达到最大值。其变化速率 dT_f/dz 是 z 的余弦函数,从图3-16可以看出 $T_f(z)$ 在 $z=0$ 处的变化速率最大,在临近堆芯上下两端它的变化速率逐渐减小。冷却剂温度 $T_f(z)$ 沿 z 的变化曲线示于图3-16中。

2. 包壳外表面温度 T_c 和内表面温度 T_{ci} 的轴向分布

在求得了冷却剂温度 $T_f(z)$ 之后,可根据牛顿冷却定律来求得包壳外表面温度 $T_c(z)$ 的分布,即

$$T_c(z) = T_f(z) + \frac{q_1(r,z)}{\pi D_c h} \tag{3-183}$$

或

$$T_c(z) - T_f(z) = \frac{q_1(r,0)}{\pi D_c h}\cos\frac{\pi z}{Z_e} \tag{3-184}$$

将式(3-177)和式(3-180)代入式(3-183)得

$$T_c(z) = T_{f,in} + \frac{q_1(r,0)Z_e}{\pi c_p M}\left(\sin\frac{\pi z}{Z_e} + \sin\frac{\pi Z}{2Z_e}\right) + \frac{q_1(r,0)}{\pi D_c h}\cos\frac{\pi z}{Z_e} \tag{3-185}$$

如果忽略外推长度,即 $Z_e \approx Z$,则式(3-185)简化为

$$T_c(z) = T_{f,in} + \frac{q_1(r,0)Z}{\pi c_p M}\left(\sin\frac{\pi z}{Z} + 1\right) + \frac{q_1(r,0)}{\pi D_c h}\cos\frac{\pi z}{Z} \tag{3-186}$$

$T_c(z)$ 沿轴向的温度分布函数为正弦叠加余弦,如图3-16所示。由式(3-184)可知,在燃料元件中分面的上游($z<0$),$T_f(z)$ 和 $[T_c(z) - T_f(z)]$ 的值都随着 z 的增加而增加,因而 $T_c(z)$ 也随着 z 的增加而升高;在 $z=0$ 处,$[T_c(z) - T_f(z)]$ 达到最大值;过了中分面以后,尽管 $[T_c(z) - T_f(z)]$ 之值开始下降,但 $T_f(z)$ 值仍然继续上升,主要原因是膜温差的下降速率在 $z=0$ 处最小,而 $T_f(z)$ 的增长速率最快,当膜温差下降的量与 $T_f(z)$ 增长的量相等时,$T_c(z)$ 达到最大值,之后 $T_c(z)$ 开始下降。

将式(3-185)的 $T_c(z)$ 和式(3-177)的 $q_1(r,z)$ 的表达式代入式(3-109),便得到包壳内表面温度 $T_{ci}(z)$,即

$$T_{ci}(z) = T_{f,in} + \frac{q_1(r,0)Z_e}{\pi c_p M}\left(\sin\frac{\pi z}{Z_e} + \sin\frac{\pi Z}{2Z_e}\right) + \frac{q_1(r,0)}{\pi}\left[\frac{1}{D_c h} + \frac{\ln(D_c/D_{ci})}{2k_c}\right]\cos\frac{\pi z}{Z_e} \tag{3-187}$$

3. 燃料芯块表面温度 T_u 和中心温度 T_0 的轴向分布

根据温度径向分布的关系式,容易得到燃料芯块表面温度和芯块中心温度分别为

$$T_u(z) = T_{f,in} + \frac{q_1(r,0)Z_e}{\pi c_p M}\left(\sin\frac{\pi z}{Z_e} + \sin\frac{\pi Z}{2Z_e}\right) + \frac{q_1(r,0)}{\pi}\left[\frac{1}{D_c h} + \frac{\ln(D_c/D_{ci})}{2k_c} + \frac{\ln(D_{ci}/D_u)}{2k_g}\right]\cos\frac{\pi z}{Z_e} \tag{3-188}$$

和

$$
\begin{aligned}
T_0(z) = &\ T_{f,in} + \frac{q_1(r,0)Z_e}{\pi c_p M}\left(\sin\frac{\pi z}{Z_e} + \sin\frac{\pi Z}{2Z_e}\right) + \\
&\ \frac{q_1(r,0)}{\pi}\left[\frac{1}{D_c h} + \frac{\ln(D_c/D_{ci})}{2k_c} + \frac{\ln(D_{ci}/D_u)}{2k_g} + \frac{1}{4k_u}\right]\cos\frac{\pi z}{Z_e}
\end{aligned}
$$

$$(3-189)$$

芯块表面和中心温度沿冷却剂通道轴向 z 的变化规律也示于图 3-16 中。

4. 燃料元件最高温度的轴向位置及其数值

燃料元件的最高温度发生的位置和数值，对反应堆运行的安全性十分重要，故需求出。设 T_{cm}，T_{um} 和 T_{0m} 分别表示燃料元件包壳外表面、燃料表面和燃料中心的最高温度，z_c，z_u 和 z_0 分别表示其相应的轴向坐标位置。

(1) 包壳外表面最高温度的轴向位置 z_c 及其数值 T_{cm}

为了求得包壳外表面最高温度的轴向位置 z_c，对式(3-185)求导并令其等于零

$$
\frac{q_1(r,0)}{c_p M}\cos\frac{\pi z_c}{Z_e} - \frac{q_1(r,0)}{Z_e D_c h}\sin\frac{\pi z}{Z_e} = 0
$$

$$(3-190)$$

即

$$
\tan\frac{\pi z_c}{Z_e} = \frac{Z_e D_c h}{c_p M}
$$

$$(3-191)$$

由式(3-191)解得 z_c 为

$$
z_c = \frac{Z_e}{\pi}\arctan\frac{Z_e D_c h}{c_p M}
$$

$$(3-192)$$

从式(3-192)可以看出：

① 反正切函数的所有自变量都是正值，故 z_c 为正值。这说明包壳外表面最高温度点位于堆芯中分面的下游($z>0$ 区)，如图 3-16 所示。这是由于低温度冷却剂沿燃料元件自下而上流动的缘故。

② 包壳外表面最高温度点的位置与燃料体积释热率 q_v 的值无关。z_c 仅取决于燃料元件的冷却条件，提高对流传热系数 h 或降低冷却剂流量 M 的值，都会使包壳外表面最高温度点远离堆芯中分面向下游移动。

将式(3-192)代入式(3-185)便得包壳外表面最高温度的数值 T_{cm}：

$$
T_{cm} = T_{f,in} + \frac{q_1(r,0)Z_e}{\pi c_p M}\left(\sin\frac{\pi z_c}{Z_e} + \sin\frac{\pi Z}{2Z_e}\right) + \frac{q_1(r,0)}{\pi D_c h}\cos\frac{\pi z_c}{Z_e}
$$

$$(3-193)$$

(2) 燃料表面和燃料中心最高温度的轴向位置 z_u 和 z_0 及其数值 T_{um} 和 T_{0m}

为了求得燃料表面最高温度的轴向位置 z_u，对式(3-188)求导并令其等于零，得

$$
\frac{q_1(r,0)}{c_p M}\cos\frac{\pi z_u}{Z_e} - \frac{q_1(r,0)}{Z_e}\left[\frac{\ln(D_{ci}/D_u)}{2k_g} + \frac{\ln(D_c/D_{ci})}{2k_g} + \frac{1}{D_c h}\right]\sin\frac{\pi z_u}{Z_e} = 0 \quad (3-194)
$$

即

$$
\tan\frac{\pi z_u}{Z_e} = \frac{Z_e}{c_p M\left[\dfrac{\ln(D_{ci}/D_u)}{2k_g} + \dfrac{\ln(D_c/D_{ci})}{2k_g} + \dfrac{1}{D_c h}\right]}
$$

$$(3-195)$$

由式(3-195)解得

$$z_u = \frac{Z_e}{\pi}\arctan\frac{H_e}{c_pM\left[\frac{\ln(D_{ci}/D_u)}{2k_g}+\frac{\ln(D_c/D_{ci})}{2k_g}+\frac{1}{D_ch}\right]} \tag{3-196}$$

将式(3-196)代入式(3-188)便得燃料表面最高温度的数值 T_{um}：

$$T_{um}=T_{f,in}+\frac{q_1(r,0)Z_e}{\pi c_pM}\left(\sin\frac{\pi z_u}{Z_e}+\sin\frac{\pi Z}{2Z_e}\right)+\frac{q_1(r,0)}{\pi}\left[\frac{1}{D_ch}+\frac{\ln(D_c/D_{ci})}{2k_c}+\frac{\ln(D_{ci}/D_u)}{2k_g}\right]\cos\frac{\pi z_u}{Z_e} \tag{3-197}$$

采用相同的方法可求得燃料中心最高温度的轴向位置 z_0。对式(3-189)求导并令其等于零，得

$$\frac{q_1(r,0)}{c_pM}\cos\frac{\pi z_0}{Z_e}-\frac{q_1(r,0)}{Z_e}\left[\frac{\ln(D_{ci}/D_u)}{2k_g}+\frac{\ln(D_c/D_{ci})}{2k_g}+\frac{1}{D_ch}+\frac{1}{4k_u}\right]\sin\frac{\pi z_0}{Z_e}=0 \tag{3-198}$$

即

$$\tan\frac{\pi z_0}{Z_e}=\frac{Z_e}{c_pM\left[\frac{\ln(D_{ci}/D_u)}{2k_g}+\frac{\ln(D_c/D_{ci})}{2k_g}+\frac{1}{D_ch}+\frac{1}{4k_u}\right]} \tag{3-199}$$

由式(3-199)解得

$$z_0=\frac{Z_e}{\pi}\arctan\frac{Z_e}{c_pM\left[\frac{\ln(D_{ci}/D_u)}{2k_g}+\frac{\ln(D_c/D_{ci})}{2k_g}+\frac{1}{D_ch}+\frac{1}{4k_u}\right]} \tag{3-200}$$

将式(3-200)代入式(3-189)便得燃料表面最高温度的数值 T_{0m}：

$$T_{0m}=T_{f,in}+\frac{q_1(r,0)Z_e}{\pi c_pM}\left(\sin\frac{\pi z_0}{Z_e}+\sin\frac{\pi Z}{2Z_e}\right)+$$

$$\frac{q_1(r,0)}{\pi}\left[\frac{1}{D_ch}+\frac{\ln(D_c/D_{ci})}{2k_c}+\frac{\ln(D_{ci}/D_u)}{2k_g}+\frac{1}{4k_u}\right]\cos\frac{\pi z_0}{Z_e} \tag{3-201}$$

图3-16表明，T_{cm}，T_{um} 和 T_{0m} 的轴向位置渐次接近燃料元件中分面($z=0$)。

如果燃料-间隙之间的传热采用接触热导模型代替气隙导热模型，则上面这些公式中的 $\frac{\ln(D_{ci}/D_u)}{2k_g}$ 都用 $\frac{1}{D_uh_g}$ 代替。

【例题3-6】 在某压水堆芯中，某根棒状燃料元件的线功率为 $q_1(r,z)=3.6\times10^4\times\cos\frac{\pi z}{Z_e}$ (W/m)（坐标原点 $z=0$ 在元件的中分面，$Z_e\approx Z=3.66$ m），冷却该燃料元件的冷却剂的质量流量 $M=0.31$ kg/s，堆芯进口冷却剂温度 $T_{f,in}=290$ ℃。燃料芯块的直径 $D_u=8.19$ mm，热导率 $k_u=2.5$ W/(m·℃)；包壳内外直径分别为 $D_{ci}=8.36$ mm，$D_c=9.5$ mm，热导率 $k_c=1.75$ W/(m·℃)；气隙内的气体热导率 $k_g=0.5$ W/(m·℃)。试求该棒状燃料元件最高温度的轴向位置 z_c，z_u，z_0，以及最高温度 T_{cm}，T_{um} 和 T_{0m} 的值。

解 （1）利用式(3-192)，得

$$z_c=\frac{Z_e}{\pi}\arctan\frac{Z_eD_ch}{c_pM}=\frac{3.66}{\pi}\arctan\frac{3.66\times0.009\,5\times4.7\times10^4}{6\times10^3\times0.31}=0.84 \text{ m}$$

利用式(3-193)，得

$$T_{cm} = T_{f,in} + \frac{q_1(r,0)Z_e}{\pi c_p M}\left(\sin\frac{\pi z_c}{Z_e} + \sin\frac{\pi Z}{2Z_e}\right) + \frac{q(r,0)}{\pi D_c h}\cos\frac{\pi z_c}{Z_e}$$

$$= 290 + \frac{3.6\times10^4\times3.66}{\pi\times6\times10^3\times0.31}\left(\sin\frac{\pi\times0.84}{3.66}+1\right) + \frac{3.6\times10^4}{\pi\times0.009\,5\times4.7\times10^4}\cos\frac{\pi\times0.8}{3.66}$$

$$= 290 + 22.55\times1.66 + 25.66\times0.751 = 290 + 37.4 + 19.3 = 346.7\ ℃$$

（2）利用式（3－196），得

$$z_u = \frac{Z_e}{\pi}\arctan\frac{Z_e}{c_p M\left[\dfrac{\ln(D_{ci}/D_u)}{2k_g} + \dfrac{\ln(D_c/D_{ci})}{2k_c} + \dfrac{1}{D_c h}\right]}$$

$$= \frac{3.66}{\pi}\arctan\frac{3.66}{6\times10^3\times0.31\left[\dfrac{\ln(8.36/8.19)}{2\times0.5} + \dfrac{\ln(9.5/8.36)}{2\times17.5} + \dfrac{1}{0.009\,5\times4.7\times10^4}\right]}$$

$$= \frac{3.66}{\pi}\arctan 0.074\,4 = 0.087\ \text{m}$$

利用式（3－197），得

$$T_{um} = T_{f,in} + \frac{q_1(r,0)Z_e}{\pi c_p M}\left(\sin\frac{\pi z_u}{Z_e} + \sin\frac{\pi Z}{2Z_e}\right) + \frac{q_1(r,0)}{\pi}\left[\frac{\ln(D_{ci}/D_u)}{2k_g} + \frac{\ln(D_c/D_{ci})}{2k_c} + \frac{1}{D_c h}\right]\cos\frac{\pi z_u}{Z_e}$$

$$= 290 + \frac{3.6\times10^4\times3.66}{\pi\times6\times10^3\times0.31}\left(\sin\frac{\pi\times0.087}{3.66}+1\right) +$$

$$\frac{3.6\times10^4}{\pi}\left[\frac{\ln(8.36/8.19)}{2\times0.5} + \frac{\ln(9.5/8.36)}{2\times17.5} + \frac{1}{0.009\,5\times4.7\times10^4}\right]\cos\frac{\pi\times0.087}{3.66}$$

$$= 290 + 22.55\times1.074\,6 + 302.94\times0.997\,2 = 616.3\ ℃$$

（3）利用式（3－200），得

$$z_0 = \frac{Z_e}{\pi}\arctan\frac{Z_e}{c_p M\left[\dfrac{1}{4k_u} + \dfrac{\ln(D_{ci}/D_u)}{2k_g} + \dfrac{\ln(D_c/D_{ci})}{2k_c} + \dfrac{1}{D_c h}\right]}$$

$$= \frac{3.66}{\pi}\arctan\frac{3.66}{6\times10^3\times0.31\left[\dfrac{1}{4\times2.5} + \dfrac{\ln(8.36/8.19)}{2\times0.5} + \dfrac{\ln(9.5/8.36)}{2\times17.5} + \dfrac{1}{0.009\,5\times4.7\times10^4}\right]}$$

$$= 3.66\arctan 0.015\,56 = 0.018\ \text{m}$$

利用式（3－201），得

$$T_{0m} = T_{f,in} + \frac{q_1(r,0)Z_e}{\pi c_p M}\left(\sin\frac{\pi z_0}{Z_e} + \sin\frac{\pi Z}{2Z_e}\right) + \frac{q_1(r,0)}{\pi}\times$$

$$\left[\frac{1}{4k_g} + \frac{\ln(D_{ci}/D_u)}{2k_g} + \frac{\ln(D_c/D_{ci})}{2k_c} + \frac{1}{D_c h}\right]\cos\frac{\pi z_0}{Z_e}$$

$$= 290 + \frac{3.6\times10^4\times3.66}{\pi\times6\times10^3\times0.31}\left(\sin\frac{\pi\times0.018}{3.66}+1\right) + \frac{3.6\times10^4}{\pi}\times$$

$$\left[\frac{1}{4\times2.5} + \frac{\ln(8.36/8.19)}{2\times0.5} + \frac{\ln(9.5/8.36)}{2\times17.5} + \frac{1}{0.009\,5\times4.7\times10^4}\right]\times$$

$$\cos\frac{\pi\times0.018}{3.66}$$

$$= 290 + 22.55\times1.015\,45 + 1\,448.8\times1 = 1\,762\ ℃$$

从上面的计算结果可以看出,燃料元件表面最高温度为346.7 ℃,它位于元件中分面下游0.84 m处;燃料芯块表面最高温度为616.3 ℃,它位于元件中分面下游0.087 m处;燃料中心最高温度为1 762 ℃,它位于元件中分面下游0.018 m处,非常靠近堆芯中分面。

【**例题3－7**】 已知包壳外表面温度$T_c(z)$的表达式为

$$T_c(z) = T_{f,in} + \frac{q_1(r,0)Z_e}{\pi c_p M}\left(\sin\frac{\pi z}{Z_e} + \sin\frac{\pi Z}{2Z_e}\right) + \frac{q_1(r,0)}{\pi D_c h}\cos\frac{\pi z}{Z_e} \tag{1}$$

包壳外表面最高温度的轴向位置z_c的表达式可以写成

$$z_c = \frac{Z_e}{\pi}\arctan\frac{Z_e D_c h}{c_p M} \tag{2}$$

试证明包壳外表面最高温度的数值T_{cm}的表达式为

$$T_{cm} = T_{f,in} + \frac{q_1(r,0)Z_e}{\pi c_p M}\sin\frac{\pi Z}{2Z_e} + \left[\left(\frac{q_1(r,0)Z_e}{\pi c_p M}\right)^2 + \left(\frac{q_1(r,0)}{\pi D_c h}\right)^2\right]^{1/2} \tag{3}$$

证 令
$$T_c(z) = A + B\cdot\sin\frac{\pi z}{Z_e} + C\cdot\cos\frac{\pi z}{Z_e}$$

式中

$$A = T_{f,in} + \frac{q_1(r,0)Z_e}{\pi c_p M}\cdot\sin\frac{\pi Z}{2Z_e}$$

$$B = \frac{q_1(r,0)Z_e}{\pi c_p M}$$

$$C = \frac{q_1(r,0)Z_e}{\pi D_c h}$$

由式(3－191)得$\tan\frac{\pi z_c}{Z_e} = \frac{Z_e D_c h}{c_p M} = \frac{B}{C}$,所以

$$\sin\frac{\pi z}{Z_e} = \frac{B}{\sqrt{B^2+C^2}},\cos\frac{\pi z}{Z_e} = \frac{C}{\sqrt{B^2+C^2}}$$

将A和$\sin\frac{\pi z}{Z_e} = \frac{B}{\sqrt{B^2+C^2}}$及$\cos\frac{\pi z}{Z_e} = \frac{C}{\sqrt{B^2+C^2}}$代入式(1)就得到包壳外表面最高温度的数值$T_{cm}$的表达式为

$$T_{cm} = T_{f,in} + \frac{q_1(r,0)Z_e}{\pi c_p M}\sin\frac{\pi Z}{2Z_e} + \frac{B^2}{\sqrt{B^2+C^2}} + \frac{C^2}{\sqrt{B^2+C^2}}$$

$$T_{cm} = T_{f,in} + \frac{q_1(r,0)Z_e}{\pi c_p M}\sin\frac{\pi Z}{2Z_e} + \sqrt{B^2+C^2}$$

$$T_{cm} = T_{f,in} + \frac{q_1(r,0)Z_e}{\pi c_p M}\sin\frac{\pi Z}{2Z_e} + \left\{\left[\frac{q_1(r,0)Z_e}{\pi c_p M}\right]^2 + \left[\frac{q_1(r,0)}{\pi D_c h}\right]^2\right\}^{1/2}$$

3.7 热屏蔽的冷却

堆芯是一个强辐射源,它所释放的γ射线、中子流等,绝大部分被反射层、热屏蔽、压力容器和生物屏蔽所吸收或减弱,最终转变成热能,只有极少量的射线穿出堆外。因而,在这些反应堆部件中也存在着冷却问题。下面仅对热屏蔽的温度计算做一概括介绍。

热屏蔽位于堆芯和压力容器之间,一般用高熔点和高热导率的重金属(如硼钢等)制成。如图 3-17 所示,其功能是吸收来自堆芯的强辐射(γ 射线和中子流),使压力容器和生物屏蔽所受到的辐射不超过允许值。一般来说,投射到压力容器内壁上的辐射能总通量不应超过 $1 \times 10^{15} \ \text{MeV}/(\text{m}^2 \cdot \text{s})$。为了达到这一要求,往往在堆芯与压力容器内壁间设置一层或几层钢制圆筒形结构件作为热屏蔽以减弱 γ 射线和中子的照射,依靠冷却剂流过它们的表面进行冷却。为了使热屏蔽内的热应力不超过允许值,受最大辐照通量照射的最内层热屏蔽厚度不得超过 25 mm,其后各层的厚度可以递增。

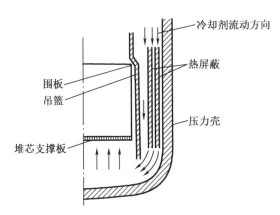

图 3-17　压力壳式水堆的热屏蔽结构示意图

热屏蔽中的热源按指数衰减规律分布,γ 射线能量的 90% 是在热屏蔽厚度(靠近堆芯一侧)的 10% 内被吸收的,因而热屏蔽中的最高温度的位置将出现在靠近堆芯的一侧。热源的大小随堆型及热屏蔽结构而异,一般可用下式表示,即

$$q_{v,s}(x) = q_{v,s}(0)\omega e^{-\lambda x} \qquad (3-202)$$

式中　$q_{v,s}(x)$——位置 z 处热屏蔽体积释热率;

$\quad\quad q_{v,s}(0)$——$x=0$ 处(靠近堆芯一侧)的体积释热率;

$\quad\quad \omega$——积累因子(可在屏蔽设计手册上查得,因为热屏蔽厚度比较薄,在估算时可取 $\omega=1$);

$\quad\quad \lambda$——吸收系数,是与材料的性质和辐射粒子能量有关的常数,cm^{-1}。

当辐射粒子为中子时,λ 表示中子与所用材料发生具体反应(吸收或散射)时的宏观截面积 Σ。

热屏蔽为圆筒形,且由于其半径比厚度大得多,故通过热屏蔽的导热可以近似作为平板处理。利用式(3-60)可以写出

$$\frac{\mathrm{d}^2 T}{\mathrm{d}x^2} = -\frac{1}{k_s}q_{v,s}(x) \qquad (3-203)$$

式中,k_s 是热屏蔽的热导率。

联立式(3-202)与式(3-203),并取 $\omega=1$,得到

$$\frac{\mathrm{d}^2 T}{\mathrm{d}x^2} = -\frac{q_{v,s}(0)}{k_s}e^{-\lambda x} \qquad (3-204)$$

如果 k_s 是常数,则其解为

$$T = -\frac{q_{v,s}(0)}{k_s \lambda^2} e^{-\lambda x} + C_1 x + C_2 \qquad (3-205)$$

利用边界条件：

① 当 $x = 0$ 时，有

$$T = T_1 \qquad (3-206)$$

② 当 $x = L$ 时，有

$$T = T_2 \qquad (3-207)$$

可求得 C_1, C_2，并得到最终的解为

$$T(x) - T_1 = (T_2 - T_1)\frac{x}{L} + \frac{q_{v,s}(0)}{k_s \lambda^2}\Big[(e^{-\lambda L} - 1)\frac{x}{L} - e^{-\lambda x} + 1\Big] \qquad (3-208)$$

将式（3-208）对 x 求导数，并令 $\dfrac{\mathrm{d}T}{\mathrm{d}x} = 0$，则可得到最高温度所在位置 $x_{\max}$，

$$x_{\max} = -\frac{1}{\lambda}\ln\Big[(T_1 - T_2)\frac{k_s \lambda}{q_{v,s}(0)L} + \frac{1 - e^{\lambda L}}{\lambda L}\Big] \qquad (3-209)$$

将式 $x = x_{\max}$ 代入式（3-208），即可计算出最高温度 $T_{\max}$ 的值。

【例题 3-8】　某压力壳型水堆，为了使压力容器不致受到强射线的辐照，在压力容器的内壁与堆芯之间放置了几层钢制的热屏蔽，其中有一层热屏蔽厚度是 5 cm，这层热屏蔽内外两个表面的温度均保持在 260 ℃。若热屏蔽受到 10^{14} 1/(cm^2·s) 的 γ 射线的辐照（γ 光子能量为 3 MeV），试求热屏蔽中的最高温度及其所在的位置［设钢的吸收系数 λ 为 0.27 cm^{-1}，钢的热导率 k_s 为 40 W(m·℃)］如图 3-18 所式。

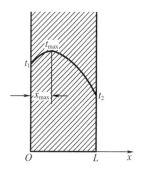

图 3-18　热屏蔽温度分布示意图

解　因为 $T_1 = T_2$，式（3-209）可化简为

$$x_{\max} = -\frac{1}{\lambda}\ln\Big(\frac{1 - e^{\lambda L}}{\lambda L}\Big)$$

将 $\lambda = 0.27$ cm^{-1}，$L = 0.05$ m 代入上式，得

$$x_{\max} = -\frac{1}{27}\ln\Big(\frac{1 - e^{27 \times 0.05}}{27 \times 0.05}\Big) = 0.022 \text{ m}$$

又因为

$$q_{v,s}(0) = 0.27 \times 3 \times 10^{14} \text{MeV/cm}^3 = 13 \text{ MW/m}^3$$

于是由式（3-208）得

$$T_{\max} - T_1 = (T_2 - T_1)\frac{x_{\max}}{L} + \frac{q_{v,s}(0)}{k_s \lambda^2}\Big[(e^{-\lambda L} - 1)\frac{x_{\max}}{L} - e^{-\lambda x_{\max}} + 1\Big]$$

因为 $T_1 = T_2$，所以可简化为

$$T_{\max} = \frac{q_{v,s}(0)}{k_s \lambda^2}\Big[(e^{-\lambda L} - 1)\frac{x_{\max}}{L} - e^{-\lambda x_{\max}} + 1\Big] + T_1$$

将 $T_1 = 260$ ℃，$x_{\max} = 0.022$ m，$k_s = 40$ W/(m·℃) 代入上式得

$$T_{\max} = \frac{13 \times 10^6}{40 \times 27^2}\Big[(e^{-27 \times 0.05} - 1) \times \frac{0.022}{0.05} - e^{-27 \times 0.022} + 1\Big] + 260 = 56 + 260 = 316 \text{ ℃}$$

习 题

3-1 堆芯内燃料芯块释热传输到反应堆外经过哪几个过程? 用什么具体表达式描述它们?

3-2 从传热的观点来看, 沸腾起始点的定义是什么? 如何计算沸腾起始点?

3-3 沸腾临界的定义是什么, 它们的机理是怎样的? 压水堆在正常工况下, 如何防止沸腾临界, 而在事故工况下又是怎样?

3-4 绘出均匀堆芯棒状燃料元件轴向的释热量 $q_1(z)$ 分布和冷却剂温度 $T_f(z)$、燃料元件包壳外表面温度 $T_c(z)$ 及燃料元件中心温度 $T_0(z)$ 的轴向分布, 并对 $T_{c,max}$ 及 $T_{0,max}$ 一般所处的位置做简要说明。

3-5 何谓间隙导热, 可用哪些模型进行计算? 它们的优缺点各是什么, 适用于什么条件?

3-6 简述积分热导率的概念, 对棒状元件, 其具体表达式是怎样的, 是如何导出的?

3-7 有一内径为 D, 长度为 L 的圆管试验段, 管内流动着欠热水, 沿管全长以均匀热流密度加热, 管进口处水的质量流量为 M, 进口水温为 $T_{f,in}$, 管内壁和水之间的单相对流传热系数为 h(常数), 管内欠热水平均比定压热容为 c_p(常数), 现测得管出口处内壁面温度为 $T_{w,out}$。试推导出用 $D, L, M, T_{f,in}, h, c_p$ 和 $T_{w,out}$ 表达出口欠热水平均温度 $T_{f,out}$ 的表达式。

3-8 某压水堆的棒束燃料组件被纵向流过的水所冷却, 若在元件沿高度(纵向)方向的某一个小段内冷却水的平均温度 $T_f = 300$ ℃, 水的平均流速 $u = 4$ m/s, 热流密度 $q = 14.7 \times 10^6$ W/m², 堆的运行压力为 147×10^6 Pa。试求该小段内的平均传热系数及元件壁面的平均温度。元件的外径为 9.8 mm, 栅距为 12.5 mm, 呈正方形栅格排列。

3-9 设有一长度为 L 的均匀加热通道, 在通道进口处流入欠热流体, 其进口比焓为 h_{in}, 设在 S 点发生饱和沸腾, 在 S 点前可以认为是单相流体。已知通道出口处含气率 $x_{e,out}$, 液体的饱和比焓 h_{fs}, 汽化潜热为 h_{fg}, 试推导饱和沸腾段长度 L_B 的表达式。

3-10 某压水堆(堆芯为圆柱形)中的某根燃料元件, 其芯块直径 $D_u = 8$ mm, 燃料元件外径为 $D_{cs} = 9$ mm, 包壳厚度为 0.5 mm, 冷却剂进口温度为 220 ℃, 出口温度为 300 ℃。堆芯高度为 $L \approx L_{Re} = 3\,600$ mm, 冷却剂流量为 1 400 kg/h, 冷却剂与元件间的传热系数 $\bar{h} = 3 \times 10^4$ W/(m²·K)。试求燃料元件轴向 $z = 900$ mm 处(轴向坐标的原点取元件的半高处)的燃料中心温度。设包壳热导率为 16 W/(m·K), 芯块的热导率为 1.8 W/(m·K), 水的比热容为 4.81 kJ/(kg·K), 计算中不考虑气隙或接触热阻。

3-11 有一压水堆圆柱形 UO_2 燃料元件, 已知表面热流密度为 1.7 MW/m², 芯块表面温度为 400 ℃, 芯块直径为 10.0 mm, 计算以下两种情况燃料芯块中心最高温度:

(1)热导率为常数, $k_u = 3$ W/(m·K);

(2)热导率为 $k = 1 + 3\exp(-0.000\,5T)$。

3-12 已知某压水堆燃料元件芯块直径为 9.4 mm, 包壳内径为 9.78 mm, 包壳外径为 10.92 mm, 冷却剂温度为 307.5 ℃, 冷却剂与包壳间传热系数为 28.4 kW/(m²·K), 燃料芯块热导率为 3.011 W/(m·K), 包壳热导率为 18.69 W/(m·K), 气隙气体的热导率为 0.277 W/(m·K)。试计算燃料芯块的中心温度不超过 1 800 ℃ 的最大线功率。

3-13 厚度或直径为 d 的三种不同的几何形状(平板、圆柱、球)的燃料芯块的体积释热率都是 q_v,表面温度都是 T_c,试求各种芯块中心温度的表达式,并进行比较。

3-14 考查某压水堆(圆柱形堆芯)中的某根燃料元件,轴向释热按照余弦分布,参数如表3-5所示。试计算燃料元件轴向 $z = 650$ mm 高度处的燃料中心温度。

表3-5 燃料元件参数

参数	数值	单位
燃料元件外径	10.0	mm
芯块直径	8.8	mm
包壳厚度	0.5	mm
最大线功率	4.2×10^4	W/m
冷却剂进口温度	245	℃
冷却剂与包壳表面传热系数	2.7×10^4	W/($m^2 \cdot K$)
冷却剂流量	1 200	kg/h
堆芯高度	2 600	mm
包壳热导率	20	W/(m·K)
气隙热导率	0.23	W/(m·K)
芯块热导率	2.1	W/(m·K)

第4章 反应堆稳态工况下的水力计算

4.1 反应堆稳态工况下水力计算的任务

反应堆堆芯内释放出的热量,要由冷却剂带出堆外。堆芯内允许的释热率与冷却剂的流动特性密切相关。因此,在反应堆热工分析中,不仅要弄清楚堆芯内的传热问题,还要弄清楚与堆内冷却剂流动有关的流体力学问题。只有对这两方面的问题都有足够的认识,才有可能使所设计的反应堆在保证安全的同时,也具有良好的经济性。由此可见,热工分析和流体力学分析都是反应堆热工设计的重要组成部分。

对于反应堆稳态水力计算来说,一般需要解决以下几方面问题:

1. 计算冷却剂的流动压降

通过计算冷却剂流经反应堆的压降,确定冷却剂通道内的流量及其分配特性,进而确定各冷却剂通道的焓升。通过合理设计,使各通道的焓升与冷却剂流量相匹配,以保证最大限度地输出堆内的释热量。通过回路系统的水力计算,可以确定一回路系统的管路及部件的尺寸,确定冷却剂泵的功率。

2. 确定自然循环能力

反应堆自然循环能力的提高,对反应堆的安全性有很大影响,目前各国的反应堆设计者都在为提高反应堆的自然循环能力寻找新的方法。对船用反应堆提高其自然循环能力更具有特殊意义,它不但可以提高核动力装置的安全性,还可以降低核动力装置的噪音。自然循环过程中流动阻力的计算、自然循环流量的确定等,都需要水力计算来完成。

3. 分析系统的流动不稳定性

在反应堆堆芯内,由于冷却剂被加热并可能产生两相流动,因而会面临流量漂移或流量振荡等流动不稳定性问题。这些流动不稳定性对反应堆的安全有很大影响。通过水力计算,可以确定堆芯通道内的流动特性,从而确定出改善和消除流动不稳定性的方法。

4.2 冷却剂单相流动压降计算

液体冷却剂或气体冷却剂都是单相流体,系统内任意两个给定流通截面之间压力的变化即压降,都可以用下述方程来计算:

$$\Delta p = p_1 - p_2 = \Delta p_f + \Delta p_{el} + \Delta p_c + \Delta p_a \tag{4-1}$$

式中 p_1 和 p_2——通道截面 1 和 2 处的静压力;

  Δp_f——摩擦压降;

  Δp_{el}——提升压降(重位压降);

  Δp_c——形阻压降;

Δp_a——加速压降。

4.2.1 摩擦压降

对于单相流,摩擦压降由 Darcy 公式计算:

$$\Delta p_f = f \frac{L}{D_e} \frac{\rho u^2}{2} \tag{4-2}$$

式中 f——摩擦阻力系数;

L——通道长度,m;

D_e——通道的当量直径,m;

ρ——流体的密度,kg/m^3;

u——流体的流速,m/s。

计算 Δp_f 的关键是如何确定摩擦阻力系数 f。实验表明,它与流体流动状态、受热情况、通道几何形状、表面粗糙度等因素有关。

1. 等温流动的摩擦阻力系数

(1)圆形通道

流体在圆形通道内做定型层流流动时,其摩擦阻力系数可以用解析法导出,结果表示为

$$f = \frac{64}{Re} \tag{4-3}$$

该式适用的雷诺数范围为 $Re \leqslant 2\,300$。

在湍流流动中,要用解析方法导出摩擦阻力系数非常困难。在一般情况下,湍流摩擦阻力系数需要通过实验才能确定。

对于在光滑圆形通道内定型湍流的情况,常用的关系式有:

Blasius 关系式:

$$f = 0.316\,4 Re^{-0.25} \tag{4-4}$$

适用范围是 $4\,000 < Re < 10^5$。

McAdam 关系式:

$$f = 0.184 Re^{-0.2} \tag{4-5}$$

适用范围是 $3 \times 10^4 < Re < 10^6$。

当 $Re \geqslant 10^5$ 时,可采用卡门 - 普朗特关系式来进行计算,即

$$\frac{1}{\sqrt{f}} = 2\,\lg(Re\,\sqrt{f}) - 0.8 \tag{4-6}$$

对于粗糙的圆形通道,在整个湍流区常用的经验公式为

$$f = 0.11 \left(\frac{\varepsilon}{D} + \frac{68}{Re} \right)^{0.25} \tag{4-7}$$

式中 D——通道的直径,m;

$\dfrac{\varepsilon}{D}$——通道表面的相对粗糙度;

Re——雷诺数;

ε——通道表面的绝对粗糙度,m,其典型数值见表 4-1。

表 4－1　常用工业管道的绝对粗糙度

名称	ε/mm	名称	ε/mm
冷拉管	0.001 5	镀锌铁管	0.15
工业用铜管	0.046	铸铁管	0.26

式(4-7)的应用比较方便,当不计$\dfrac{\varepsilon}{D}$时,上式也适用于光滑管,当Re很大时,上式适用于完全粗糙管,此时

$$f=0.11\left(\frac{\varepsilon}{D}\right)^{0.25} \tag{4-8}$$

对于工业用管,为应用方便,摩擦阻力系数f既可以按照上面介绍的关系式进行计算,也可以按照图4-1所示的莫迪曲线直接查得。

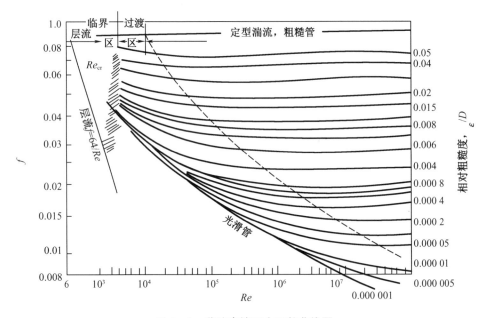

图 4-1　莫迪摩擦阻力系数曲线图

(2)非圆形通道

非圆形通道的层流摩擦阻力系数具有和圆形通道相类似的数学表达式,其普遍关系式为

$$f=CRe^{-1} \tag{4-9}$$

式中的常数C和通道截面的几何形状有关。它们的数值列在表4-2内。

表 4-2　典型非圆形通道的当量直径

截面形状	D_e	C
正方形,边长为a	a	57
等边三角形,边长为a	$0.58a$	53

表 4 – 2(续)

截面形状		D_e	C
平行平板,宽为 a		$2a$	96
长方形,边长为 a 和 b	$a/b = 0.1$	$1.81a$	85
	$a/b = 0.2$	$1.67a$	76
	$a/b = 0.25$	$1.60a$	73
	$a/b = 0.5$	$1.30a$	62

如果用非圆形通道的当量直径代替圆形通道的直径,那么就可以应用圆形通道的关系式来计算非圆形通道的湍流摩擦阻力系数,或者从莫迪曲线图中查得 f。

对于光滑通道,若雷诺数在 $10^4 \sim 2 \times 10^5$ 的范围内,则实测得到的三角形截面通道的 f 值要比莫迪曲线图绘出的值约低 3%。实测的正方形截面通道的 f 值要比莫迪曲线图绘出的值约低 10%。

(3)棒束通道

在核反应堆中,特别是绝大多数压水反应堆中,堆芯冷却剂通道是由一系列规则排列的棒束构成的。冷却剂沿棒束流动时产生的流动压降及其摩擦阻力系数可通过引入水力当量直径的方法进行计算。当冷却剂沿棒束的流动状态处于层流区时,采用所谓的"等效环面法"也可较好地预测摩擦阻力系数。在该方法中,等效环面的流通面积假定与最大流速位置处半径所对应的面积相等,该处半径为 r_m,则 r_m/r_0 可表示为:

①当组件按照三角形排列时,有

$$r_m/r_0 = \left(\frac{2\sqrt{3}}{\pi}\right)^{0.5}\left(\frac{P}{D}\right) \tag{4-10}$$

式中 r_0——燃料元件半径,m;

D——燃料元件直径,m;

P——燃料元件节距,m。

②当组件按照正方形排列时,有

$$r_m/r_0 = \left(\frac{4}{\pi}\right)^{0.5}\left(\frac{P}{D}\right) \tag{4-11}$$

Toreas 和 Kazimi 给出了棒束通道内层流条件下雷诺数、摩擦阻力系数和半径比之间的关系式,即

$$fRe = \frac{64(R^2-1)^3}{-3R^4 + 4R^4\ln R - 1 + 4R^2} \tag{4-12}$$

式中,$R = r_m/r_0$。

当冷却剂在棒束通道中的流动处于湍流状态时,计算摩擦阻力系数的一种方法是利用水力当量直径的概念,将棒束内的流动等效为管内流动。然而,这种方法不能考虑棒束通道的特点。实验研究表明,沿棒状燃料组件纵向流动的 f 值不仅与雷诺数和栅格的排列形式有关,而且还与棒间栅距 P 与棒径 D 之比(即 P/D)有关。用 P/D 为 1.12 的三角形栅格以及 P/D 为 1.12 和 1.20 的正方形栅格所做实验得到的数据表明,与莫迪曲线图中的光滑圆管曲线相比,存在不同程度上的差别。

到目前为止,虽然对棒状燃料组件的摩擦压降做了大量的实验研究,但是由于实验都是在特定条件下进行的,受到棒的数目、直径、长度、P/D 以及运行工况的限制,因而所得到的经验公式往往带有较大的局限性。表 4 – 3 列出了几个在特定条件下计算棒束摩擦阻力系数 f 的经验公式。在缺少可靠实验数据的情况下,通常采用计算圆形通道摩擦阻力系数的公式来估算棒状燃料组件的摩擦阻力系数。

表 4 – 3 几个计算棒束摩擦阻力系数 f 的经验关系式

作者和年份	$f = CRe^{-N} + M$			适用范围
	C	N	M	
Miller 1956	0.296	0.2	0	37 根棒的棒束,三角形排列, $D = 15.8$ mm, $P/D = 1.46$
Le Tourneau 1957	0.163 ~ 0.184	0.2	0	正方形排列, $P/D = 1.12 \sim 1.20$ 三角形排列, $P/D = 1.12$, $Re = 3 \times 10^3 \sim 10^5$
Wantland 1957	1.76	0.39	0	100 根棒的棒束,正方形排列, $D = 4.8$ mm, $P/D = 1.106$, $Pr = 3 \sim 6$, $Re = 10^3 \sim 10^4$
	90	1	0.008 2	102 根棒三角形排列棒束, $D = 4.8$ mm, $P/D = 1.19$, $Pr = 3 \sim 6$, $Re = 2 \times 10^3 \sim 10^4$
Trupp 和 Azad	$0.287 \left[(2\sqrt{3}/\pi) (p/d)^2 - 1.3 \right]$	$0.368(p/d)^{-1.358}$	0	三角形排列 $1.2 \leqslant p/d \leqslant 1.5$ $10^4 \leqslant Re \leqslant 10^5$

2. 非等温流动的摩擦阻力系数

前面介绍的计算摩擦阻力系数计算关系式和莫迪曲线图,只对等温流动适用,但传热过程中的流动多为非等温流动。此时,流体的温度不仅沿截面会改变,而且沿通道的长度方向也要发生变化。考虑到温度是影响流体黏度的重要因素,而黏度的改变又会对摩擦压降产生影响,因此在计算非等温流动的摩擦阻力系数时,流体的物性参数由流道进出口的平均温度确定。

$$\overline{T_f} = \frac{T_{f,in} + T_{f,out}}{2} \qquad (4 - 13)$$

式中 $\overline{T_f}$——流体的平均温度,℃;

$T_{f,in}$, $T_{f,out}$——流体的进口温度与出口温度,℃。

在计算非等温流动湍流摩擦阻力系数时,对于液体,可采用 Sieder – Tate 所建议的方程计算:

$$f_{no} = f_{iso} \left(\frac{\mu_w}{\mu_f} \right)^n \qquad (4 - 14)$$

式中 f_{no}——非等温流动的摩擦阻力系数;

f_{iso}——等温流动的摩擦阻力系数;

μ_w——壁面温度下流体的动力黏度,Pa·s;

μ_f——按主流平均温度计算的流体的动力黏度,Pa·s。

对于压力为 10.34～13.79 MPa 的水,Rohsenow 和 Clark 的实验结果表明,若只考虑摩擦损失,Sieder – Tate 方程中的指数应取 $n=0.6$。

此外,液态金属的热导率高,黏度低,在加热或冷却时边界层内的流体温度与主流温度相差很少。对于这种情况,在计算摩擦阻力系数时,可近似按等温工况考虑。

3. 通道入口效应对摩擦阻力系数的影响

以上所给出的摩擦阻力系数 f 的计算关系式都是针对充分发展定型流动而言的。而在如图 4 – 2 所示的进口段,流体速度分布与定型流动的情况存在很大差别。从进口到流动定型的这段长度称为进口段长度,这一段的流动称为未定型流动。在进口段内,由于速度梯度大,因此摩擦阻力系数高于定型流动时的值,但这种未定型流动的影响范围较小,一般认为通道长度与直径的比超过60时,即无须考虑进口段的影响。

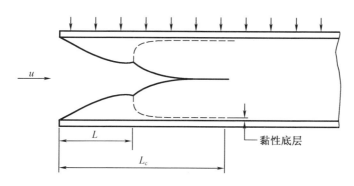

图 4 – 2　进口段对流速分布的影响

4.2.2　提升压降

冷却剂的提升压降(重位压降),只有在所研究的两个截面之间有竖直方向的高度差时才会显示出来。对水平通道来说不存在提升压降问题。液体冷却剂流动时的提升压降可用下式表示,即

$$\Delta p_{el} = \int_{z_1}^{z_2} \rho g \sin\theta \mathrm{d}L \qquad (4-15)$$

式中　θ——通道轴线与水平面间的夹角,(°);

z_1,z_2,L——截面1、截面2的轴向坐标和通道长度,m。

一般而言,液体的可压缩性很小,即由于压力变化引起的密度变化很小,如果温度的变化也很小,则式(4 – 15)中的 ρ 可用冷却剂沿通道进出口温度的算术平均值 $\bar{\rho}$,这样式(4 – 15)积分后得到

$$\Delta p_{el} = \bar{\rho} g (z_2 - z_1) \qquad (4-16)$$

对于气体冷却剂而言,一般情况下需要结合气体状态方程来考虑其重位压降的计算。

4.2.3　局部压降

流体流经弯头、阀门、接头、泵及其他局部件时的流动情况非常复杂,所产生的压降称为局部压降。一般局部压降需要通过实验确定,只有极个别情况,经适当地简化后可由理

论推导进行计算。由于流体在局部阻力件的流程一般都很短,在局部损失中,沿程摩擦与旋涡相比显得相当小,损失主要表现在旋涡区内,因而流体在流经局部阻力件时的提升压降和沿程摩擦压降均可忽略。下面首先研究流道截面突然扩大的局部压降计算。随后,根据局部损失本质相同这一特点,将得出的结论扩大到其他局部损失计算中去。

1. 截面突然扩大

图4-3表示通道中流通截面突然扩大,在忽略了截面1-1和截面2-2之间的高度变化和沿程摩擦阻力后,可以写出

$$p_1 - p_2 = \frac{\rho}{2}(u_2^2 - u_1^2) + \Delta p_{c,e} \tag{4-17}$$

式中等号右边的第一项为加速压降;第二项$\Delta p_{c,e}$为截面突然扩大的形阻压降,该项可借助动量方程和连续性方程求得。

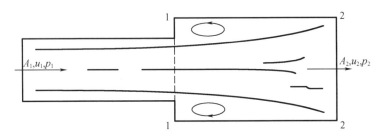

图4-3 流通截面突然扩大

从流体中取出$abcd$所包围的一块单元控制体,该控制体沿流动方向的动量方程为

$$p_1 A_1 + p_1(A_2 - A_1) - p_2 A_2 = M(u_2 - u_1) \tag{4-18}$$

式中 $p_1(A_2 - A_1)$——环形面积$(A_2 - A_1)$的通道壁对流体的反作用力,实验证明,环形面积上的流体压力接近p_1;

M——质量流量,kg/s。

把连续性方程$M = A_1 u_1 \rho = A_2 u_2 \rho$代入式(4-18)可以得到

$$p_1 - p_2 = \rho(u_2^2 - u_1 u_2) \tag{4-19}$$

将式(4-17)和式(4-19)合并,并利用$A_1 u_1 = A_2 u_2$可得

$$\Delta p_{c,e} = \left(1 - \frac{A_1}{A_2}\right)^2 \frac{\rho u_1^2}{2} = \xi_e \frac{\rho u_1^2}{2} \tag{4-20}$$

式中,$\xi_e = \left(1 - \frac{A_1}{A_2}\right)^2$称为突然扩大形阻系数。把$\Delta p_{c,e}$代入式(4-17)整理后得到

$$p_1 - p_2 = \left[\left(\frac{A_1}{A_2}\right)^2 - \frac{A_1}{A_2}\right]\rho u_1^2 = \left(\frac{1}{A_2^2} - \frac{1}{A_1 A_2}\right)\frac{M^2}{\rho} \tag{4-21}$$

因为$A_1 < A_2$,所以方程式(4-21)右边是负值。这表明$p_1 < p_2$,即流体在面积扩大的情况下将产生一个负的压降,也就是说流体的静压力将有所回升。

2. 截面突然缩小

图4-4所示为流道截面突然缩小的情况,可以发现流体在小截面通道中达到一个最小断面积(截面0—0处),然后再扩大到面积A_2。在大通道的末端和收缩处都有涡流产生,因此突然缩小的形阻压降是流体从截面A_1逐渐收缩成A_0,然后再扩大为A_2时产生的。由动

量方程可以得到流体在截面 1—1 和截面 2—2 之间的压力变化为

$$p_1 - p_2 = \frac{\rho}{2}(u_2^2 - u_1^2) + \Delta p_{c,c} \tag{4-22}$$

式中，$\Delta p_{c,c}$ 为突然缩小形阻压降。类似于式（4－20），该压力损失项可以写成如下的表达式

$$\Delta p_{c,c} = \xi_c \frac{\rho u_2^2}{2} \tag{4-23}$$

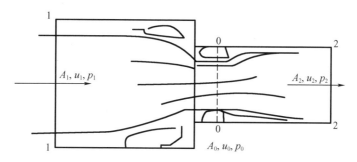

图 4－4 流通截面突然缩小

对于截面突然缩小的形阻压降，习惯上用下游速度表示。式中的 ξ_c 称为突然缩小形阻系数，一般表示成

$$\xi_c = a\left[1 - \left(\frac{A_2}{A_1}\right)^2\right] \tag{4-24}$$

式中，a 是一个无因次经验系数，其数值在 0.4 ~ 0.5 之间，本书采用 0.4。把 $\Delta p_{c,c}$ 和 ξ_c 值代入式（4－22）得

$$p_1 - p_2 = \frac{\rho}{2}(u_2^2 - u_1^2) + 0.4\left[1 - \left(\frac{A_2}{A_1}\right)^2\right]\frac{\rho u_2^2}{2} \tag{4-25}$$

再应用连续性方程，即 $M = A_1 u_1 \rho = A_2 u_2 \rho$，将式（4－25）化简后得到

$$\Delta p_{c,c} = 0.7\left(\frac{1}{A_2^2} - \frac{1}{A_1^2}\right)\frac{M^2}{\rho} \tag{4-26}$$

因为 $A_2 < A_1$，故式（4－26）的右边是正值。由此可见 $p_2 < p_1$，即在截面突然缩小时将导致流体静压力的下降。

3. 弯管、接管与阀门

除上述两种形阻压降外，流体在流过系统中的弯管、接管、配件以及各种阀门时也会产生集中的压力损失。为了计算一回路系统的总压力损失，还须计算出这些局部地区的形阻压降。由于造成局部压降损失的水力现象实质是一样的，所以可给出下面的计算公式：

$$\Delta p_{c,c} = \xi \frac{\rho u^2}{2} \tag{4-27}$$

式中的形阻系数 ξ 由实验测定。

4. 燃料组件定位件

在棒状燃料元件的设计中，为了保持所需要的栅距以及防止在反应堆运行过程中产生振动和弯曲，通常在相邻的燃料元件之间沿着高度方向安装适当数量的定位件。定位件的形式有很多种，粗略地可以把它们分为两类：

（1）不同几何形状的横向定位架；

（2）缠绕在单棒上的螺旋形定位丝。

图 4-5 是这两类典型定位件的示意图，由于定位架和定位丝在结构上以及在棒束中安放的位置各不相同，因此，通常采用两种不同的方法来计算它们的压力损失。

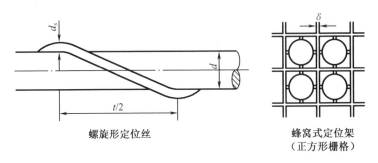

螺旋形定位丝　　　　　蜂窝式定位架（正方形栅格）

图 4-5　典型的燃料组件定位件

流体流过定位架的压力损失，属于流通截面突然变化的情况。然而由于定位架的结构比较特殊，采用截面突然缩小和突然扩大两个连续变化来计算它们的压力损失并不十分准确，因此往往要依靠实验来确定。

在计算定位架形阻压降的各种经验公式中，以 Rehme 推荐的经验公式用得较多，该式表示如下：

$$\Delta p_{gd} = \xi_d \varphi^2 \frac{\rho u_b^2}{2} = \xi_{gd} \frac{\rho u_b^2}{2} \qquad (4-28)$$

式中　Δp_{gd}——定位架形阻压降，Pa；

　　　　φ——定位架迎风面面积与棒束中的自由流通截面积之比；

　　　　u_b——棒束中流体的平均流速，m/s；

　　　　ξ_{gd}——定位架形阻系数，$\xi_{gd} = \xi_d \varphi^2$；

　　　　ξ_d——经验系数，棒束组件中雷诺数 Re_d 的函数。

Rehme 根据实验数据推荐的经验系数 ξ_d 随 Re_d 的变化示于图 4-6 中。棒束组件中的雷诺数 Re_d 由下式确定，即

$$Re_d = \frac{\rho u D_e}{\mu} \qquad (4-29)$$

$$D_e = 4A/P_{he}$$

式中　A——棒束总流通截面积，m^2；

　　　　P_{he}——包括盒壁在内的湿润周长，m。

在用定位丝作定位件的棒束组件中，定位丝是沿着每根单棒的全部长度缠绕的，显然所产生的压力损失也应该是沿着棒束组件的全部长度分布。Rehme 用修正棒束组件摩擦阻力系数的方法，把冷却剂流过定位丝所产生的压力损失归在摩擦压力损失项中。这时的总摩擦压力损失 $\Delta p_{f,s}$ 同棒状燃料元件的栅距 P 与燃料元件棒的直径 D 之比（P/D）、螺旋定位丝的节距 t 以及棒束组件中燃料元件的数目有关。计算总摩擦压力损失的公式如下：

$$\Delta p_{f,s} = f_s \frac{P_{hb}}{P_{ht}} \frac{\rho u_e^2}{2} \frac{L}{D_e} \qquad (4-30)$$

式中　f_s——修正摩擦阻力系数；

$\dfrac{P_{hb}}{P_{ht}}$——棒束组件中燃料元件棒和定位丝的湿周长度与总湿周长度(包括盒壁)

之比;

u_e——棒束组件中冷却剂的有效流速(考虑定位丝产生的涡流影响在内),m/s。

f_s 用修正雷诺数计算,其方程为

$$f_s = \frac{64}{Re_s} + \frac{0.081\,6}{Re_s^{0.133}} \tag{4-31}$$

式中,$Re_s = \rho u_e D_e / \mu$。有效流速由下列公式求得

$$\left(\frac{u_e}{u_n}\right)^2 = \left(\frac{P}{D}\right)^{0.5} + \left[7.6\,\frac{\overline{D}_s}{t}\left(\frac{P}{D}\right)^2\right]^{2.16} \tag{4-32}$$

式中 $\overline{D}_s$——定位丝的平均直径,m;

u_n——棒束组件中冷却剂的名义流速,m/s,其计算公式为

$$u_n = \frac{\dfrac{M}{\rho}}{B^2 - \dfrac{\pi}{4}(D^2 + \overline{D}_s^2)n} \tag{4-33}$$

式中 M——棒束组件中的质量流量,kg/s;

B——棒束组件的宽度,m;

n——棒束组件中燃料元件的数目。

式(4-30)至式(4-33)的适用范围是:$Re_s = 10^3 \sim 3 \times 10^5$,$t/\overline{D}_s = 6 \sim 45$。

4.2.4 加速压降

由于流体密度改变而产生的加速压降,其表达式为

$$\Delta p_a = \int_{u_1}^{u_2} \rho u \, \mathrm{d}u \tag{4-34}$$

符号 u_1,u_2 分别表示流体在截面1和截面2处的速度。当流通截面不变且处于稳定工况时,$\rho u = G$ 为一常数,对式(4-34)积分得

$$\Delta p_a = G(u_2 - u_1) \tag{4-35}$$

式中,若把 Δp_a 表示成流体密度 ρ 或比体积 v 的函数,则可写成

$$\Delta p_a = G^2\left(\frac{1}{\rho_2} - \frac{1}{\rho_1}\right) = G^2(v_2 - v_1) \tag{4-36}$$

由于液体冷却剂的密度随温度的变化很小,所以液体冷却剂沿等截面直通道流动时,可忽略加速压降。

由式(4-36)求得的 Δp_a 没有包含截面变化引起的加速压降,后者包含在形阻压降之中。

【例题 4-1】 水在一段长度不变的圆管内做定型湍流流动,并处于水力光滑管区,如果水的物性保持不变,通过改变管道截面积使得管内质量流量加倍且保持流速不变,试用 Blausius 关系式分析摩擦压降变化。

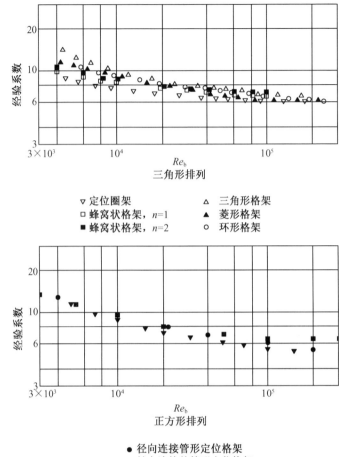

图 4-6　定位格架的经验系数

解　先确定几何关系。依据题意,管内流量加倍,流速不变,物性不变,由此可知变化后直径:$D_1 = \sqrt{2}\,D$。

再确定摩擦压降的变化规律。由 Blausius 计算关系式可知,在等流速条件下:$\Delta p = 0.316\,4\left(\dfrac{\rho u D}{\mu}\right)^{-0.25}\dfrac{L}{D}\dfrac{\rho u^2}{2} \propto D^{-1.25}$,故变化后的摩擦压降为变化前的 $\sqrt{2}^{\,(-1.25)} = 0.648$。

4.3　气液两相流动及其压降计算

在水冷反应堆内,冷却剂被加热产生沸腾,就形成了两相流动。这一过程中的许多两相流动特性,对水冷核反应堆的工作过程都有重要影响。气体和液体都是流体,当它们单独流动时,其流动规律基本相同。但是,它们共同流动与单独流动有许多不同之处。这使得单相流中的许多准则和关系式不能直接用来描述两相流动。

4.3.1 两相流动特性参数

在气液两相流动中,每一相都有相应的流动参数。而且,由于两相介质之间的相互作用,还出现了一些相互关联的参数。同时,为了便于两相流动计算和实验数据的处理,也常常使用折算参数。这就使得两相流的参数比单相流复杂得多。下面就两相流中的一些主要参数予以讨论,并给出计算关系式。

1. 质量含气率 x

质量含气率是指单位时间内,流过通道某一截面的两相流体总质量流量 M 中气相所占的份额,即

$$x = \frac{M_g}{M_g + M_f} \tag{4-37}$$

式中,M_g,M_f 分别表示气相和液相的质量流量,单位为 kg/s。

2. 体积含气率 β

体积含气率是指单位时间内,流过通道某一截面的两相流体总体积流量中气相所占的份额,即

$$\beta = \frac{V_g}{V_g + V_f} \tag{4-38}$$

式中,V_g,V_f 分别表示气相和液相的体积流量,m³/s。

根据定义可以导出 x 和 β 的关系:

$$\beta = \frac{x/\rho_g}{x/\rho_g + (1-x)/\rho_f} \tag{4-39}$$

3. 热力学含气率 x_e

热力学含气率是由热平衡方程定义的含气率,可根据加入通道的热量算出气相的含量。由热平衡方程

$$H = H_{fs} + x_e H_{fg} \tag{4-40}$$

得到

$$x_e = (H - H_{fs})/H_{fg} \tag{4-41}$$

式中,H,H_{fs},H_{fg} 分别为流道某截面上两相流体的比焓、饱和水的比焓和汽化潜热,单位为 kJ/kg。

在饱和沸腾区,$0 \leqslant x_e \leqslant 1$,此时与 x 的大小是相等的;但在过冷沸腾的情况下,两相流体的比焓 H 小于饱和水的比焓 H_{fs},x_e 小于零;对于过热蒸汽,H 大于 H_{fs},此时 x_e 大于 1。因此热力学含气率可以小于 0 也可以大于 1,这是它与质量含气率的主要区别。

4. 截面含气率 α

截面含气率是指两相流中某一截面上,气相所占截面与总流道截面之比。其表达式为

$$\alpha = \frac{\Delta z \iint_{A_g} dA}{\Delta z \iint_A dA} = \frac{A_g}{A_g + A_f} \tag{4-42}$$

式中,A_g,A_f 分别为气相和液相所占的流通截面积,单位为 m²。

5. 滑速比 S

气相的流速与液相的流速之比称为滑速比,其计算式为

$$S = u_g/u_f \qquad (4-43)$$

式中　u_g——气相的流速 m/s;

　　　u_f——液相的流速,m/s。

在垂直向上流动的两相系统中,由于气相的密度小于液相的密度,气相会受到浮力的作用。因而气相的流速要比液相的大,这样在气相和液相之间便产生了相对滑移,所以 $u_f < u_g$,$S > 1$。

如果混合物的总质量流量为 M,则气相的质量流量为 xM,液相的质量流量为 $(1-x)M$,于是有

$$u_g = \frac{xM}{\rho_g A_g} \quad,u_f = \frac{(1-x)M}{\rho_f A_f} \qquad (4-44)$$

因此

$$S = \frac{u_g}{u_f} = \frac{x}{(1-x)}\frac{\rho_f(1-\alpha)}{\rho_g \alpha} \qquad (4-45)$$

【例题 4-2】 某气液两相混合物在直径 $D = 0.025$ m 的管内流 α 动,已知气相体积流量 $V_g = 0.001$ m³/s,气相流速 $u_g = 10.5$ m/s,试求截面含气率 α。若液相体积流量 $V_f = 0.002\ 4$ m³/s,试求液相流速 u_f。

解 由 $V_g = A_g \cdot u_g = \alpha A u_g$,得 $\alpha = \dfrac{V_g}{A u_g} = \dfrac{0.001}{\dfrac{\pi}{4} \times 0.025^2 \times 10.5} = 0.194$;

由 $V_f = A_f \cdot u_f = (1-\alpha)A u_f$,得 $u_f = \dfrac{V_f}{(1-\alpha)A} = \dfrac{0.002\ 4}{(1-0.194) \times \dfrac{\pi}{4} \times 0.025^2} = 6.07$ m/s。

【例题 4-3】 已知气-液混合物在 0.1 MPa 压力下的管内流动,质量含气率是 2%,测得截面含气率为 80%,试求两相之间的滑速比。

解 在 0.1 MPa 压力下,饱和水比体积为 0.001 043 1,饱和蒸汽比体积为 1.694,则

$$\begin{aligned}
S &= \frac{u_g}{u_f} = \left(\frac{x}{1-x}\right)\left(\frac{\rho_f}{\rho_g}\right)\left(\frac{1-\alpha}{\alpha}\right) \\
&= \left(\frac{x}{1-x}\right)\left(\frac{v_g}{v_f}\right)\left(\frac{1-\alpha}{\alpha}\right) \\
&= \frac{0.02}{1-0.02} \times \frac{1.694}{0.001\ 043\ 1} \times \frac{1-0.8}{0.8} \\
&= 8.286
\end{aligned}$$

4.3.2　两相流流型

两相混合物中气相和液相同时流动,可以形成多种流动结构,这些流动结构称之为流型。确定两相流的流型非常重要,因为在两相流中,流型与系统的压力、流量、含气量、壁面的热流密度以及通道几何形状和流动方位有着密切的联系,流型的变化通常表征着动量传递和热量传递特性的改变,不同的流型在通道内就会形成不同的流动工况,产生不同的流动压降、传热方式和沸腾形式。下面对竖直通道和水平通道内的典型流型进行简要介绍。

1. 竖直通道内的两相流流型

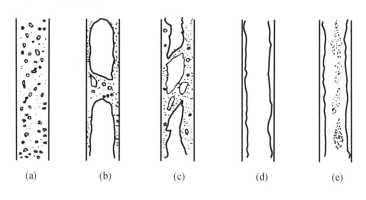

图4-7 竖直上升不加热管中的流型
(a)泡状流;(b)弹状流;(c)乳沫状流;(d)环状流;(e)细束环状流

(1)泡状流

这种流型的主要特征是气相不连续,即气相以小气泡的形式不连续地分布在连续的液相之中。泡状流的气泡大多数是圆球形。在泡状流刚形成时,气泡很小,而在泡状流即将向弹状流过渡时气泡较大,这种流动形式主要出现在低含气率区。

(2)弹状流

这种流型的特征是大的气弹和大的液块相间出现。气弹与壁面间被液膜隔开,在大气弹尾部常常出现许多小气泡。液块与气弹互相尾随着出现,流道内两截面间的压差波动较大。

(3)乳沫状流(也称搅混流)

在通道中气相所占份额比弹状流更高时,弹状流遭到破坏,形成了乳沫状流。乳沫状流是由大气弹破裂形成的,破裂后的气泡形状很不规则,有许多小气泡掺杂在液流中。当管径较大时,液相呈不定型形状做上下振荡运动;当管径较小时,弹状流可能会直接过渡到环状流。

(4)环状流

当气相含量比乳沫状流还高时,搅混现象逐渐消失,块状液流被击碎,形成气相轴心,从而产生了环状流。环状流的特征是液相沿管壁周围连续流动,中心则是连续的气体流。在液膜和气相核心之间,存在着一个波动的交界面。这种界面波的作用可能造成液膜的破裂,使液滴进入气相核心;气相核心中的液滴在一定条件下也能返回到壁面的液膜中来。

(5)细束环状流

这种流型和环状流很接近,只是在气芯中液体弥散相的浓度足以使小液滴连成串向上流动,犹如细束。

2. 水平通道的流型

对于水平通道,通常把流型按照通道内气泡的分布与流动情况,分为泡状流、塞状流、分层流、波状流、弹状流和环状流(见图4-8),其中的分层流和波状流是在垂直通道内不会出现的流型。

(1)泡状流

水平通道中的泡状流与垂直通道中的泡状流相似,只是气泡趋向于在管道上部流动,而在通道的下部液相多、气相少。气泡的分布与流体的流速有很大关系,流速越低,气泡的分布越不均匀。

（2）塞状流

当泡状流中的气泡进一步增加时,气泡聚合长大而形成大气塞。与弹状流相比,气泡长度略短且贴近流道的顶部流动,在大气塞的后面,会出现一些小气泡。

（3）分层流

这种流型出现在液相和气相的流速都比较低的情况下,这时气相在通道的上部流动,液相在通道的下部流动,两者之间有一个比较光滑的交界面。

（4）波状流

当分层流动中气相的流速增加到足够高时,在气相和液相的交界面上产生了一个扰动波。这个扰动波沿着流动方向传播,像波浪一样,所以称为波状流。

（5）弹状流

如果气相速度比波状流的速度更高,这些波最终会碰到流道的顶部表面而形成气弹,所以称为弹状流。此时,许多大的气弹在通道上部高速运动,而底部则是波状液流的底层。

（6）环状流

这种流型与垂直通道内的环状流很相似,气相在通道中心流动,而液相贴在通道的壁面上流动。不过,由于重力的作用,径向液膜厚度不均匀,管道底部的液膜比顶部厚。

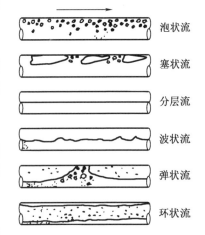

图 4-8　水平不加热管的流动形式

4.3.3　两相流的基本方程

与单相流相比,两相流不仅变量多,而且变量之间的关系复杂。在两相流场的某时间域内,空间任一位置上表现出不均匀性、不连续性及不确定性。尽管如此,原则上仍可以运用流体力学的基本分析方法建立分析两相流动的计算关系。从现有的两相流计算方法看,可以大致分为两大类,一类为简化模型分析法,另一类为数学解析模型分析法。

简化模型分析法是一种工程实用的分析方法,其主要做法是根据实验观察或实验结果分析,提出两相流动体系的简化物理模型。下面主要讨论简化模型分析法。

1. 分相流模型的一元流动基本方程

分相流模型是把两相流看成分开的两股流体流动,把两相分别按单相流处理并计入相间作用,然后将各相的方程加以合并。这种处理两相流的方法通常称为分相流模型。这种模型适用于层状流型、波状流型、环状流型等。

（1）连续方程

根据图 4-9,对各相列出连续方程:

气相:

$$\frac{\partial(\rho_g \alpha A)}{\partial t} + \frac{\partial(\rho_g u_g \alpha A)}{\partial z} = \delta m \tag{4-46}$$

液相:

$$\frac{\partial[\rho_f(1-\alpha)A]}{\partial t} + \frac{\partial[\rho_f u_f(1-\alpha)A]}{\partial z} = -\delta m \tag{4-47}$$

式中，δm 表示在控制体内单位长度的相间质量交换率。若两相流中无相变，则 $\delta m = 0$。

将上两式相加，即得到两相混合物连续性方程：

$$\frac{\partial(\rho_0 A)}{\partial t} + \frac{\partial(GA)}{\partial z} = 0 \qquad (4-48)$$

其中混合物密度为

$$\rho_0 = \rho_g \alpha + \rho_f(1-\alpha) \qquad (4-49)$$

混合物质量流速为

$$G = \frac{M}{A} = \rho_g u_g \alpha + \rho_f u_f(1-\alpha) \qquad (4-50)$$

稳定流动时

$$M = M_g + M_f = \rho_g u_g \alpha A + \rho_f u_f(1-\alpha)A = \text{const} \qquad (4-51)$$

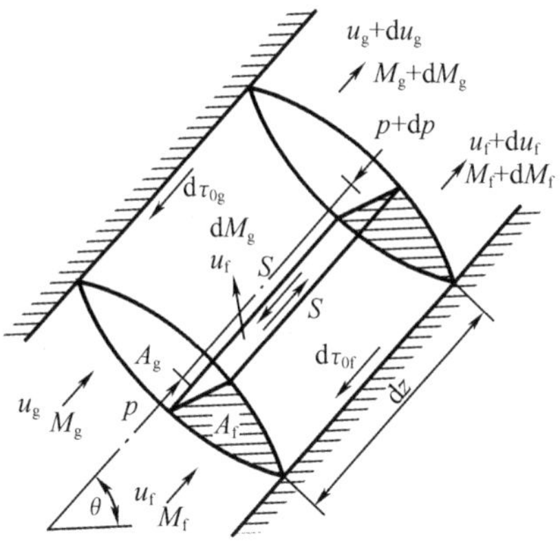

图 4-9 微元管段的两相流简化模型

（2）动量方程

液相的动量方程为

$$A(1-\alpha)\frac{\partial p}{\partial z} + \tau_{of} P_{hf} - \tau_i P_{hi} + \rho_f g(1-\alpha)A\sin\theta +$$

$$\frac{\partial}{\partial t}\left[\rho_f A(1-\alpha)u_f\right] + \frac{\partial}{\partial z}\left[\rho_f A(1-\alpha)u_f^2\right] + u_i \delta m = 0 \qquad (4-52)$$

式中　$\tau_i P_{hi}$——气、液间的剪切力；

　　　$u_i \delta m$——两相间的动量交换率；

　　　u_i——气、液界面上的流速。

用流道截面积 A 除以全式，即得

$$(1-\alpha)\frac{\partial p}{\partial z} + \frac{\tau_{of} P_{hf}}{A} - \frac{\tau_i P_{hi}}{A} + \rho_f g(1-\alpha)\sin\theta +$$

$$\frac{\partial}{\partial t}\left[\rho_f(1-\alpha)u_f\right] + \frac{1}{A}\frac{\partial}{\partial z}\left[\rho_f A(1-\alpha)u_f^2\right] + u_i \frac{\delta m}{A} = 0 \qquad (4-53)$$

同理，可得气相的动量方程

$$\alpha \frac{\partial p}{\partial z} + \frac{\tau_{og} P_{hg}}{A} + \frac{\tau_i P_{hi}}{A} + \rho_g g \alpha \sin\theta +$$

$$\frac{\partial}{\partial t}(\rho_g \alpha u_g) + \frac{1}{A}\frac{\partial}{\partial z}(\rho_g A \alpha u_g^2) - u_i \frac{\delta m}{A} = 0 \qquad (4-54)$$

壁面对气液两相流的阻力可定义为

$$\tau_o P_h = \tau_{of} P_{hf} + \tau_{og} P_{hg} \qquad (4-55)$$

式（4-53）和式（4-54）相加并整理得

$$\frac{\partial p}{\partial z} + \frac{\tau_o P_h}{A} + \rho_o g\sin\theta + \frac{\partial}{\partial t}\left[\rho_f(1-\alpha)u_f + \rho_g \alpha u_g\right] +$$

$$\frac{1}{A}\frac{\partial}{\partial z}\left[\rho_f A(1-\alpha)u_f^2 + \rho_g A \alpha u_g^2\right] = 0 \qquad (4-56)$$

因为

$$\rho_f (1 - \alpha) u_f = \frac{M_f}{A} = \frac{(1-x)M}{A} = (1-x)G \qquad (4-57)$$

$$\rho_g \alpha u_g = \frac{M_g}{A} = \frac{xM}{A} = xG \qquad (4-58)$$

将上两式代入式(4-56),即得分相流动模型的两相混合物动量方程的另一种表达式

$$-\frac{\partial p}{\partial z} = \frac{\tau_o P_h}{A} + \rho_o g \sin\theta + \frac{\partial G}{\partial t} + \frac{1}{A} \frac{\partial}{\partial z} \left\{ A G^2 \left[\frac{(1-x)^2}{\rho_f (1-\alpha)} + \frac{x^2}{\rho_g \alpha} \right] \right\} \qquad (4-59)$$

当两相混合物在等截面通道中稳定流动时,$\frac{\partial G}{\partial t} = 0$,$A$ 为常数,则动量方程为

$$-\frac{\mathrm{d}p}{\mathrm{d}z} = \frac{\tau_o P_h}{A} + \rho_o g \sin\theta + G^2 \frac{\mathrm{d}}{\mathrm{d}z} \left\{ \left[\frac{(1-x)^2}{\rho_f (1-\alpha)} + \frac{x^2}{\rho_g \alpha} \right] \right\} \qquad (4-60)$$

从上式可看出,压降梯度由三部分组成:摩阻、重位和加速压降梯度,即

$$-\frac{\mathrm{d}p}{\mathrm{d}z} = \frac{\mathrm{d}p_f}{\mathrm{d}z} + \frac{\mathrm{d}p_g}{\mathrm{d}z} + \frac{\mathrm{d}p_a}{\mathrm{d}z} \qquad (4-61)$$

(3)能量方程

依照单相流的能量方程,并考虑两相间的作用,当控制体对外不做功时,两相流中的液相能量方程为

$$\mathrm{d}Q_f = \frac{\partial}{\partial t} \left[\rho_f A (1-\alpha) \left(U_f + \frac{u_f^2}{2} \right) \right] \mathrm{d}z + \frac{\partial}{\partial z} \left[\rho_f A (1-\alpha) u_f \left(U_f + \frac{u_f^2}{2} \right) \right] \mathrm{d}z +$$

$$\frac{\partial}{\partial z} \left[p A (1-\alpha) u_f \right] \mathrm{d}z + \rho_f A (1-\alpha) u_f g \sin\theta \mathrm{d}z - u_i \tau_i P_{hi} \mathrm{d}z + \frac{u_i^2}{2} \delta m \mathrm{d}z - q_i P_{hi} \mathrm{d}z \qquad (4-62)$$

同理,气相的能量方程为

$$\mathrm{d}Q_g = \frac{\partial}{\partial t} \left[\rho_g A \alpha \left(U_g + \frac{u_g^2}{2} \right) \right] \mathrm{d}z + \frac{\partial}{\partial z} \left[\rho_g A \alpha u_g \left(U_g + \frac{u_g^2}{2} \right) \right] \mathrm{d}z +$$

$$\frac{\partial}{\partial z} (p A \alpha u_g) \mathrm{d}z + \rho_g A \alpha u_g g \sin\theta \mathrm{d}z + u_i \tau_i P_{hi} \mathrm{d}z - \frac{u_i^2}{2} \delta m \mathrm{d}z + q_i P_{hi} \mathrm{d}z \qquad (4-63)$$

以上两式相加即得两相混合物的能量方程

$$\mathrm{d}Q = \mathrm{d}Q_f + \mathrm{d}Q_g = \frac{\partial}{\partial t} \left[\rho_f A (1-\alpha) \left(U_f + \frac{u_f^2}{2} \right) + \rho_g A \alpha \left(U_g + \frac{u_g^2}{2} \right) \right] \mathrm{d}z +$$

$$\frac{\partial}{\partial z} \left[\rho_f A (1-\alpha) u_f \left(U_f + \frac{u_f^2}{2} \right) + \rho_g A \alpha u_g \left(U_g + \frac{u_g^2}{2} \right) \right] \mathrm{d}z +$$

$$\frac{\partial}{\partial z} \left[p A (1-\alpha) u_f + p A \alpha u_g \right] \mathrm{d}z + g \sin\theta \left[\rho_f A (1-\alpha) u_f + \rho_g A \alpha u_g \right] \mathrm{d}z \qquad (4-64)$$

考虑到关系式(4-57)和式(4-58),以及 $v_m = x v_g + (1-x) v_f$,上式改写成

$$\mathrm{d}Q = \mathrm{d}Q_f + \mathrm{d}Q_g = \frac{\partial}{\partial t} \left[\rho_f A (1-\alpha) \left(U_f + \frac{u_f^2}{2} \right) + \rho_g A \alpha \left(U_g + \frac{u_g^2}{2} \right) \right] \mathrm{d}z +$$

$$\frac{\partial}{\partial z} \left\{ G A \left[(1-x) \left(U_f + \frac{u_f^2}{2} \right) + x \left(U_g + \frac{u_g^2}{2} \right) \right] \right\} \mathrm{d}z +$$

$$G A \frac{\partial (p v_m)}{\partial z} \mathrm{d}z + G A g \sin\theta \mathrm{d}z \qquad (4-65)$$

稳定流动时,能量方程为

$$\mathrm{d}\dot{Q}_o = \mathrm{d}\left[(1-x)\left(U_f + \frac{u_f^2}{2}\right) + x\left(U_g + \frac{u_g^2}{2}\right)\right] + \mathrm{d}(pv_m) + g\sin\theta\mathrm{d}z \qquad (4-66)$$

或

$$\mathrm{d}\dot{Q}_o = \mathrm{d}\left[(1-x)U_f + xU_g\right] + \mathrm{d}\left[(1-x)\frac{u_f^2}{2} + x\frac{u_g^2}{2}\right] + \mathrm{d}(pv_m) + g\sin\theta\mathrm{d}z \qquad (4-67)$$

式中,$\dot{Q}$ 为加给每千克工质的热量,单位为 W/kg。

已知内能的增量可表示为

$$\mathrm{d}U = \mathrm{d}\dot{Q} - p\mathrm{d}v_m = \mathrm{d}\dot{Q}_o + \mathrm{d}F - p\mathrm{d}v_m \qquad (4-68)$$

式(4-67)右边第一项可表示成 $\mathrm{d}U$,则式(4-67)成为

$$\mathrm{d}\dot{Q}_o = \mathrm{d}\dot{Q}_o + \mathrm{d}F - p\mathrm{d}v_m + \mathrm{d}(pv_m) + \mathrm{d}\left[(1-x)\frac{u_f^2}{2} + x\frac{u_g^2}{2}\right] + g\sin\theta\mathrm{d}z \qquad (4-69)$$

即

$$-\frac{\mathrm{d}p}{\mathrm{d}z} = \rho_m\frac{\mathrm{d}F}{\mathrm{d}z} + \rho_m\frac{\mathrm{d}}{\mathrm{d}z}\left[x\frac{u_g^2}{2} + (1-x)\frac{u_f^2}{2}\right] + \rho_m g\sin\theta \qquad (4-70)$$

为了应用方便,现将上式的加速压降梯度变换为另一种形式。因为

$$u_g = \frac{xG}{\rho_g\alpha} \qquad (4-71)$$

$$u_f = \frac{(1-x)G}{\rho_f(1-\alpha)} \qquad (4-72)$$

代入式(4-70)后得

$$-\frac{\mathrm{d}p}{\mathrm{d}z} = \rho_m\frac{\mathrm{d}F}{\mathrm{d}z} + \rho_m g\sin\theta + \frac{\rho_m G^2}{2}\frac{\mathrm{d}}{\mathrm{d}z}\left[\frac{x^3}{\rho_g^2\alpha^2} + \frac{(1-x)^3}{\rho_f^2(1-\alpha)^2}\right] \qquad (4-73)$$

在以上的能量方程中,静压降梯度也由摩阻、重位和加速压降梯度三部分组成,但比较式(4-60)和式(4-73)可看出,在两个方程中各个对应项是不相同的。

应当注意,以上各节所讨论的各方程中的参数,如速度 u_f 和 u_g,以及空泡份额等都不是局部值,而是同一截面的平均值。

2. 均相流模型的基本方程

均相流模型是一种最简单的模型分析方法,其基本思想是通过合理地定义两相混合物的平均值,把两相流当作具有这种平均特性、遵守单相流体基本方程的均匀介质。这样,一旦确定了两相混合物的平均特性,便可应用所有的经典流体力学方法进行研究。均相流模型实际上是单相流体力学的拓延。这种模型的基本假设是:气液两相具有相同的流速;两相之间处于热力学平衡状态;可使用合理确定的单相摩阻系数表征两相流动。

(1)连续方程

由式(4-50)得

$$G = \frac{M}{A} = \rho_g u_g\alpha + \rho_f u_f(1-\alpha) = \mathrm{const} \qquad (4-74)$$

用每一项的质量份额作为权重函数去计算混合物的物性,从而获得计算均匀混合物物性的公式。

（2）动量方程

均相流的动量方程可写成三个压降梯度的形式，即

$$-\frac{dp}{dz} = \frac{dp_f}{dz} + \frac{dp_{el}}{dz} + \frac{dp_a}{dz} \qquad (4-75)$$

其中，加速压降梯度为

$$\frac{dp_a}{dz} = G^2 \frac{d}{dz}\left[\frac{x^2}{\rho_g \beta} + \frac{(1-x)^2}{\rho_f(1-\beta)}\right] \qquad (4-76)$$

上式还可以写成

$$\frac{dp_a}{dz} = G^2 \frac{dv_m}{dz} \qquad (4-77)$$

均相流的重位压降梯度为

$$\frac{dp_{el}}{dz} = \rho_m g \sin\theta \qquad (4-78)$$

经整理后，动量方程可表示为

$$-\frac{dp}{dz} = \frac{\tau_o P_h}{A} + \rho_m g \sin\theta + G^2 \frac{dv_m}{dz} \qquad (4-79)$$

（3）能量方程

在均相流模型中，式（4-73）可写成

$$-\frac{dp}{dz} = \rho_m \frac{dF}{dz} + \rho_m g \sin\theta + \frac{\rho_m G^2}{2} \frac{d}{dz}\left[\frac{x^3}{\rho_g^2 \beta^2} + \frac{(1-x)^3}{\rho_f^2(1-\beta)^2}\right] \qquad (4-80)$$

其中，加速压降梯度为

$$\frac{dp_a}{dz} = \frac{\rho_m G^2}{2} \frac{d}{dz}\left[\frac{x^3}{\rho_g^2 \beta^2} + \frac{(1-x)^3}{\rho_f^2(1-\beta)^2}\right] \qquad (4-81)$$

整理后得到式（4-77），最后可得到如下形式的均相流能量方程

$$-\frac{dp}{dz} = \rho_m \frac{dF}{dz} + \rho_m g \sin\theta + G^2 \frac{dv_m}{dz} \qquad (4-82)$$

比较式（4-79）和式（4-82）可见，在均相流模型中，动量方程与能量方程中各对应项是相同的。

4.3.4 两相流压降计算

对两相流动，压降问题的研究开展得最早、最为广泛。从20世纪40年代以来，人们对两相流的压降问题进行了广泛的实验研究，发表了大量的研究结果，提供了很多实验数据和计算方法。但是，由于影响两相流压降的因素繁多，没有一个关系式能够包含全部影响因素，且有些因素极难在经验关系式中表示。因此，尽管在两相流压降研究方面做了大量工作，但尚未得到十分准确和通用的计算关系式。

两相流在直管内流动的总压降一般都表示成三部分压降之和。三个压降分量的具体计算式随采用的分析模型而异，它反映了不同计算模型物理假定间的差别。在三个压降分量中，最难确定的是摩擦压降，这主要是因为影响摩擦压降的不确定因素太多，极难用一般的关系式描述这些影响因素。研究两相流摩擦压降梯度的传统方法是用一些专门定义的系数乘以相对应的单相摩擦压降梯度，这些系数称为"因子"或"倍率"。利用这些系数就可以由单相摩擦压降计算出两相摩擦压降。

1. 均相流模型的摩擦压降计算

（1）基本关系式

在均相流模型中，把两相流体看作一种均匀混合的介质，其物性参数是相应的两相流参数的平均值，由摩擦压降梯度的关系式

$$\frac{\mathrm{d}p_f}{\mathrm{d}z} = \frac{\tau_\mathrm{o} P_\mathrm{h}}{A} \tag{4-83}$$

可得在圆管单位截面上流体与壁面的摩擦阻力为

$$\mathrm{d}p_f = \frac{\pi D \tau_\mathrm{o}}{\pi D^2/4} \mathrm{d}z \tag{4-84}$$

$$\tau_\mathrm{o} = \frac{f}{4} \frac{\rho_m j^2}{2} \tag{4-85}$$

将式（4-85）代入式（4-84），得到

$$\frac{\mathrm{d}p_f}{\mathrm{d}z} = \frac{f}{D} \frac{\rho_m j^2}{2} \tag{4-86}$$

式中，j 为两相流的折算速度。

与两相流总质量流量相同的液体流过同一通道时的压降梯度为

$$\left(\frac{\mathrm{d}p_f}{\mathrm{d}z}\right)_\mathrm{fo} = \frac{f_\mathrm{fo}}{D} \frac{G^2}{2} \upsilon_\mathrm{f} \tag{4-87}$$

由式（4-86）和式（4-87）可得

$$\frac{\dfrac{\mathrm{d}p_f}{\mathrm{d}z}}{\left(\dfrac{\mathrm{d}p_f}{\mathrm{d}z}\right)_\mathrm{fo}} = \frac{f}{f_\mathrm{fo}}\left[1 + x\left(\frac{\upsilon_\mathrm{g}}{\upsilon_\mathrm{f}} - 1\right)\right] \tag{4-88}$$

方程式（4-88）左端定义为全液相折算系数，用 Φ_fo^2 表示，即

$$\Phi_\mathrm{fo}^2 = \frac{f}{f_\mathrm{fo}}\left[1 + x\left(\frac{\upsilon_\mathrm{g}}{\upsilon_\mathrm{f}} - 1\right)\right] \tag{4-89}$$

在上式中，如果能确定两相流的摩擦阻力系数 f，就很容易求出折算系数 Φ_fo^2。

在均相流模型中，计算两相流摩擦压降的最简单方法就是设定单相摩阻系数与两相摩阻系数相等，即 $f = f_\mathrm{fo}$。这样，折算系数 Φ_fo^2 只是通道内含气率 x 与压力的函数。这种方法可用于一些简单的估算。

（2）采用平均黏度计算摩擦阻力系数法

单相水的摩擦阻力系数一般可按布拉修斯公式计算

$$f_\mathrm{fo} = 0.3164 Re_\mathrm{f}^{-0.25} = 0.3164\left(\frac{GD}{\mu_\mathrm{f}}\right)^{-0.25} \tag{4-90}$$

从上式可以看出，与摩擦阻力系数有关的流体物性主要是黏度 μ_f。因此有很多人建议在计算两相流的摩擦阻力系数时，采用平均黏度来计算两相流的雷诺数。为此，提出了许多计算两相流平均黏度 $\bar{\mu}$ 的公式，其中，使用较多的为麦克达姆计算式：

$$\frac{1}{\bar{\mu}} = \frac{x}{\mu_\mathrm{g}} + \frac{(1-x)}{\mu_\mathrm{f}} \tag{4-91}$$

对于两相流体

$$f = 0.316 4Re^{-0.25} = 0.316 4\left(\frac{GD}{\bar{\mu}}\right)^{-0.25} \tag{4-92}$$

合并式(4-88)、式(4-89)、式(4-90)、式(4-91),得

$$\Phi_{fo}^2 = \left[1 + x\left(\frac{\upsilon_g}{\upsilon_f} - 1\right)\right]\left[1 + x\left(\frac{\mu_f}{\mu_g} - 1\right)\right]^{-0.25} \tag{4-93}$$

以气相摩擦压降作为基础,还可以得到全气相摩擦压降梯度$\left(\dfrac{\mathrm{d}p_f}{\mathrm{d}z}\right)_{go}$,它表示气相质量流量与两相流总质量流量相同时的气相摩擦压降梯度。则全气相折算系数可定义为

$$\Phi_{go}^2 = \frac{\mathrm{d}p_f}{\mathrm{d}z}\bigg/\left(\frac{\mathrm{d}p_f}{\mathrm{d}z}\right)_{go} \tag{4-94}$$

按全气相摩擦压降梯度的定义

$$\left(\frac{\mathrm{d}p_f}{\mathrm{d}z}\right)_{go} = \frac{f_{go}}{D}\frac{G^2}{2}\upsilon_g \tag{4-95}$$

气相的摩擦阻力系数仍按布拉修斯公式计算

$$f_{go} = 0.316 4Re_g^{-0.25} = 0.316 4\left(\frac{GD}{\mu_g}\right)^{-0.25} \tag{4-96}$$

全气相折算系数则可表示为

$$\Phi_{go}^2 = \frac{f}{f_{go}}\frac{\upsilon_f}{\upsilon_g}\left[1 + x\left(\frac{\upsilon_g}{\upsilon_f} - 1\right)\right] = \left(\frac{\mu_g}{\mu_f}\right)^{-0.25}\left[\frac{\upsilon_f}{\upsilon_g} + x\left(1 - \frac{\upsilon_f}{\upsilon_g}\right)\right] \tag{4-97}$$

利用式(4-91),上式可写为

$$\Phi_{go}^2 = \left[\frac{\upsilon_f}{\upsilon_g} + x\left(1 - \frac{\upsilon_f}{\upsilon_g}\right)\right]\left[\frac{\mu_g}{\mu_f} + x\left(1 - \frac{\mu_g}{\mu_f}\right)\right]^{-0.25} \tag{4-98}$$

在蒸发管两相流阻力计算中,以上公式中的x应取平均值。

2. 分相流模型的摩擦压降计算

两相流的摩擦压降最早是根据分相流模型研究的,因此按分相流模型整理出的两相流摩擦压降计算式很多,下面主要介绍几种典型的计算方法。

(1)洛克哈特-马蒂内里关系式(简称 L-M 法)

洛克哈特-马蒂内里研究了空气和不同液体在水平管道中绝热流动的摩擦压降。他们提出了分相流模型的想法,该模型主要有两点基本假设:

①两相之间无相互作用,气相压降等于液相压降,且沿管道径向不存在静压差;

②液相所占管道体积与气相所占管道体积之和等于管道的总体积。

根据以上假设,各相的压降梯度彼此相等,也等于两相流的摩擦压降梯度,即

$$\frac{\mathrm{d}p_f}{\mathrm{d}z} = \left(\frac{\mathrm{d}p_f}{\mathrm{d}z}\right)_f = \left(\frac{\mathrm{d}p_f}{\mathrm{d}z}\right)_g \tag{4-99}$$

定义分液相折算系数

$$\Phi_f^2 = \frac{\dfrac{\mathrm{d}p_f}{\mathrm{d}z}}{\left(\dfrac{\mathrm{d}p_f}{\mathrm{d}z}\right)_f} \tag{4-100}$$

和分气相折算系数

$$\Phi_{\text{g}}^2 = \frac{\dfrac{\mathrm{d}p_f}{\mathrm{d}z}}{\left(\dfrac{\mathrm{d}p_f}{\mathrm{d}z}\right)_{\text{g}}} \qquad (4-101)$$

式中，$\left(\dfrac{\mathrm{d}p_f}{\mathrm{d}z}\right)_{\text{f}}$ 和 $\left(\dfrac{\mathrm{d}p_f}{\mathrm{d}z}\right)_{\text{g}}$ 分别表示液相和气相单独流过同一管道时的摩擦压降梯度。它们的计算表达式分别为

$$\left(\frac{\mathrm{d}p_f}{\mathrm{d}z}\right)_{\text{f}} = \frac{f_{\text{f}}}{D}\frac{\rho_{\text{f}} j_{\text{f}}^2}{2} = \frac{f_{\text{f}}}{D}\frac{G^2(1-x)^2 v_{\text{f}}}{2} \qquad (4-102)$$

和

$$\left(\frac{\mathrm{d}p_f}{\mathrm{d}z}\right)_{\text{g}} = \frac{f_{\text{g}}}{D}\frac{\rho_{\text{g}} j_{\text{g}}^2}{2} = \frac{f_{\text{g}}}{D}\frac{G^2 x^2 v_{\text{g}}}{2} \qquad (4-103)$$

为了计算两相流的摩擦压降，洛克哈特和马蒂内里提出了下列参数：

$$X^2 = \frac{\left(\dfrac{\mathrm{d}p_f}{\mathrm{d}z}\right)_{\text{f}}}{\left(\dfrac{\mathrm{d}p_f}{\mathrm{d}z}\right)_{\text{g}}} \qquad (4-104)$$

根据式（4-100）和式（4-101），上式可表示成

$$X^2 = \frac{\Phi_{\text{g}}^2}{\Phi_{\text{f}}^2} \qquad (4-105)$$

图4-10所示是根据实验数据绘成的 Φ_{f}^2（或 Φ_{g}^2）与参数 X 以及截面含气率 α 与 X 的关系曲线。上述数据被分为四组，分组原则是看各相单独流过相同管径流道时是层流还是紊流而定，得

层流-层流（ll）：

$$Re_{\text{f}} = \frac{\rho_{\text{f}} j_{\text{f}} D}{\mu_{\text{f}}} \leqslant 1\,000 ; Re_{\text{g}} = \frac{\rho_{\text{g}} j_{\text{g}} D}{\mu_{\text{g}}} \leqslant 1\,000$$

层流-紊流（lt）：

$$Re_{\text{f}} \leqslant 1\,000 ; Re_{\text{g}} > 1\,000$$

紊流-层流（tl）：

$$Re_{\text{f}} > 1\,000 ; Re_{\text{g}} \leqslant 1\,000$$

紊流-紊流（tt）：

$$Re_{\text{f}} > 1\,000 ; Re_{\text{g}} > 1\,000$$

（2）马蒂内里-纳尔逊关系式

前面介绍的 L-M 法是根据双组分两相流的试验数据得到的。在这个基础上，马蒂内里和纳尔逊设法把 L-M 法推广应用于从大气压力到临界压力下的气-液混合物。他们假定两相流体均为紊流。在这种条件下，参数 X 用符号 X_{tt} 表示，其表达式可写成

$$X_{\text{tt}}^2 = \frac{f_{\text{f}}}{f_{\text{g}}}\left(\frac{1-x}{x}\right)^2 \frac{\rho_{\text{g}}}{\rho_{\text{f}}} \qquad (4-106)$$

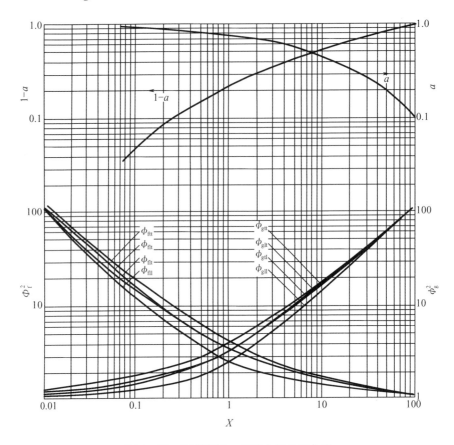

图 4 - 10 洛克哈特 - 马蒂内里关系曲线

利用布拉修斯公式,气相和液相的摩擦阻力系数比可表示成

$$\frac{f_{\rm f}}{f_{\rm g}} = \left(\frac{\mu_{\rm f}}{\mu_{\rm g}}\right)^{n} \left(\frac{1-x}{x}\right)^{-n} \tag{4-107}$$

因此

$$X_{\rm tt} = \left(\frac{1-x}{x}\right)^{(2-n)/2} \left(\frac{\mu_{\rm f}}{\mu_{\rm g}}\right)^{n/2} \left(\frac{\rho_{\rm g}}{\rho_{\rm f}}\right)^{1/2} \tag{4-108}$$

若取 $n = 0.2$,则得

$$X_{\rm tt} = \left(\frac{1-x}{x}\right)^{0.9} \left(\frac{\mu_{\rm f}}{\mu_{\rm g}}\right)^{0.1} \left(\frac{\rho_{\rm g}}{\rho_{\rm f}}\right)^{0.5} \tag{4-109}$$

合并式(4 - 87)、式(4 - 89)、式(4 - 100)和式(4 - 102),得全液相和分液相折算系数的关系

$$\Phi_{\rm fo}^{2} = \Phi_{\rm f}^{2} \frac{f_{\rm f}}{f_{\rm fo}} (1-x)^{2} \tag{4-110}$$

利用布拉修斯公式,分液相摩擦阻力系数与全液相摩擦阻力系数之比可表示为

$$\frac{f_{\rm f}}{f_{\rm fo}} = (1-x)^{-n} \tag{4-111}$$

若取 $n = 0.25$,将式(4 - 111)代入式(4 - 110)可得

$$\Phi_{\rm fo}^{2} = \Phi_{\rm f}^{2} (1-x)^{1.75} \tag{4-112}$$

若取 $n = 0.2$，将式（4-111）代入式（4-110）可得

$$\Phi_{fo}^2 = \Phi_f^2 (1 - x)^{1.8} \tag{4-113}$$

利用式（4-112）或式（4-113），便能实现分液相和全液相折算系数之间的互换。

马蒂内里和纳尔逊利用 L-M 曲线作为大气压力下的基准，而在临界参数状态时可看作单相流，中间压力的数值用内插法决定，并用戴维逊的气-液混合物实验数据进行校核。由此得到压力从 $0.1 \sim 22.12$ MPa，x 从 1% 到 100% 的分液相折算系数 Φ_f 与参数 X_{tt} 之间的一系列关系曲线，然后据此转换成全液相折算系数 Φ_{fo} 与质量含气率 x 的关系曲线，如图 4-11 所示。

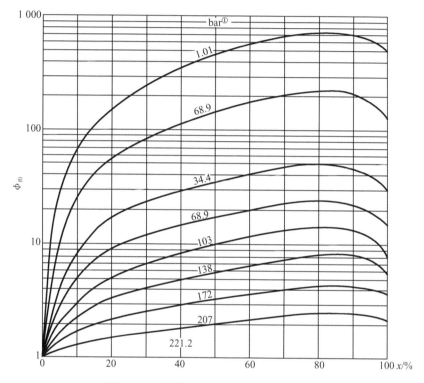

图 4-11 马蒂内里-纳尔逊关系曲线

注：$1\,\mathrm{bar} = 10^5\,\mathrm{Pa}$

对沿管长均匀受热的蒸发管，为了求得该管段的平均摩擦阻力压降 $\mathrm{d}p_f$，需要对两相段进行积分。由于在这种情况下，x 与管长 z 之间存在线性关系，故有

$$\overline{\Phi_{fo}^2} = \frac{\Delta p_f}{\Delta p_{fo}} = \frac{1}{L} \int_0^L \Phi_{fo}^2 \mathrm{d}z = \frac{1}{x_{out}} \int_0^{x_{out}} (1 - x)^{2-n} \Phi_f^2 \mathrm{d}x \tag{4-114}$$

对于气液系统，其积分结果表示在图 4-12 中。M-N 法应用相当广泛，但因只提供了曲线，故用起来不太方便。日本学者植田辰洋为 M-N 法提出了下列公式，两者符合得相当好，即

$$\frac{\Delta p_f}{\Delta p_{fo}} = 1 + 1.20 x_{out}^{0.75[1 + 0.01(\rho_f/\rho_g)^{1/2}]} \cdot \left[\left(\frac{\rho_f}{\rho_g} \right)^{0.8} - 1 \right] \tag{4-115}$$

当压力 $p > 0.68$ MPa 时，上式可用下列近似公式代替。

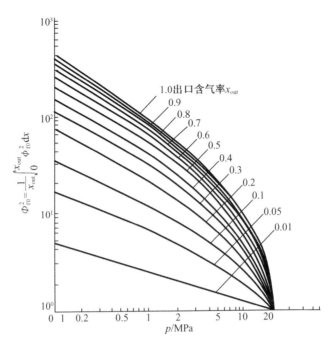

图 4 – 12　均匀受热通道的平均摩擦折算系数(M – N 法)

当 $x_{out} = 0 \sim 0.5$ 时,有

$$\frac{\Delta p_f}{\Delta p_{fo}} = 1 + 1.3x_{out}\left[\left(\frac{\rho_f}{\rho_g}\right)^{0.85} - 1\right] \qquad (4-116)$$

当 $x_{out} = 0.5 \sim 1.0$ 时,有

$$\frac{\Delta p_f}{\Delta p_{fo}} = 1 + x_{out}\left[\left(\frac{\rho_f}{\rho_g}\right)^{0.9} - 1\right] \qquad (4-117)$$

3. 质量流速对两相流摩擦压降的影响

在质量含气率相同的情况下,质量流速不同会得到不同的两相摩擦折算系数。这一点已被许多研究者所证明。在选用有关公式计算两相流摩擦折算系数时,应注意公式应用的质量流速范围。一般认为 M – N 法比较适用于低质量流速范围[$G < 1\,360\ kg/(m^2 \cdot s)$];在高质量流速范围[$G > 2\,000 \sim 2\,500\ kg/(m^2 \cdot s)$],采用均相模型较为适宜。

巴罗塞(Barozy)整理了大量的两相流实验数据,提出了计入质量流速影响的两相流摩擦阻力计算方法。他提出了两组曲线,其中第一组(图 4 – 13)是在质量流速不变并等于 $1\,356\ kg/(m^2 \cdot s)$ 的条件下,以质量含气率 x 为参数的两相流摩阻全液相折算系数 $\Phi_{fo(1356)}^2$ 与物性指数 $\left(\frac{\mu_f}{\mu_g}\right)^{0.2}\left(\frac{\rho_g}{\rho_f}\right)$ 的关系曲线;第二组曲线(图 4 – 14)为计入质量流速对全液相折算系数影响的修正系数 Ω 与物性指数 $\left(\frac{\mu_f}{\mu_g}\right)^{0.2}\left(\frac{\rho_g}{\rho_f}\right)$ 的关系曲线。两相流摩阻梯度按下式计算

$$\frac{dp_f}{dz} = \frac{f_{fo}}{D}\cdot\frac{G^2}{2\rho_f}\cdot\Omega\Phi_{f0(1356)}^2 \qquad (4-118)$$

式中, Φ_{fo}^2 和 Ω 可分别从图 4 – 13 和图 4 – 14 求得。

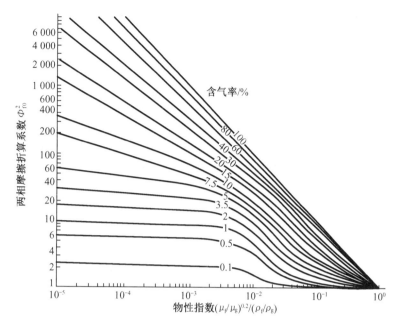

图 4 – 13 在 $G = 1\ 356\ \text{kg}/(\text{m}^2 \cdot \text{s})$ 时的摩擦折算系数

在图 4 – 13 和图 4 – 14 中,只提供了 5 种质量流速下的修正系数 Ω 值,其中图 4 – 13 中的 $\Omega = 1$。若计算中给定的质量流速 G 不同于图中所用的 5 种质量流速值,则可按与 G 最邻近的两个质量流速 G_1 和 $G_2 (G_1 < G < G_2)$,从图中查得 Ω_1 和 Ω_2,然后按下式求出所需的修正系数:

$$\Omega = \Omega_2 + \frac{\lg\left(\dfrac{G_2}{G}\right)}{\lg\left(\dfrac{G_2}{G_1}\right)}(\Omega_1 - \Omega_2) \tag{4 – 119}$$

4. 重位压降计算

（1）均相流模型

由前面的两相流基本方程知道,气液两相流体流过直管时的重位压降梯度为

$$\frac{\mathrm{d}p_{el}}{\mathrm{d}z} = \rho_0 g \sin\theta \tag{4 – 120}$$

在均相流模型中,两相的平均速度相等,故 $\alpha = \beta$,两相混合物的密度为

$$\rho_0 = \rho_m = \rho_g \beta + \rho_f (1 - \beta) \tag{4 – 121}$$

则重位压降为

$$\Delta p_{el} = \int_0^L \rho_0 g \sin\theta \mathrm{d}z = \int_0^L \left[\rho_g \beta + \rho_f (1 - \beta)\right] g \sin\theta \mathrm{d}z \tag{4 – 122}$$

均相流模型主要用于低质量含气率、高质量流速的情况。根据有关文献建议,只要符合下列条件之一,便可考虑采用均相模型,即

$$\frac{\rho_f}{\rho_g} \leqslant 100, D \leqslant 80\ \text{mm} \ \text{或} \ G \geqslant 200\ \text{kg}/(\text{m}^2 \cdot \text{s}) \tag{4 – 123}$$

但是当液相黏度 $\mu_g > 0.01\ \text{N} \cdot \text{s}/\text{m}^2$ 时,建议不采用均相模型。

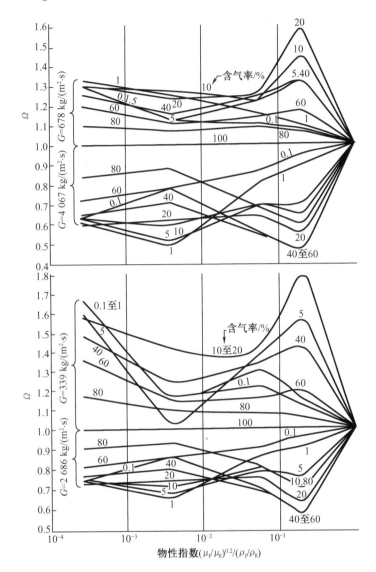

图 4-14 修正系数 Ω 和物性指数的关系

对于绝热的气-液两相流系统,式(4-122)可表示为

$$\Delta p_{el} = \left[\rho_g \beta + \rho_f (1-\beta)\right] g L \sin\theta \tag{4-124}$$

对于沿管长均匀加热的情况,对式(4-122)积分后可求得重位压降

$$\Delta p_{el} = \frac{g\sin\theta L}{x_e(\upsilon_g - \upsilon_f)} \ln\left[1 + x_e\left(\frac{\upsilon_g}{\upsilon_f} - 1\right)\right] \tag{4-125}$$

对于沿管长非均匀加热的情况,管内含气率变化与加热方式有关,重位压降应根据具体的加热方式求得。

(2)分相流模型

由分相流模型的动量方程可得重位压降的计算式

$$\Delta p_{el} = \int_0^L \rho_0 g\sin\theta \mathrm{d}z = \int_0^L \left[\rho_g \alpha + \rho_f (1-\alpha)\right] g\sin\theta \mathrm{d}z \tag{4-126}$$

重位压降与两相流的密度沿通道长度变化有关,即与通道的加热方式有关。对于绝热通道,α 沿通道长度不变,则重位压降为

$$\Delta p_{el} = \left[\rho_g \alpha + \rho_f (1 - \alpha) \right] g \sin\theta L \qquad (4-127)$$

在均匀加热情况下有 $z/L = x/x_{out}$,则 $dz = (L/x_{out})dx$,式(4-126)可表示为

$$\Delta p_{el} = \frac{L}{x_{out}} g \sin\theta \int_0^{x_{out}} \left[\rho_f + \alpha(\rho_g - \rho_f) \right] dx \qquad (4-128)$$

如果已知 α 与 x 的关系,上式可积分求解。由截面含气率的基本关系式

$$\alpha = \frac{x}{x + (1-x)\dfrac{\rho_g}{\rho_f}S}$$

令 $\dfrac{\rho_g}{\rho_f}S = \psi$,则

$$\alpha = \frac{x}{\psi + (1-\psi)x} \qquad (4-129)$$

把这一关系式代入式(4-128),得到

$$\Delta p_{el} = g\sin\theta L\rho_f + g\sin\theta(\rho_g - \rho_f)\frac{L_B}{x_{out}}\int_0^{x_{out}} \frac{x}{\psi + (1-\psi)x} dx$$

$$= g\sin\theta L\rho_f - \frac{\rho_f - \rho_g}{1-\psi} g\sin\theta L_B \left\{ 1 - \frac{\psi}{(1-\psi)x_{out}} \ln\left[1 + \left(\frac{1}{\psi} - 1\right)x_{out} \right] \right\} \qquad (4-130)$$

5. 加速压降计算

(1)均相流模型

由加速压降的方程式(4-76)知道,对于等截面通道,稳定流动时两相流的加速压降为

$$\frac{dp_a}{dz} = \frac{1}{A}\frac{d}{dz}\left\{ AG^2\left[\frac{(1-x)^2}{\rho_f(1-\beta)} + \frac{x^2}{\rho_g\beta} \right] \right\} \qquad (4-131)$$

加速压降可写成

$$\Delta p_a = G^2\left\{ \left[\frac{(1-x_2)^2}{\rho_f(1-\beta_2)} + \frac{x_2^2}{\rho_g\beta_2} \right] - \left[\frac{(1-x_1)^2}{\rho_f(1-\beta_1)} + \frac{x_1^2}{\rho_g\beta_1} \right] \right\} \qquad (4-132)$$

式中,x_1,β_1 和 x_2,β_2 分别表示对应于位置 z_1 和 z_2 的质量含气率和体积含气率。

若所研究的管段入口为饱和液体$(x=0)$,沿管段长度有热量输入,出口含气率为 x_{out},则式(4-132)可写成

$$\Delta p_a = G^2\left[\frac{(1-x_{out})^2}{\rho_f(1-\beta_{out})} + \frac{x_{out}^2}{\rho_g\beta_{out}} - \frac{1}{\rho_f} \right] \qquad (4-133)$$

代入 β_{out} 与 x_{out} 之间的关系,上式成为

$$\Delta p_a = G^2\left[x_{out}\left(\frac{1}{\rho_g} - \frac{1}{\rho_f} \right) \right] \qquad (4-134)$$

从以上的表达式可以看出,一个管段的加速压降只与管段的进出口密度有关,即只与气相含量有关,而与含气量沿管道的变化方式无关。因此,在等截面的加热通道内,加速压降只与进出口的含气率有关,而与沿管道的加热方式无关。

(2)分相流模型

对于分相流模型,式(4-60)给出了稳定流动时等截面通道的加速压降梯度

$$\frac{\mathrm{d}p_a}{\mathrm{d}z} = \frac{1}{A} \frac{\mathrm{d}}{\mathrm{d}z} \left\{ AG^2 \left[\frac{(1-x)^2}{\rho_f(1-\alpha)} + \frac{x^2}{\rho_g\alpha} \right] \right\} \tag{4-135}$$

将上式积分后可得到两相流从位置 z_1 流到 z_2 的加速压降

$$\Delta p_a = G^2 \left\{ \left[\frac{(1-x_2)^2}{\rho_f(1-\alpha_2)} + \frac{x_2^2}{\rho_g\alpha_2} \right] - \left[\frac{(1-x_1)^2}{\rho_f(1-\alpha_1)} + \frac{x_1^2}{\rho_g\alpha_1} \right] \right\} \tag{4-136}$$

式中,下角标 1 表示 z_1 处的参数;下角标 2 表示 z_2 处的参数。

若计算的管段入口为饱和液体($x=0$),出口质量含气率为 x_{out} 的通道,则上式可写成

$$\Delta p_a = G^2 \left[\frac{(1-x_{\mathrm{out}})^2}{\rho_f(1-\alpha_{\mathrm{out}})} + \frac{x_{\mathrm{out}}^2}{\rho_g\alpha_{\mathrm{out}}} - \frac{1}{\rho_f} \right] \tag{4-137}$$

4.4 自 然 循 环

4.4.1 自然循环工作特点

自然循环是指在闭合回路内依靠冷段(向下流)和热段(向上流)中的流体密度差在重力作用下所产生的驱动压头来推动的流动循环。对于一回路系统来说,如果堆芯结构和管道系统设计得合理,就能够利用这种驱动压头推动冷却剂在一回路中循环,并带出堆内产生的热量(裂变热或衰变热)。不论是单相流动系统还是两相流动系统,产生自然循环的原理都是相同的。

计算一回路系统总压降通常采取的步骤是:先根据冷却剂在回路中的受热情况(加热、冷却、等温)把回路系统划分成若干段,计算出每一段内的各种压降之和,然后再把各段的压降相加,即得到整个一回路系统的总压降。假设把一回路系统划分成 i 段,则总压降的计算表达式为

$$\Delta p_t = \sum_i (\Delta p_{el} + \Delta p_f + \Delta p_c + \Delta p_a)_i \tag{4-138}$$

式中,Δp_g,Δp_f,Δp_c 和 Δp_a 压降分别为提升压降、摩擦压降、形阻压降和加速压降。

在反应堆冷却剂泵(主泵)运行时,总压降由主泵提供的驱动压头 Δp_D 克服,即

$$\Delta p_t = \Delta p_D$$

当主泵停止运行后,系统进入自然循环状态,这时回路的总压降为零,即

$$\sum_i (\Delta p_{el} + \Delta p_f + \Delta p_c + \Delta p_a)_i = 0 \tag{4-139}$$

在闭合回路中,加速度压降之和为零,所以上式可简化为

$$-\sum_i \Delta p_{el,i} = \sum_i (\Delta p_f + \Delta p_c)_i \tag{4-140a}$$

若用 $\Delta p_{D,N} = -\sum_i \Delta p_{g,i}$ 表示自然循环即驱动压头,用 Δp_{up} 和 Δp_{down} 分别表示上升段和下降段内的压力损件之和,则式(4-140a)可以改写为

$$\Delta p_{D,N} = \Delta p_{\mathrm{up}} + \Delta p_{\mathrm{down}} \tag{4-140b}$$

在自然循环回路中,由流体提升压降所提供的驱动压头完全用于克服回路中的流动阻力。如果驱动压头比给定流量下的系统压力损失小,则流量就自动降低,直到建立起另一个新的平衡工况为止,通常把克服上升段压力损失后的剩余驱动压头称为有效压头,用 Δp_e

表示,即

$$\Delta p_e = \Delta p_{D,N} - \Delta p_{up} \tag{4-141}$$

若采用均相流模型进行压降计算,则由式(4-87)~式(4-89)可得

$$\Delta p_{f,i} = f_{fo}\frac{\Delta z}{D_e}\frac{M^2}{2\rho_f A^2} \times \Phi_{fo}^2 \tag{4-142}$$

$$\Delta p_{c,i} = \left(\xi\frac{M^2}{2\rho_f A^2}\right)_i \tag{4-143}$$

$$\Delta p_{el,i} = (\bar{\rho}g\Delta z\sin\theta)_i \tag{4-144}$$

将式(4-141)~式(4-143)代入式(4-140)得

$$-\sum_i (\bar{\rho}g\Delta z\sin\theta)_i = \sum_i \left(f_{fo}\frac{\Delta z}{D_e}\frac{M^2}{2\rho_f A^2}\Phi_{fo}^2 + \xi\frac{M^2}{2\rho_f A^2}\right)_i \tag{4-145a}$$

在稳态工况下,自然循环流量为常数,所以上式可简化为

$$-\sum_i (\bar{\rho}g\Delta z\sin\theta)_i = \left[\sum_i \left(f_{fo}\frac{\Delta z}{D_e}\frac{1}{2\rho_f A^2}\Phi_{fo}^2 + \xi\frac{1}{2\rho_f A^2}\right)_i\right]M^2 \tag{4-145b}$$

令

$$\sum_i \left(f_{fo}\frac{\Delta z}{D_e}\frac{\Phi_{fo}^2}{2\rho_f A^2} + \xi\frac{1}{2\rho_f A^2}\right)_i = \frac{C_{PR}}{2\bar{\rho}} \tag{4-146}$$

其中,C_{PR}是堆芯和一回路的总阻力系数,单位为$1/m^4$。若$C_{PR} = $常数,则上式变为

$$\Delta p_{D,N} = -\sum_i (\bar{\rho}g\Delta z\sin\theta)_i = \frac{C_{PR}M^2}{2\bar{\rho}} \tag{4-147}$$

为计算驱动压头,需要确定堆芯和一回路中每一分段的冷却剂平均密度和高度变化。为了简单起见,把反应堆及一回路分成六部分,即堆芯(热源)、上腔室、一回路热管段、热交换器或蒸汽发生器(热阱)、一回路冷管段和下腔室。如图4-15所示。

设堆芯进口标高为$z_{c,in}$,出口标高为$z_{c,out}$;热交换器进口标高为$z_{h,in}$,出口标高为$z_{h,out}$。如果忽略回路压力变化对冷却剂密度的影响,就可以用ρ_o代表堆芯出口到热交换器进口之间的冷却剂密度,用ρ_i代表热交换器出口到堆芯进口之间的冷却剂密度。又假定堆芯内和热交换器内冷却剂密度为线性变化,即

$$\rho_c = \frac{\rho_i + \rho_o}{2} = \bar{\rho}_h \tag{4-148}$$

这样式(4-147)变为

$$\Delta p_{D,N} = -\sum_i (\bar{\rho}g\Delta z\sin\theta)_i \tag{4-149}$$

$$= -g\left[\frac{1}{2}(\rho_i + \rho_o)(z_{c,out} - z_{c,in}) + \rho_o(z_{h,in} - z_{c,out}) + \frac{1}{2}(\rho_i + \rho_o)(z_{h,out} - z_{h,in}) + \rho_i(z_{c,in} - z_{h,out})\right]$$

$$= g(\rho_i - \rho_o)\left[\frac{1}{2}(z_{h,out} + z_{h,in}) - \frac{1}{2}(z_{c,out} + z_{c,in})\right]$$

$$= g(\rho_i - \rho_o)(\bar{z}_h - \bar{z}_c)$$

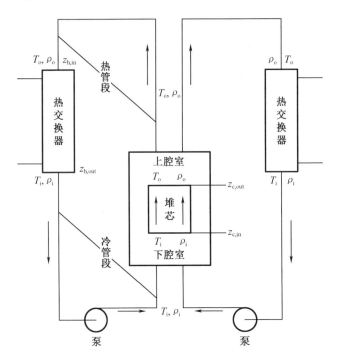

图 4 - 15 反应堆一回路简化流程

由式(4 - 149)可以得出建立自然循环(即产生驱动压头)的必要条件是:

(1)系统必须在重力场内;

(2)系统中必须有热阱(即热交换器)和热源(堆芯)之间的高度差(热阱在上,热源在下);

(3)系统中的流体必须存在密度差。

下面根据堆芯热功率 P_t 来求密度差。堆芯冷却剂的平均体积膨胀系数与密度差存在下面的关系。

$$\rho_o - \rho_i = -\bar{\alpha}_V \bar{\rho}(T_o - T_i) \qquad (4 - 150)$$

由热平衡可以得到

$$P_t = M \bar{c}_p (T_o - T_i) \qquad (4 - 151)$$

将式(4 - 150)和式(4 - 151)合并后可得

$$\rho_i - \rho_o = \frac{\bar{\alpha}_V \bar{\rho} P_t}{M \bar{c}_p} \qquad (4 - 152)$$

将式(4 - 152)代入式(4 - 149)可得

$$\Delta p_{D,N} = \frac{P_t g \bar{\rho} \bar{\alpha}_V}{M \bar{c}_p}(\bar{z}_h - \bar{z}_c) \qquad (4 - 153)$$

将式(4 - 153)代入式(4 - 147)得

$$\frac{P_t g \bar{\rho} \bar{\alpha}_V}{M \bar{c}_p}(\bar{z}_h - \bar{z}_c) = \frac{C_{PR} M^2}{2\bar{\rho}} \qquad (4 - 154)$$

由式(4 - 154)可以解得稳态自然循环流量和自然循环功率、热阱与热源的高度差以及堆芯和一回路的总阻力系数 C_{PR} 的关系:

$$M = \left[\frac{2\,\bar{\rho}^2 P_t g\,\bar{\alpha}_V}{\bar{c}_p C_{PR}}(\bar{z}_h - \bar{z}_c)\right]^{\frac{1}{3}} \qquad (4-155)$$

从式(4-155)可以看到,自然循环流量与 P_t 的 1/3 次方成正比,与冷热段高度差的1/3次方成正比,与回路阻力系数的 1/3 次方成反比。

将式(4-155)代入式(4-151)可以得到通过堆芯的冷却剂的温升:

$$T_o - T_i = \left(\frac{P_t}{\bar{\rho}\bar{c}_p}\right)^{\frac{2}{3}}\left[\frac{C_{PR}}{2g\,\bar{\alpha}_V(\bar{z}_h - \bar{z}_c)}\right]^{\frac{1}{3}} \qquad (4-156)$$

从式(4-156)可以看到,堆芯功率一定时,流过堆芯冷却剂温升随热阱与热源高度差的增加而减小。

还应该注意到,当反应堆一回路处于自然循环状态时,由于所能产生的驱动压头比较小,因此有多种因素可能导致自然循环能力减小或中断。例如,回路中的阻力过大或冷热流体的密度差太小,或者是蒸汽发生器二次侧的冷却能力过强,或者是堆芯中产生了蒸汽,并积存在压力容器上腔室,使热段管口裸露出水面,或者在蒸汽发生器倒 U 形管顶部积存了较多气体等。

4.4.2　自然循环流量的确定

反应堆内自然循环的计算,其主要任务是确定自然循环流量和自然循环能带出的热量。通常把依靠自然循环流量所传输的功率占堆的额定功率的百分比称为自然循环能力。自然循环能力是评价一个反应堆安全性的重要指标,对于舰船核动力,较大的自然循环能力可保证在主泵停转的情况下仍具有一定的航行能力。

自然循环流量的确定是一个比较复杂的问题,一般有两种方法,即差分法和图解法。差分法所用的方程为

$$\sum_{i=1}^{n} g\,\bar{\rho}_i \Delta z - \sum_{i=n+1}^{2n} g\,\bar{\rho}_i \Delta z = \sum_{i=1}^{2n}\frac{C_{fi}\bar{\rho}_i u_i^2}{2} \qquad (4-157)$$

式中　C_{fi}——第 i 段阻力系数;

　　　u_i——第 i 段的平均流速;

　　　$\bar{\rho}_i$——第 i 段的平均密度 $\bar{\rho}_i$,可由差分方程求解。

用以上方法计算自然循环流量需用迭代的方法,即先假定一个流量,根据释热量,计算相应各段的密度,由式(4-157)算出流量后,与所设流量比较,如果与所设不符,则重新设定流量。选取一系列流量,经过若干次这样的计算,直至假设的流量与算出的流量相等,或两者的差小于某一规定值时为止。

自然循环流量的另外一种确定方法是采用图解方法。由于闭合系统的有效压头和下降段的压头都是系统流量的函数,因此,当上升段内的释热量及其分布以及系统的结构尺寸确定后,式(4-157)通过改变系统水流量的办法可以得到不同流量下的有效压头 Δp_e;这样就可以在坐标系中画出有效压头随流量变化的曲线,如图 4-16 所示。

用同样的办法,在同一坐标系下还可以画出下降段的压降 Δp_{down} 与流量的关系。由于上升段和下降段的压力损失都随着流量的增大而增大,因此,有效压头随着流量的增大而下降。下降段的压降随流量的增大而增大,当 $\Delta p_e = \Delta p_{down}$ 时表明有效压头全部用于克服下降段的压力损失,曲线的交点就是自然循环的工作点。

4.4.3 自然循环在核电站中的应用

1. 非能动余热排出系统

非能动余热排出系统的作用是在反应堆事故停堆后,不依靠外界驱动力,通过回路工质的自然循环可靠地导出堆芯余热,将反应堆停堆后的余热输送到最终热阱,以防止燃料包壳烧毁和堆芯熔化,确保事故工况下系统的安全。

从 20 世纪 80 年代开始,以美国西屋公司为代表,世界各国开始研究非能动安全技术,针对非能动余热排出系统,提出了多种设计方案,取得了大量研究成果。目前,非能动余热排出系统不仅在新一代核电站

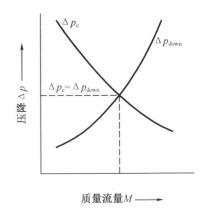

图 4 – 16　自然循环水流量图解法

的设计中得到应用,同时也被用于核动力舰船的设计之中。目前获得应用的设计方案主要有以下两种:

(1)将主冷却剂从主回路引出,通过换热设备将冷却剂载热排到最终热阱;

(2)通过换热设备将蒸汽发生器二次侧工质的载热输送到最终热阱。

AP1000 采用的是前一种方案,系统如图 4 – 17 所示,由一台非能动余热排出换热器和相关的阀门、管道和仪表组成。换热器浸没在安全壳内部的换料水箱内,其工作压力为反应堆冷却剂系统压力。换热器的入口连接到反应堆冷却剂系统的热管段,在换热器到主回路冷管段的出口管上装有两个并联、常闭的气动流量控制阀,该阀门可以在失去气压或接收到动作控制信号时打开。换热器的位置比主回路高,以保证回路在主冷却剂泵失效时的自然循环能力。

在反应堆发生失水事故或全厂断电造成主泵失效时,反应堆主冷却剂依靠自然循环将堆芯的余热带到非能动余热排出换热器,并依靠换热管的换热和换料水箱内过冷水或饱和水的对流换热或沸腾换热将热量排出。非能动余热排出系统以反应堆换料水箱内的水作为最终热阱,水箱内水沸腾产生的蒸汽在安全壳上凝结,冷凝水在重力作用下返回换料水箱,保证非能动冷却系统的余热排出能力。

2. 安全壳非能动热量导出系统

安全壳非能动热量导出系统的作用是当反应堆一回路系统发生 LOCK,MSLB 等严重事故时,保证安全壳内温度、压力不超过设计许用范围,从而保持安全壳的完整性。目前针对钢 – 混凝土安全壳和混凝土 – 混凝土安全壳设计的非能动热量导出系统虽然采用了不同的设计理念,但都使用了自然循环技术。

AP1000 采用的非能动安全壳热量导出系统如图 4 – 18 所示,主要针对钢 – 混凝土安全壳进行设计,以钢安全壳本身作为热量导出界面,通过钢壳外部的液膜蒸发和空气自然循环将热量导出。喷淋水来自混凝土安全壳上方布置的贮水箱,在事故工况下由重力作用向钢壳表面进行喷淋,形成液膜;而钢安全壳和混凝土安全壳之间的空气导流板以及安全壳上部的空气出口使两层安全壳之间的气体与外部大气之间形成了一个自然循环系统,依靠气体的流动将热量带入大气。

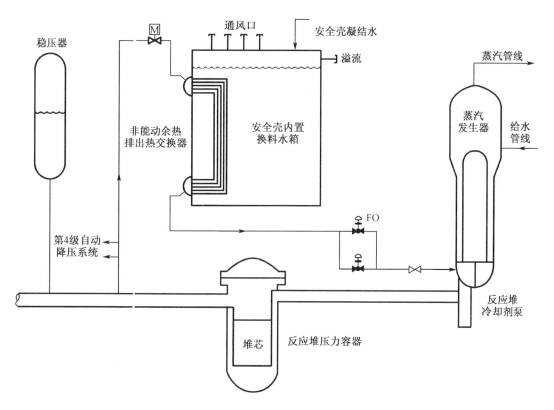

图 4 – 17　AP1000 非能动余热排出系统示意图

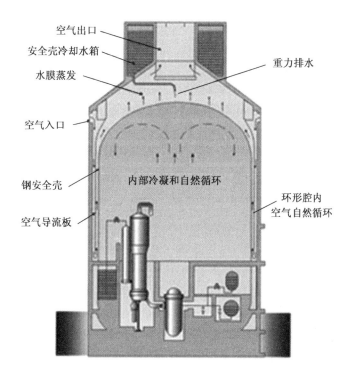

图 4 – 18　AP1000 安全壳非能动冷却示意图

我国自主研发的"华龙一号"核电机组针对混凝土－混凝土安全壳设计的非能动热量导出系统如图4－19所示。该系统整体采用开式自然循环设计,主要由内部换热器、高位水箱以及相关的管路和阀门组成。针对混凝土安全壳导热系数很低的问题,在承压安全壳内部设置了多组集管式换热器,通过管路系统与安全壳外部的高位水箱相连。当事故发生时,换热器内部的水被安全壳内的混合气体加热,依靠下降和上升管段的密度差产生自然循环,将热量导入高位水箱,水箱内部温度上升至饱和温度时,可通过水的蒸发将热量带入大气。

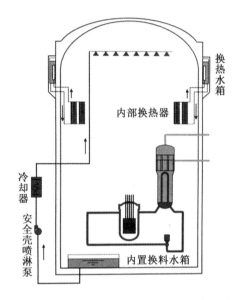

图4－19 "华龙一号"安全壳非能动冷却示意图

4.5 临界流动

4.5.1 两相临界流动

在图4－20的流动系统中,如果上游压力 p_0 保持不变,则当背压 p_b 低于 p_0 时(图中的曲线1),流动就开始了,并在 p_0 与出口压力 p_e 之间建立起一个压力梯度,这时 p_e 等于 p_b。当 p_b 进一步降低时,流量增加(曲线2), p_e 等于变化后的 p_b。这个关系一直维持到出口处流体的速度等于该处温度和压力下的声速为止,此时 p_e 仍等于 p_b,而流量已达到最大值(曲线3)。此后, p_e 和出口流量将不会随着 p_b 的进一步降低而改变(曲线4和5),这时的流动就叫作临界流动,它的定义是:当系统某一部分中的流动,不受在一定范围内变化的下游条件影响时,就称为临界流动。

两相临界流动对于核反应堆的安全分析是很重要的。核反应堆的最大可信事故是主冷却剂管路断裂。这时高温的冷却剂从15～16 MPa的压力下降到大气压附近,会引起冷却剂的突然汽化和两相流动。这种破裂会导致冷却剂的迅速丧失,使活性区暴露在蒸汽环境

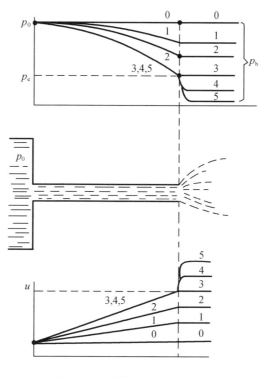

图 4 – 20 单相临界流示意图

中。在这种情况下，如果不及时采取有效措施，就可能导致活性区熔化。在这一过程中，破口处的流动处于临界流状态，研究这一过程的临界流量与系统内其他参数的关系，对分析失水事故的影响有重要意义。因此，计算此时临界两相流系统的流量，对于确定事故危害程度和原因，以及事故冷却系统的设计都是十分重要的。

　　单相流体的临界流动问题，已经从理论和实验两个方面做了很深入的研究，并且在很多工程实际当中得到应用。两相临界流动的研究工作开展得比较晚，主要是从实验研究和理论探讨两种途径进行。早期的研究工作是从锅炉、蒸发器设计中所遇到的实际问题出发，后来，随着核反应堆的出现，由于安全分析的需要，对两相临界流的研究逐渐引起了重视，公开了大量的实验报告和理论分析模型。

4.5.2　长孔道内两相临界流

　　对于两相流体，如果在流道的某个断面上有一个压力扰动，那么这个压力波在气相和液相中的传播速度是不一样的，在液相中的传播速度要大大超过在气相中的传播速度。而临界质量流量取决于孔口处气相和液相各自所占的比例，亦即取决于孔口处流体的密度。由于两相之间存在着热力不平衡状态（如蒸发滞后，流体过热等），以及两相之间存在滑移、质量交换、动量交换和能量交换等，这些因素都直接影响临界流动，因而使两相临界流的研究比单相临界流复杂得多。

　　在长孔道内，两相流体停留的时间足够长，两相之间容易达到热力平衡，可以用基本方程确定流动问题。下面我们介绍三种计算长孔道两相临界流量的方法。

1. 平衡均相流模型

在两相临界流的研究中,提出过不少流动模型,其中最简单的是平衡均相流模型。在这种流动模型中,假定两相流各处已达到相平衡或热力学平衡,而且两相间无相对运动。

为了计算临界流量,应用可压缩流体在水平管中的一元稳定流动方程,并假定流体对外不做功且与外界无热交换。在这种情况下,连续方程为

$$M = \rho A u \tag{4-158}$$

动量方程为

$$\rho u \, du + dp = 0 \tag{4-159}$$

求连续方程对 p 的导数

$$\frac{dM}{dp} = Au \frac{d\rho}{dp} + A\rho \frac{du}{dp} + \rho u \frac{dA}{dp} \tag{4-160}$$

对于等截面管段,$\dfrac{dA}{dp} = 0$,则上式简化为

$$\frac{dG}{dp} = u \frac{d\rho}{dp} + \rho \frac{du}{dp} \tag{4-161}$$

将式(4-159)代入式(4-161)得

$$\frac{dG}{dp} = u \frac{d\rho}{dp} - \frac{1}{u} \tag{4-162}$$

按临界流的定义,可压缩流体通过管道时达到临界流量的条件应为

$$\left(\frac{dG}{dp} \right)_s = 0 \tag{4-163}$$

式中下角标 s 表示此过程为等熵过程。合并式(4-162)与式(4-163)得临界质量流速

$$G_c^2 = \rho^2 \frac{dp}{d\rho} \tag{4-164}$$

上式可转化成如下常见形式

$$G_c^2 = G_{max}^2 = -\frac{dp}{d\upsilon} \tag{4-165}$$

式中,p 和 υ 分别为管道出口端的压力和比体积。

两相流比体积可按均相流计算,即

$$\upsilon_m = \upsilon_f (1 - x) + \upsilon_g x \tag{4-166}$$

求两相比体积对压力的导数

$$\left(\frac{d\upsilon}{dp} \right)_s = x \left(\frac{d\upsilon_g}{dp} \right)_s + (\upsilon_g - \upsilon_f) \left(\frac{dx}{dp} \right)_s + (1 - x) \left(\frac{d\upsilon_f}{dp} \right)_s \tag{4-167}$$

若把两相流体当作单相流处理,则将式(4-167)代入式(4-165)后得

$$G_c = G_{max} = \left[\frac{-1}{x \left(\dfrac{d\upsilon_g}{dp} \right)_s + (\upsilon_g - \upsilon_f) \left(\dfrac{dx}{dp} \right)_s + (1 - x) \left(\dfrac{d\upsilon_f}{dp} \right)_s} \right]^{\frac{1}{2}} \tag{4-168}$$

在计算时,热力学参数可从水蒸气表中查得,导数可用差分来近似计算,如 $\dfrac{d\upsilon_g}{dp} \approx \dfrac{\Delta \upsilon_g}{\Delta p}$。

为了便于应用,有文献中给出了确定气液混合物临界质量流速 G_c 的线算图,如图 4-21 所示,图中 η_g 表示临界流量的试验值与均相流模型计算值之比。可以看出,按这种流动模型计算所得的计算值一般都偏低,尤其是当出口干度很低时。

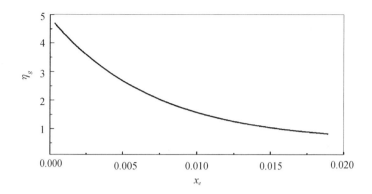

图 4 – 21 两相临界流量与平衡均相流模型的计算值之比

对于长管,由于有足够的时间达到热力学平衡,故用上述方法计算时误差不大,但对于短管,由于流过的时间很短,故误差很大,一般计算值约为试验值的 1/5。

有些研究表明,在大于 2.12 MPa 的高压范围且管长超过 0.3 m 的条件下,采用平衡均相模型的临界流量计算值与试验结果基本相符。

2. 福斯克模型

福斯克(Fauske)从动量方程出发,分析了两相流通过长孔道内的临界流动,从而导出了两相流的临界质量流速的一般计算式。其假设条件为:

(1)气相和液相以不同的平均速度沿流道运动,两相之间存在相对滑移;

(2)沿整个流道两相处于热力平衡状态;

(3)当发生临界流动时,在给定流量和含气率的条件下,出口处压力梯度达到有限最大值。

在等熵流动条件下,气相和液相的流动压降相同,其动量微分方程可以分别写成如下形式:

$$\mathrm{d}(pA_\mathrm{f}) + \mathrm{d}(\rho_\mathrm{f}A_\mathrm{f}u_\mathrm{f}^2) = 0 \tag{4 – 169}$$

和

$$\mathrm{d}(pA_\mathrm{g}) + \mathrm{d}(\rho_\mathrm{g}A_\mathrm{g}u_\mathrm{g}^2) = 0 \tag{4 – 170}$$

对于等截面通道,$\mathrm{d}A = 0$,于是式(4 – 169)和式(4 – 170)相加可得到两相流动量方程

$$\mathrm{d}p = -\frac{1}{A}\mathrm{d}[(\rho_\mathrm{f}A_\mathrm{f}u_\mathrm{f}^2) + (\rho_\mathrm{g}A_\mathrm{g}u_\mathrm{g}^2)] \tag{4 – 171}$$

根据分相流模型的连续方程得

$$\mathrm{d}p = -\left(\frac{M}{A}\right)^2 \mathrm{d}\left[\frac{(1-x)^2}{1-\alpha}v_\mathrm{f} + \frac{x^2}{\alpha}v_\mathrm{g}\right] \tag{4 – 172}$$

式中,$\left[\dfrac{(1-x)^2}{1-\alpha}v_\mathrm{f} + \dfrac{x^2}{\alpha}v_\mathrm{g}\right] = v_M$ 为动量平均比体积,式(4 – 172)可以写成

$$\mathrm{d}p = -\left(\frac{M}{A}\right)^2 \mathrm{d}v_M \tag{4 – 173}$$

$$\left(\frac{M}{A}\right)^2 = -\frac{\mathrm{d}p}{\mathrm{d}v_M} = -\frac{1}{\dfrac{\mathrm{d}v_M}{\mathrm{d}p}} \tag{4 – 174}$$

由于

$$\alpha = \frac{x\upsilon_g}{S(1-x)\upsilon_f + x\upsilon_g}$$ (4-175)

则

$$\upsilon_M = \left[\upsilon_f(1-x) + \frac{x}{S}\upsilon_g\right][1 + x(S-1)]$$ (4-176)

将式(4-176)对 p 求导数,可以得出

$$\frac{\mathrm{d}\upsilon_M}{\mathrm{d}p} = [1 + x(S-2) - x^2(S-1)]\frac{\mathrm{d}\upsilon_f}{\mathrm{d}p} + (1 - x + Sx)\frac{x}{S}\frac{\mathrm{d}\upsilon_g}{\mathrm{d}p} +$$

$$\left\{\frac{\upsilon_g}{S}[1 + 2x(S-1)] + \upsilon_f[2(x-1) + S(1-2x)]\right\}\frac{\mathrm{d}x}{\mathrm{d}p} +$$

$$x(1-x)\left(\upsilon_f - \frac{\upsilon_g}{S^2}\right)\frac{\mathrm{d}S}{\mathrm{d}p}$$ (4-177)

将式(4-177)代入式(4-174),可得

$$G^2 = \left(\frac{M}{A}\right)^2 = -S\left((1 + x(S-1))x\frac{\mathrm{d}\upsilon}{\mathrm{d}p} + (\upsilon_g(1 + 2x(S-1)) + \right.$$

$$S\upsilon_f(2(x-1) + S(1-2x)))\frac{\mathrm{d}x}{\mathrm{d}p} + S(1 + x(S-2) - x^2(S-1))\frac{\mathrm{d}\upsilon_f}{\mathrm{d}p} +$$

$$\left.x(1-x)\left(S\upsilon_f - \frac{\upsilon_g}{S}\right)\frac{\mathrm{d}S}{\mathrm{d}p}\right)^{-1}$$ (4-178)

在求解式(4-178)时,除了需要知道介质热力学性质及其在上述公式中的导数外,还应该知道两相分界面处的质量、动量及能量交换情况。通常,关于热力学性质是可以知道的,但是关于界面处的质量、动量交换情况目前尚缺乏了解。

当压力沿着孔道下降时,流体因为过热而逐步转化为蒸汽,混合物的动量平均比体积在出口处达到最大值。因为 υ_M 是 x 和 α 的函数,也是滑速比 S 的函数。因此,不同的 S 值会导致不同的 G 值。所以在 $\partial\upsilon_M/\partial S = 0$ 时得到最大的压力梯度(以及最大的 G)。这个模型称为滑动平衡模型,是由福斯克提出来的。该模型假定两相之间处于热力学平衡状态,因此适用于长孔道。

根据动量平均比体积的表达式(4-176)得

$$\frac{\partial\upsilon_M}{\partial S} = (x - x^2)\left(\upsilon_f - \frac{\upsilon_g}{S^2}\right) = 0$$ (4-179)

于是,在临界流动时滑速比 S^* 值为

$$S^* = \sqrt{\upsilon_g/\upsilon_f}$$ (4-180)

将两相界面质量流速一般方程式(4-178)中的滑速比用临界条件下的值 S^* 代替,并考虑临界条件下 $\mathrm{d}S^*/\mathrm{d}p = 0$(等熵流动),以及液体的不可压缩性,可以得到最大质量流速 G_c 的计算式

$$G_c^2 = -S^*\left\{(1 - x + S^*x)x\frac{\mathrm{d}\upsilon_g}{\mathrm{d}p} + \right.$$

$$\left.[\upsilon_g(1 + 2S^*x - 2x) + \upsilon_f(2xS^* - 2S^* - 2xS^{*2} + S^{*2})]\frac{\mathrm{d}x}{\mathrm{d}p}\right\}^{-1}$$

(4-181)

应该指出,利用上式计算 G_c^2 时须采用临界条件下的局部参数。

由式(4-181)可以看出,临界质量流速 G_c 的计算,需要分别求出 $\mathrm{d}v_g/\mathrm{d}p$,$\mathrm{d}x/\mathrm{d}p$ 和 x 的值。

当压力变化与系统压力相比很小时,$\mathrm{d}v_g/\mathrm{d}p$ 之值可以用 $\Delta v_g/\Delta p$ 来近似代替。而对于普通的饱和气-液系统,$\mathrm{d}v_g/\mathrm{d}p$ 之值可以由图4-22中查得。$\mathrm{d}x/\mathrm{d}p$ 的求取亦可利用图4-22的特性曲线。对于一定压力 p 下含气率为 x 的两相混合物,其焓值为

$$h = h_{fs} + xh_{fg} \tag{4-182}$$

由式(4-182)可以得到

$$x = \frac{H - H_{fs}}{H_{fg}} \tag{4-183}$$

于是

$$\frac{\mathrm{d}x}{\mathrm{d}p} = \frac{\mathrm{d}(H/H_{fg})}{\mathrm{d}p} - \frac{\mathrm{d}(H_{fs}/H_{fg})}{\mathrm{d}p} = \frac{1}{H_{fg}^2}\left[\left(H_{fg}\frac{\mathrm{d}H}{\mathrm{d}p} - H\frac{\mathrm{d}h_{fg}}{\mathrm{d}p}\right) - \left(H_{fg}\frac{\mathrm{d}H_{fs}}{\mathrm{d}p} - H_{fs}\frac{\mathrm{d}H_{fg}}{\mathrm{d}p}\right)\right]$$

$$\tag{4-184}$$

假定在流动过程中,两相的总焓值不变,即 $\mathrm{d}H/\mathrm{d}p = 0$,而 $H_{fg} = H_{gs} - H_{fs}$,$\mathrm{d}H_{fg} = \mathrm{d}H_{gs} - \mathrm{d}H_{fs}$,则上式变成

$$\frac{\mathrm{d}x}{\mathrm{d}p} = -\left(\frac{1-x}{H_{fg}}\frac{\mathrm{d}H_{fs}}{\mathrm{d}p}\right) - \left(\frac{x}{H_{fg}}\frac{\mathrm{d}H_{gs}}{\mathrm{d}p}\right) \tag{4-185}$$

导数 $\mathrm{d}H_{fs}/\mathrm{d}p$ 和 $\mathrm{d}H_{gs}/\mathrm{d}p$ 只是压力的函数,对于普通的气液系统,可以从图4-22中查得。

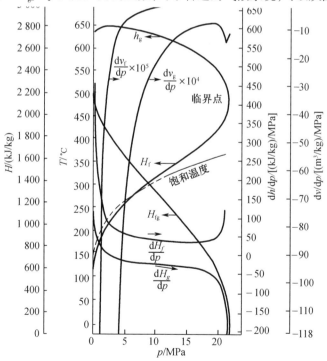

图4-22 饱和水及蒸汽的热力学性质

x 值的求取,可借助于既不做功又没有热量变换的稳定流动能量方程

$$H_0 = H + \frac{u^2}{2} \tag{4-186}$$

对于气液两相可以分别写出

$$H_{f0} = H_{fs} + \frac{u_f^2}{2} \tag{4-187}$$

$$H_{g0} = H_{gs} + \frac{u_g^2}{2} \tag{4-188}$$

式中 H_0——两相流的滞止焓;

H_{f0}——液相滞止焓;

H_{g0}——气相滞止焓。

两相混合物的滞止焓可表示为

$$H_0 = (1-x)H_{f0} + xH_{g0} = (1-x)\left(H_{fs} + \frac{u_f^2}{2}\right) + x\left(H_{gs} + \frac{u_g^2}{2}\right) \tag{4-189}$$

从上式中可以求得 x 值。该方程还可以写成

$$H_0 = (1-x)H_{fs} + xH_{gs} + G^2 \frac{1}{2}\left[(1-x)Sv_f + xv_g\right]^2\left[x + \frac{1-x}{S^2}\right] \tag{4-190}$$

式中,v_f,H_{fs},v_g,H_{gs} 都依据临界压力计算。

临界压力可由福斯克的实验数据确定(图 4 - 23)。得到这些数据的实验条件是:孔道内径为 6.35 mm,长度直径比 $L/D = 0$(孔板)~40,具有锐边进口。福斯克认为,这些数据只与 L/D 有关,而与孔道直径单独变化无关。对于 L/D 超过 12 的长孔道,临界压比大约为 0.55。这个区是可以应用福斯克滑动平衡模型的一个区。对于较短的孔道,临界压比随着 L/D 的变化而变化,但是在所有情况下,都好像与初始压力的大小没有关系。

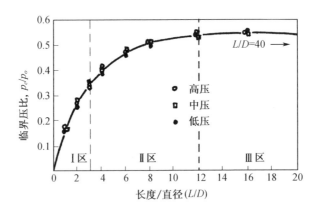

图 4 - 23 临界压比与 L/D 的关系

对于比较大的压力容器(如反应堆、锅炉等),如果某一管路破裂,两相流体从内部流出,此时可以近似地认为容器内的参数是滞止参数。根据滞止压力 p_0,可以由图 4 - 23 求出临界压力,然后求出临界压力下的相关参数。

综上所述,福斯克给出的关系式,确定了一组方程式来求解临界流量,而且需要进行多次迭代计算。其计算结果表示在图 4 - 24 中,图中使用的参数 (x, p) 是指孔道出口处的参

数。从图中可以看出,临界质量流速随出口临界压力的上升而增加,随出口含气率的增加而减少。

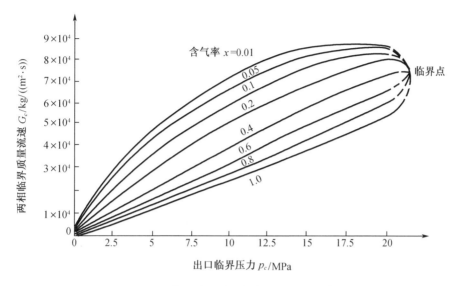

图 4－24 临界质量流速与出口临界压力的关系

3. 莫狄模型

在福斯克研究两相临界流的基础上,1967 年,莫狄(Moody)根据能量平衡方程导出了临界质量流速的一般表达式。这个方法避免了福斯克模型的不便之处。其基本假设如下:

(1)流道入口和出口截面处两相受到的静压相同,两相处于热力平衡状态;

(2)出口为无夹带的环状流;

(3)两相流速不同;

(4)滑速比为一独立变量,只与压力有关。

由分相流模型的能量方程得

$$M(\mathrm{d}q - \mathrm{d}L) = M\mathrm{d}H + \mathrm{d}\left(\frac{M_g u_g^2}{2} + \frac{M_f u_f^2}{2}\right) + Mg\sin\theta\mathrm{d}z \tag{4－191}$$

由假设可知,$\mathrm{d}L = 0$,忽略摩擦和重位损失,则有

$$-(M_g v_g + M_f v_f)\mathrm{d}p = \mathrm{d}\left(\frac{M_g u_g^2}{2} + \frac{M_f u_f^2}{2}\right) \tag{4－192}$$

$$-M[x v_g + (1 - x)v_f]\mathrm{d}p = M\mathrm{d}\left[\frac{x u_g^2}{2} + \frac{(1 - x)}{2}u_f^2\right] \tag{4－193}$$

$$-v_m\mathrm{d}p = \frac{M^2}{2A^2}\mathrm{d}\left[\frac{x^3}{\alpha^2}v_g^2 + \frac{(1 - x)^3}{(1 - \alpha)^2}v_f^2\right] \tag{4－194}$$

$$-v_m\mathrm{d}p = \frac{1}{2}\left(\frac{M}{A}\right)^2\mathrm{d}v_E^2 \tag{4－195}$$

质量流速

$$G^2 = \left(\frac{M}{A}\right)^2 = -2v_m\frac{\mathrm{d}p}{\mathrm{d}v_E^2} \tag{4－196}$$

式(4－196)就是质量流速的一般表达式,v_E 是能量平均比体积。

$$v_E = \left[\frac{x^3}{\alpha^2} v_g^2 + \frac{(1-x)^3 v_f^2}{(1-\alpha)^2} \right]^{1/2} \qquad (4-197)$$

把 $\alpha = \dfrac{x v_g}{S(1-x) v_f + x v_g}$ 代入式(4-197),得

$$\begin{aligned}
v_E &= \left\{ \frac{(1-x)^3 v_f^2}{\left[1 - \dfrac{x v_g}{S(1-x) v_f + x v_g} \right]^2} + \frac{x^3 v_g^2}{\left[\dfrac{x v_g}{S(1-x) v_f + x v_g} \right]^2} \right\}^{1/2} \\
&= \left\{ \left[\frac{x v_g}{S} + (1-x) v_f \right]^2 \left[1 + x(S^2 - 1) \right] \right\}^{1/2}
\end{aligned} \qquad (4-198)$$

以上推导的方程是在无摩擦损失(等熵)的条件下得到的,即

$$\int_1^2 \frac{\mathrm{d}q}{T} = 0 \qquad (4-199)$$

在这种情况下 v_E 取最小值会得到质量流速的最大值。v_E 是 x 和 α 的函数,也是 S 的函数,不同的 S 值会导致不同的质量流速,当 $\partial v_E / \partial S = 0$ 时,质量流速可达最大值。

$$\frac{\partial v_E}{\partial S} = -\frac{x v_g}{S^2} \left[1 + x(S^2 - 1) \right]^{1/2} + \frac{\left[\dfrac{x}{S} v_g + (1-x) v_f \right]}{2 \sqrt{1 + x(S^2 - 1)}} 2xS = 0 \qquad (4-200)$$

由上式可解出临界流动时的滑速比

$$S^* = \left(\frac{v_g}{v_f} \right)^{1/3} \qquad (4-201)$$

由式(4-196)得

$$G^2 = \left(\frac{M}{A} \right)^2 = -2 v_m \left(\frac{\mathrm{d} v_E^2}{\mathrm{d} p} \right)^{-1} \qquad (4-202)$$

而

$$\begin{aligned}
\frac{\mathrm{d} v_E^2}{\mathrm{d} p} &= 2 \left[\frac{x v_g}{S} + (1-x) v_f \right] \left[1 + x(S^2 - 1) \right] (1-x) \frac{\mathrm{d} v_f}{\mathrm{d} p} + \\
&\quad 2 \left[1 + x(S^2 - 1) \right] \left[\frac{x v_g}{S} + (1-x) v_f \right] \frac{x}{S} \frac{\mathrm{d} v_g}{\mathrm{d} p} + \left[\frac{x v_g}{S} + (1-x) v_f \right]^2 \times \\
&\quad (S^2 - 1) \frac{\mathrm{d} x}{\mathrm{d} p} + 2 \left[\frac{x}{S} v_g + (1-x) v_f \right] \left[1 + x(S^2 - 1) \right] \left[\frac{v_g}{S} - v_f \right] \frac{\mathrm{d} x}{\mathrm{d} p}
\end{aligned}$$

$$(4-203)$$

在临界条件下,把式(4-200)代入式(4-203)中,则得

$$\left(\frac{\mathrm{d} v_E^2}{\mathrm{d} p} \right) = 2 \left\{ v_f \left[1 + x(S^{*2} - 1) \right]^2 \left[\frac{x}{S^*} \left(\frac{\mathrm{d} v_g}{\mathrm{d} p} \right) + \frac{3}{2} v_f (S^{*2} - 1) \frac{\mathrm{d} x}{\mathrm{d} p} + (1-x) \frac{\mathrm{d} v_f}{\mathrm{d} p} \right] \right\}$$

$$(4-204)$$

将式(4-204)代入式(4-196),可以得到临界质量流速的计算公式

$$\begin{aligned}
G_c^2 &= \left(\frac{M}{A} \right)_{\max}^2 = -\left[v_g x + (1-x) v_f \right] \left\{ v_f \left[1 + x(S^{*2} - 1) \right]^2 \left[\frac{x}{S^*} \left(\frac{\mathrm{d} v_g}{\mathrm{d} p} \right) + \right. \right. \\
&\quad \left. \left. \frac{3}{2} v_f (S^{*2} - 1) \frac{\mathrm{d} x}{\mathrm{d} p} + (1-x) \frac{\mathrm{d} v_f}{\mathrm{d} p} \right] \right\}^{-1}
\end{aligned} \qquad (4-205)$$

以上公式是在等熵的条件下得到的,式中,v_g,v_f,x 等值都是出口临界条件下的局部参数。图 4-25 和图 4-26 分别绘出了莫狄模型计算临界质量流速和出口临界压力的曲线,这两个图的横坐标均为滞止焓。莫狄模型也可以外推到考虑摩擦的影响。

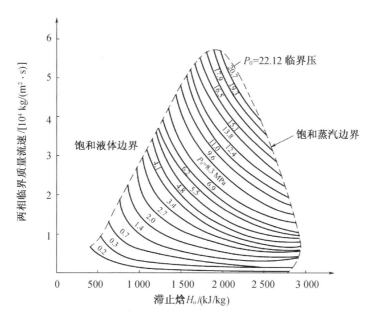

图 4-25 莫狄模型计算的临界质量流速

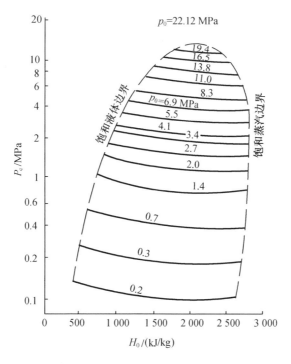

图 4-26 临界质量流速下的出口临界压力和滞止焓的关系

福斯克模型和莫狄模型都假定气液两相是处于热力学平衡状态,这种情况的条件是流动持续较长的时间,因此,它们适用于计算长通道的临界流。

4.5.3　短孔道内的两相临界流

相对于长孔道来说,通常把 $L/D < 12$ 的通道称为短孔道。流体在短孔道内流动时,由于流道较短,缺少足够的汽化核心,再加上表面张力阻碍气泡生成以及传热上的困难等原因,会使液体汽化的速度低于饱和压力降低的速度,从而造成液体过热,形成亚稳态流动。这与长孔道内两相流体可以达到热平衡的假定是不同的。

目前,对短孔道中的两相临界流尚未进行过充分的解析研究。因此目前所应用的计算短孔道流量的公式多是由实验获得的。

1. 孔板

对于孔板($L/D = 0$),实验数据证明,由于流体停留的时间短促,突然汽化发生在孔板外面(图 4 – 27(a)),因而在孔板内部不存在临界压力。它的流量可用下列不可压缩流的孔板公式比较准确地计算出来:

$$G_{max} = 0.61 \sqrt{2\rho_f(p_0 - p_b)} \tag{4 – 206}$$

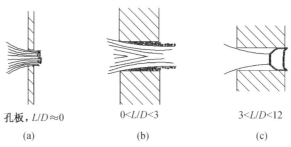

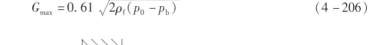

| 孔板, $L/D \approx 0$ | $0 < L/D < 3$ | $3 < L/D < 12$ |
| (a) | (b) | (c) |

图 4 – 27　孔板和短通道内的两相临界流

2. 喷嘴

对于图 4 – 23 中第 I 区($0 < L/D < 3$)的情况,进入通道中的饱和液体会立即加速,造成液流的收缩,在缩颈与固体壁之间的区域发生急骤蒸发,从而形成一个表面上发生汽化的亚稳态液芯阻塞射流。它的质量流速可由下式确定

$$G_{max} = 0.61 \sqrt{2\rho_f(p_0 - p_c)} \tag{4 – 207}$$

在第 II 区($3 < L/D < 12$)中,如图 4 – 27(c)所示,亚稳态液芯会在下游破碎,导致一个高压脉动,从而阻塞流体的外流。因此其流量要比用式(4 – 207)计算出来的值低。图 4 – 28 表示出了该区的实验临界质量流速。

上述所有数据都是在锐角进口的通道内得到的。在圆角进口的通道内,亚稳态流体与管壁有较多的接触,汽化可能推迟。对于 $0 < L/D < 3$ 的孔道,例如喷嘴,圆角进口导致的临界压力要高于图 4 – 23 所示的值,流量也稍大。对于长孔道($L/D > 12$),圆角进口的影响可以忽略,因而可以使用福斯克或莫狄的方法。

在锐角进口的孔道内,壁面条件对临界流没有影响,因为汽化是在液芯表面上发生的,或者是液芯碎裂所引起的,而液芯并不与壁面相接触。壁面的条件对圆角进口的孔道有一些影响。

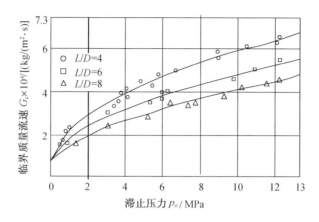

图 4-28 短通道的临界质量流速实验值

4.6 两相流动不稳定性

两相流动不稳定性是指在两相流动系统中出现的恒振幅或变振幅的流动振荡或者非周期性的流量漂移现象。在反应堆工程领域,两相流动不稳定性是影响反应堆安全的关键因素之一,不发生两相流动不稳定性已经成为反应堆设计的基本准则之一。因此,了解导致两相流动发生不稳定的主要因素和形成机理,预测发生不稳定性的条件和稳定边界,防止和控制两相流动不稳定的发生和后果,具有重要的理论意义和工程应用价值。

发生于核动力系统内的流动不稳定性不仅会降低设备系统的性能,还会危及运行安全,这是因为两相流动不稳定性会带来以下后果:

(1)流动振荡会引发部件产生有害的机械振动,引起应力的周期性变化,从而会导致机械疲劳损坏。

(2)流动振荡在反应堆内可能会引起控制问题。对于水冷反应堆尤为重要,还会引起反应性不稳定性。

(3)伴随流动振荡的周期性温度变化,会导致热应力的周期性变化,长期作用的循环热应力会导致设备的热疲劳损坏。

(4)流动不稳定性的出现会影响局部传热特性,甚至诱使沸腾危机提前出现,即降低临界热流密度。实验证明,流动不稳定性甚至能够使临界热流密度降低约40%。

4.6.1 两相流动不稳定性的分类和特征

人们已经对两相流动的不稳定性开展了广泛的研究。Ledinegg 在 1938 年第一次成功地分析了两相流动的不稳定性现象,他利用实验方法研究了流动系统中出现的两相流动不稳定性问题,发现在一定条件下流量和压差不是单值函数,会出现流量漂移现象,这就是所谓的水动力学不稳定性,或称 Ledinegg 型不稳定性。Bouré 等人在 1973 年将两相流动不稳定性分为静态不稳定性和动态不稳定性两大类,后来,Ishii、Bergles、Yadigaroglu、Fukuda、Lahey 等人分别对流动不稳定性现象和分析方法等进行了综述。目前对于两相流动不稳定性的总体分类可见表4-4。

表4-4 两相流不稳定性分类

类型	型式	机理或条件	基本特征
静力学不稳定	流量漂移	压降特性曲线的斜率小于驱动压头特性曲线的斜率	流量突然大幅漂移至第一新的稳定运行状态
	沸腾危机	不能有效地从加热表面带走热量	壁面温度漂移和流量振荡
	流型不稳定性	泡状—团状流型与环状流型交替变化,前者比后者有较小的空泡份额和较大的压降	周期性流型转换和流量变化
	蒸汽爆发不稳定性	由于缺乏汽化核芯而周期性交替出现亚稳态到稳态的变化	液体过热或急剧蒸发,流道中伴随有逐出和再充满现象
动力学不稳定性	声波不稳定性	压力波共振	频率高(10~100 Hz),振荡的频率与压力波在系统中传播所需的时间有关
	密度波不稳定性	流量、密度和压降之间相互关系的延迟和反馈效应	频率低(1 Hz左右),与连续的行波时间有关
	热振荡	传热系数变化与流动过程之间的相互作用	发生在膜态沸腾工况
	沸水堆的不稳定性	空泡反应性与流动动态传热之间的相互作用	仅在燃料元件时间常数小和压力低时才显示出明显的不稳定性
	管间脉动	在少量平行管间的相互作用	多种方式的流量再分配
	压降振奋荡	流量漂移导致管道与可压缩体积之间动态的相互作用	频率很低(0.1 Hz)的周期性过程

4.6.2 静力学不稳定性

所谓静力学不稳定性,实际上指的是其分析方法,即可以采用稳态(静力学)守恒方程进行分析的一类两相流动不稳定性现象。静力学不稳定性通常表现为系统稳态工作运行点的周期或非周期性改变,它的基本特征是系统在经受一个微小扰动后,会自发从原来的稳态工作点转移到另一个不相同的稳态工作点运行。这类不稳定性的发生通常是由于系统的流量压降关系、流型转换或传热机理的变化等所引起的。最常见的静态不稳定性有流量漂移、流型转换等。

1. 流量漂移

（1）流量漂移分析

流量漂移又称 Ledinegg 不稳定性，或者水动力学不稳定性，其特征是受扰动的流动系统偏离原来的平衡工况，在新的流量值或围绕新的流量波动运行，一般情况下，在流量漂移的末期可能会伴有密度波振荡。

发生水动力不稳定性的原因，可以由一个具有恒定热量输入的沸腾通道的压降 Δp 与流量 M 之间的关系曲线，即水动力特性曲线来说明。如图 4 – 29 所示，当进入通道内的水流量很大，外加的热量不足以使水达到沸腾时，通道内流动的流体全都是单相状态，这样，如果流量降低，则通道内的压降也随着按单相水的水动力特性曲线单调下降。如图 4 – 29 中曲线 Ⅱ 所示。当进入通道内的水流量降低到一定程度后，通道内开始出现沸腾段，这时压降随流量变化的趋势就要由两个因素来决定：

①由于流量的降低，压降有下降的趋势；

②由于产生沸腾，气液混合物体积膨胀，流速增加，从而使压降反而随流量的减少有增大的趋势。

压降究竟随流量如何变化，要看这两个因素中哪一个因素起主导作用。如果第一个因素起主导作用，则压降就会随流量的减少而降低；如果第二个因素起主导作用，就会出现随流量减少压降反而上升的现象。如果继续降低流量，通道出口处的含气量就会很大，甚至会出现过热段，流量越低，过热段所占的比例越大，这时体积膨胀的因素对增加压降所起的作用已经很小了，压降差不多是沿着过热蒸汽的水动力曲线随流量而单调下降。如图 4 – 29 中曲线 Ⅰ 所示。由图 4 – 29 可以看出 Δp 与 M 之间并不是单调关系，在曲线 a,b 两点之间所包含的压降范围内，如图 4 – 29 的阴影部分所示，对应一个压降可能有三个不同的流量。由于水动力特性曲线的这种变化，当提供一个外加驱动压头 Δp_d 时，通道中的流量就有可能出现不同的数值，可以是 M_1，也可以是 M_3，后面将会看到，在驱动压头 Δp_d 保持不变时，M_2 所对应的状态是无法保持的。如果并联工作的各个通道处于这种流动工况，虽然它们两端的压差是相等的，但是却可以具有不相等的流量。某一个通道中的流量可能时大时小（非周期性的变化），与此同时，在并联通道的总流量不变的情况下，其他通道的流量也会发生相应的非周期性变化，这就发生了水动力不稳定性。下面讨论一个均匀加热的水平圆形通道内的流动情况，如图 4 – 30 所示，并按照均相流模型导出 Δp 与 M 间的关系式。

为了简化起见，忽略过冷沸腾对摩擦压降的影响，把过冷沸腾段归并在单相段内。假设通道由单相段 L_no 和饱和沸腾段 L_B 组成，若忽略通道内的加速压降，则沿通道全长的压降 Δp 可表示为

$$\Delta p_\mathrm{t} = \Delta p_{f,\mathrm{sp}} + \Delta p_{f,\mathrm{tp}} \qquad\qquad (4-208)$$

式中　　$\Delta p_{f,\mathrm{sp}}$——单相段内的摩擦压降；

$\Delta p_{f,\mathrm{tp}}$——饱和沸腾段内的摩擦压降。

为了方便分析，假定在单相段和饱和沸腾段内气液相的比体积都是饱和比体积，即 $v_\mathrm{f}=v_\mathrm{fs}$，$v_\mathrm{g}=v_\mathrm{gs}$。单相段内的摩擦压降可以写成

$$\Delta p_{f,\mathrm{sp}} = f_\mathrm{sp} \frac{L_\mathrm{no}}{D} \frac{M^2 v_\mathrm{fs}}{2A^2} \qquad\qquad (4-209)$$

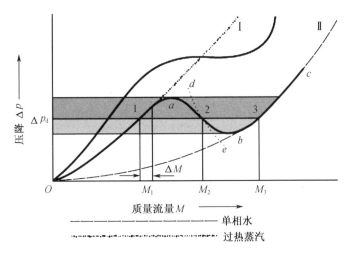

图 4 - 29 均匀加热通道内的水动力学曲线

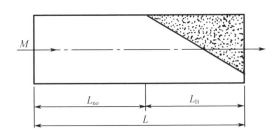

图 4 - 30 均匀加热水平圆管内的流动特性分析用图

式中, f_{sp} 是单相段的摩擦阻力系数。根据热平衡关系, 单相段长度 L_{no} 可写为

$$L_{no} = \frac{M(H_{fs} - H_{in})}{q_1} \tag{4-210}$$

式中 q_1——通道的线功率密度;

H_{in}——进口处比焓。

则饱和沸腾段长度 L_B 为

$$L_B = L - L_{no} = L - \frac{M(H_{fs} - H_{in})}{q_1} \tag{4-211}$$

与单相段类似, 饱和沸腾段内的摩擦压降可表示为

$$\Delta p_{f,tp} = f_{tp} \frac{L_B}{D} \frac{M^2 v_{tp}}{2A^2} \tag{4-212}$$

式中 f_{tp}——饱和沸腾段的摩擦阻力系数;

v_{tp}——沸腾段内的平均比体积, m^3/kg。

$$v_{tp} = (v_{fs} + v_{out})/2 \tag{4-213}$$

式中, v_{out} 为通道出口处两相混合物比体, 单位为 m^3/kg。

在均相流模型中

$$v_{out} = v_{fs}(1 - x_{out}) + v_{gs} x_{out} \tag{4-214}$$

x_{out} 为通道出口干度,其计算关系式为

$$x_{out} = \frac{q_1 L_B}{M H_{fg}} \qquad (4-215)$$

式中,H_{fg} 为汽化潜热,单位为 kJ/kg。

将式(4-209)至式(4-215)代入式(4-208),可得

$$\Delta p_t = \frac{M^2}{2DA^2}\left\{ f_{sp} \frac{M(H_{fs}-H_{in})}{q_1} v_{fs} + f_{tp}\left[L - \frac{M(H_{fs}-H_{in})}{q_1} \right] \frac{\left(2v_{fs} + v_{fg}\dfrac{q_1 L_B}{M H_{fg}} \right)}{2} \right\} \qquad (4-216)$$

式中,v_{fg} 为气液两相比体积差,单位为 m³/kg。引入 $\Delta H_{in} = H_{fs} - H_{in}$,整理上式可得

$$\Delta p_t = A\frac{M^3}{q_1} + BM^2 + CM \qquad (4-217)$$

其中

$$\begin{cases} A = \dfrac{8}{\pi^2 D^5}\left[v_{fs}\Delta H_{in}(f - f_{tp}) + \dfrac{1}{2}f_{tp}\dfrac{\Delta H_{in}^2 v_{fg}}{H_{fg}} \right] \\[3mm] B = \dfrac{8}{\pi^2 D^5}L f_{tp}\left(v_{fs} - \dfrac{\Delta H_{in} v_{fg}}{H_{fg}} \right) \\[3mm] C = \dfrac{4}{\pi^2 D^5}f_{tp}L^2 \dfrac{\Delta H_{in}}{H_{fg}} \end{cases} \qquad (4-218)$$

考虑到 f_{sp} 和 f_{tp} 与 M 之间的关系很弱,若认为在通道中 f 和 f_{tp} 为常数,则 A,B 和 C 也为与 M 和 q_1 都无关的常数。

一般情况下 A 不等于0,因此式(4-217)为三次方程,其解可能是三个实根,即对应于同一个驱动压头(稳态情况下与总压降相同)下可能有三个不同的流量。如果情况是这样,流动就是不稳定。若方程的解是一个实根两个虚根,则流动就是稳定的。同理,对垂直沸腾通道也可以导出与式(4-217)相同形式的水动力特性方程式,只不过其中的系数 A,B,C 不相同而已。

(2)稳定性准则

如果沸腾通道的驱动压头维持定值,则当系统运行在曲线的 Oa 段或者 bc 段,即工作于沸腾通道阻力特性曲线的正斜率 $\dfrac{\partial(\Delta p_t)}{\partial M} > 0$ 区段,则流动是稳定的。例如运行在点1(或点3),此时若进入通道内的流量有一个微量变化,如流量略有增加,则系统压降将变得比驱动压头大,这样就会使流量减少,从而使系统恢复到原来的运行点。相反地,若流量略有减少,则这时驱动压头要比系统的压降大,从而迫使流体加速,流量增大,直到恢复到点1时为止。

如果系统运行在曲线的 ab 段,即负斜率 $\dfrac{\partial(\Delta p_t)}{\partial M} < 0$ 区段,则在驱动压头维持不变的情况下,流动是不稳定的。例如运行在点2,流动就是不稳定的,此时流量不管是增加还是减少,系统将不能再恢复到点2运行。质量流量或者增加到能够稳定运行的点3,或者减少到能够稳定运行的点1,这样就产生了流量漂移。

应该注意到,上述讨论中假设在不同流量条件下驱动力维持不变。如果采用泵提供流体流动的驱动力,则随着流量的增加,驱动力也会随之下降。如果泵特性曲线与沸腾通道的阻力特性曲线相交于正斜率区,即工作点处于沸腾通道特性曲线的正斜率区,那么流动

就是稳定的。如果工作点处于沸腾通道特性曲线的负斜率区,则系统可能稳定也可能不稳定。在 $\dfrac{\partial(\Delta p_t)}{\partial M} < 0$ 的这个区段中,若驱动力曲线的斜率 $\dfrac{\partial(\Delta p_d)}{\partial M}$ 比水动力特性曲线的负值大,则该工作点不稳定;反之,如果驱动力曲线的斜率 $\dfrac{\partial(\Delta p_d)}{\partial M}$ 比水动力特性曲线的负值更小,则在微小扰动后流量可以稳定下来。此时若通道内的流量有所增加,尽管驱动压头与系统压降均下降,但是驱动压头下降更多,因此流体将减速,从而使系统流量逐渐回归扰动前的状态。综上所述,水动力稳定性准则可统一给出为

$$\frac{\partial(\Delta p_d)}{\partial M} < \frac{\partial(\Delta p_t)}{\partial M} \tag{4-219}$$

即只要驱动力曲线的斜率小于沸腾通道水动力学曲线的斜率,则系统就是稳定的。

(3)防止水动力不稳定性的措施

从上面的分析可以看出,要防止水动力不稳定性可以从以下几方面着手:

①系统不在水动力特性曲线 $\dfrac{\partial(\Delta p_t)}{\partial M} < 0$ 的区段内运行。如果遇到系统必须在 $\dfrac{\partial(\Delta p_t)}{\partial M} < 0$ 的区段运行,可选用大流量下压头会大大降低的水泵,以满足条件 $\dfrac{\partial(\Delta p_d)}{\partial M} < \dfrac{\partial(\Delta p_t)}{\partial M}$。

②使水动力特性曲线趋于稳定,即消除曲线中斜率为负的区段,使 Δp_t 和 M 成为单值对应关系。

其方法主要有:

在通道进口加装节流件,增大进口局部阻力。图 4-31 中的曲线 2 为节流件阻力损失与流量的关系,因为通道进口一般为过冷水,比容不变,所以其压降随流量的增大而增加。曲线 1 为未装节流件时通道的水动力特性。曲线 3 则为加装节流件后的通道的水动力特性。曲线 3 是由曲线 1 和曲线 2 以流量相等压降叠加而得出的。此时一个压降只对应一个流量,曲线单调上升。从动力反馈的角度看,单相压降与流量之间总是负反馈的,即流量增加,压降就会增加,就会有使流量减小的趋势,因此总是有稳定的作用。

选取合理的系统参数。系统的运行压力越高,两相的比容就相差得越小,流动就越稳定,如图 4-32 所示。这是因为出现两相流动不稳定性的原因在于,当水变成蒸汽时,气液混合物的比体积变化较大。当压力达到临界压力后,水和蒸汽的比容相同,不稳定性也就不会出现了。除了系统的压力以外,通道进口处水的欠热度也会影响水动力特性的稳定性。一般情况下,欠热度对水动力特性的影响有一定的界限值。对于不同的系统,界限值可能不相同,这要根据系统的具体设计参数而定。小于该界限值,减小水的欠热度,可使流动趋于稳定,如图 4-33 所示。当欠热度为零时,式(4-217)中的系数 A 等于零,压降 Δp_t 便与质量流量的平方成正比,这时对应于每一压降 M 有两个值,一个为正值,另一个为负值,实际上对应于一个压降只有一个流量,故不会发生流动不稳定。大于此界限值,减小进口过冷度会增加沸腾段的长度,结果反而使流动的稳定性降低。可见当欠热度大于界限值时,只有增加通道进口的过冷度,才会提高流动的稳定性。

2. 流型变迁不稳定性

当流动处于泡状流与弹状流或弹状流与环形流之间的过渡区域内时,有可能会发生流型变迁不稳定性。例如,当流动工况处于弹状流时,若气泡量因流量随机减少而增多,会使

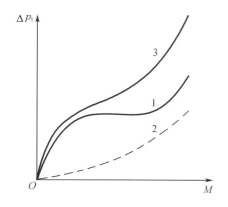

图 4-31　用节流件稳定水动力特性

1—未加节流件时的水动力特性；

2—节流件的压降特性；

3—加节流件后的水动力特性

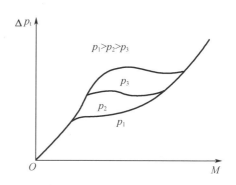

图 4-32　系统压力对水动力学特性的影响

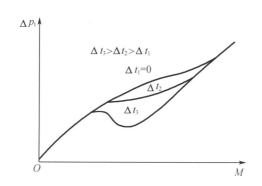

图 4-33　欠热度对水动力特性的影响

流型转变为环状流动。环状流的流动阻力较小,过剩的驱动压头会使流量增多。随着流量增多,所产生的蒸汽量又不足以维持环状流动,便又恢复到弹状流,阻力又增大,又使流量减少,循环重新开始,流量增大(加速效应)和流量减少可能会导致振荡发生延迟。除此以外,也发现有其他流型过渡不稳定性。由于目前尚无准确确定流型过渡条件的方法,因而也没有分析这类不稳定性的适用模型和方法。

3. 碰撞、喷泉和爆炸不稳定性

碰撞、喷泉和爆炸这类静态不稳定性常常耦合在一起,呈现为一种复杂的却不一定呈周期性的行为。从它们经历的过程来看,都含有一种欠热液体突然沸腾的过程,因为工作条件的不同而表现为不同的不规则循环过程。

碰撞现象常常发生在低压下碱金属沸腾系统。加热面温度在沸腾和自然对流之间不规则地循环变化,沸腾和自然对流在加热面上交替进行,导致气泡间歇性生长和破裂,形成撞击效应。当压力升高或热流密度增加后,这类现象便消失。

喷泉现象是指加热流道内重复地喷出气流或液流的过程,曾观察到多种工况。在低压系统内,受底部加热且底部密闭的垂直液柱,若热流密度足够大,底部开始沸腾。伴随静压头降低到一定值时,会由于沸腾液柱内蒸发量突然急剧增加而导致流道内喷出蒸汽流。而后,流体又重新充满流道,回复到初始欠热沸腾工况,循环重新开始。Griffith 在实验中观察到这类喷泉周期为 10 ~ 1 000 s。低压欠热自然循环系统的上升段内也可能会发生这类闪蒸现象。碱性液体和氟碳化合物液体对常用金属表面润湿性能好,表面润湿接触角极小(~ 0°),较大表面空穴几乎全部为液体填充,使表面核化过热度较高,处于均匀高过热状态的液体,可能会突然产生蒸汽和快速蒸发,导致蒸汽喷流不稳定性。在模拟实验装置上,流道入口完全堵塞,观察液态金属沸腾行为由于液态金属可以均匀地达到高过热值,气泡一旦产生便快速增长,会伴随流体喷出流道。Ford 等人利用氟利昂 - 113(R - 113)模拟碱金属液体,实验结果表明,可以出现一次性的或周期性的喷出液态,而后,液块在重力作用下减速,并重新流入流道。

爆炸不稳定性是指加热流道周期性地喷射冷却剂的循环现象,或者表现为简单的进出流量周期性变化,或者表现为流道两端同时喷射大量冷却剂,常包含孕育、核化喷射和流体回流三个过程。在两端喷射的情况下,回流阶段的液块进入流道时会相互碰撞,使气泡破裂。化学工业中,常用的重力再沸器,会遇到上述各种静态喷射不稳定性,再沸器启动时,尤其要注意这类现象。在自然循环回路中,气泡周期性地自上升段排出,并在水平段内聚合的现象也属于这类不稳定性。在 U 形加热管道内会发生一种"气块漂移不稳定性"的喷泉现象。在一定条件下,下降段出口段附近形成气泡后,立即沿下降管上升,使管内流量减少,当气块被下降段内的欠热水冷凝后,进入下降段内的水量就迅速增大。这种喷泉现象不同于前者,它对气泡凝结起重要作用,而前者是起始沸腾现象的变化。

4.6.3　动力学不稳定性

所谓动力学不稳定性,通常指的是需要考虑动力学反馈效应的一类不稳定性,例如延迟滞后时间、惯性、可压缩性、流量与压降等。

在两相流动体系中,两相混合物相交界面之间的热力 - 流体动力相互作用形成相界面波传播,可粗略地将这种界面波分为两类:压力波(或声波)和密度波(或空泡波)。任何一个两相流动系统中,这两类波往往同时存在,相互作用。一般来说,两种波的传播速度差 1 ~ 2 个数量级,可用传播速度来区别这两种不同的动态波造成的动态不稳定现象。典型的动力学不稳定性包括声波不稳定性、密度波不稳定性等纯动力学不稳定性,以及并行通道不稳定性、压降振荡等复合动力学不稳定性。

1. 声波不稳定性

习惯上讲属于声频范围的压力波传播引起的流动不稳定性称为声波振荡或声波不稳定性。实验观察到声波振荡发生在欠热沸腾区、整体沸腾区和膜态沸腾区。流体系统受到压力扰动导致流量振荡,其特征为振荡频率高,流量振荡周期与压力波通过流道所需的时间为同一数量级。亚临界或超临界条件下的受迫流动低温流体被加热到膜态沸腾,或者低温系统受到迅速加热等工况,均观察到了声波频率的流量振荡。这种振荡是因蒸汽膜受到压力波扰动引起。当压力波的压缩波通过加热面时,气膜厚度受到压缩,气膜导热改善,传入热量增加,使蒸汽产生率增大。反之,当压力波的膨胀波通过加热表面时,气膜膨胀,气膜导热减少,传热率降低,蒸汽生产率也随着减小。这一过程反复循环,导致不稳定性发生。在高欠热沸腾下,振荡频率处于 10 ~ 100 Hz,压降的振荡幅度较大。以 Bergles 等人 3. 5 MPa 下的沸水系统实验为例,频率大于 35 Hz,压降振幅 0. 5 MPa ~ 0. 7 MPa。Bishop 等人报道的在超临界压力下水的声频振荡频率则可达 1 000 ~ 10 000 Hz。

一般来说,声波不稳定性不会形成破坏性压力脉动或流动脉动。但是,从运行稳定性角度看,也不希望系统持续运行在高频率的压力振荡条件下。目前,虽有一些分析声波不稳定性的方法,但由于受到测量限制,实测与预测还不够匹配,需进一步研究。

2. 密度波不稳定性

沸腾流道受到干扰后,若蒸发率发生周期性变化,即空泡份额发生周期性变化,导致两相混合物的密度发生周期性变化。随着流体流动,形成周期性变化的两相混合物密度波动传播,称为密度波(或空泡波)不稳定性,也有称之为流量 – 空泡反馈不稳定性。沸腾流道内空泡份额变化,影响到提升、加速和摩擦压降以及传热性能。不变的外加驱动压头影响流道进口流量,形成反馈作用。流量、空泡(或流体的密度)和压降三者配合不当,便会引起流量、密度和压降振荡,一般发生在沸腾流道的内部特性曲线正斜率区和入口液体密度与出口两相混合物密度相差很大的工况。现以受恒热流加热、出口具有恒压降的节流阻力件的沸腾流道为例,说明密度波不稳定性机理。

受恒热流加热的流道,蒸汽产生率为一不变值。通过阻力件的流体体积流量与混合物流体的密度成反比(例如单相流体成 $\rho^{1/2}$)。若为单相流体,则体积流量较小,出口流速小,在流道内停留时间长,蒸汽产生量大。一旦液相通过阻力件,密度低的两相混合物或蒸汽到达,流速变大,伴随流入沸腾管内的流体通过蒸发管也快,因而蒸发量小。当低密度混合物通过阻力件后,高密度液相又到达阻力件,循环重新开始。流体密度周期性变化是形成密度波不稳定性的主要原因。

密度波不稳定性的振荡周期与流体流经加热流道的时间有关,为其 1 ~ 2 倍。一般是低频振荡,频率通常小于 1 Hz。密度波传播时间与流体流经加热通道时间之间的差异,有可能使加热流道的压降与入口流量间的振荡变化发生延迟效应和时间滞后效应。在一定的边界条件(即一定的流道几何条件、加热壁物性、流量、入口流体焓和加热热量密度)下,可使加热流道入口流量扰动与出口压力脉动的相位差为 180°,固定的压降反馈效应可使系统维持在自持振荡状态。

3. 压降振荡

压降振荡一般可归类于复合不稳定性的类型。出现这种不稳定性的流体系统,其加热流道上游具有可压缩容积(例如波动箱),加热流道运行在压降 – 流量内部特性曲线的负斜率区。可压缩容积提供质量调节和二次流的空间。波动箱的压力变化与加热流道流量的三次方成比例。若波动箱和加热流道系统的外加压头 Δp 不变,如果没有波动箱,则当运行在负斜率区时,一旦受到扰动,就有可能发生流量漂移,出现 Ledinegg 不稳定性。如果在加热流道的入口上游处布置波动箱,当加热段入口流量因扰动而减小,则蒸发率增加,两相摩擦增大,流量会继续减小,由于总压头 Δp 不变,迫使那部分流量进入波动箱。波动箱内气体容积受压缩,压力升高,按波动箱压力与加热流道流量的三次方变化。与此同时,由于阻力增大,系统总流量也减少,但其减少量低于加热通道流量的减少量,且其响应发生延迟,两者间无法平衡,产生动态相互作用。一旦低密度的两相混合物离开加热通道后,流动阻力减少,在波动箱压力和外加驱动压头联合作用下,大量流体进入加热流道,流动漂移到水动力学曲线的右侧正斜率区,流量突然增高,阻力增大,流量又沿该曲线下降接着发生与上述相反的过程,出现压降振荡。

4. 并联通道流动不稳定性

在工业领域内,存在大量并联平行通道,例如换热器、反应堆堆芯等。在并联通道间也会发生流动不稳定性,其中一种不稳定性表现为各个通道间的流量基本上同相振荡,这种不稳定性的机理与密度波不稳定性相似。另外一种流动不稳定性,常被称为管间脉动,在发生管间脉动时,尽管并联通道的总流量以及上下腔室的压降并无显著变化,可是其中某些通道的进口流量却会发生周期性的变化。当一部分通道的水流量增大时,与之并联工作的另一部分通道的水流量则减小,两者之间的流量脉动恰成 180° 相位差。与此同时,这些通道出口的蒸汽量也相应发生周期性的变化,这样,一部分通道进口水流量的脉动与其出口蒸汽量的脉动恰成 180° 相位差。即当水流量最大时,蒸汽量最小;而当水流量最小时,蒸汽量最大。

管间脉动的频率一般为 1~10 次/分,频率的高低取决于通道的受热情况、结构形式以及流体的热力参数。水的脉动流量与平均流量的最大偏差,称为脉动振幅,而相邻两个最大(或最小)水流量之间的间隔时间称为脉动周期。上述气-液两相流的脉动现象与水动力不稳定性的区别在于,前者是周期性的脉动,而后者是非周期的质量漂移。

关于管间脉动的原因,迄今还不是很清楚,尚待进一步研究,下面只对其中的一种解释做简单介绍。在并联通道运行时,通道中的热流密度总会有一些波动,如果某一个通道中的热流密度突然升高,则由于热流密度的突然增加,该通道内的沸腾总会加剧,蒸汽量增加。这一现象导致沸腾段起始点附近产生瞬时局部压力升高,并将其前后液体分别向通道进、出口两端推动,因而使进口水流量减少而出口蒸汽量增加。与此同时,由于热流密度的增加,通道的单相段缩短,沸腾段变长;局部压力的升高会将一部分气液混合物瞬时推向过热段,使过热段缩短。这样,瞬时蒸汽量的增加和过热段的缩短都导致出口过热蒸汽温度下降,这是脉动的第一瞬时。由于局部压力升高,相应的饱和温度也升高,每千克水加热到沸点的显热也就增加了,蒸汽的产量下降;而此时进水少、排出的蒸汽又多,所以局部压力接着下降。但是,这样一来通道进口压力与局部压力间的压差增加了,因而进水量随之增加。随着进水量的增加,排出的蒸汽量又逐渐减少,这时就又开始了加热段增长,沸腾段缩短,以及过热段增长这样一个过程。排汽量的减少和过热段的增长都导致出口蒸汽温度的升高,这是脉动的第二瞬时。而从第二瞬时的局部压力开始下降起,相应的饱和温度也开始降低,于是蒸发量又开始增加。蒸发量的增加又促使局部压力升高,如此又恢复到第一瞬时的情况。由此可见,一旦发生一次扰动,就会连续地、周期性地发生流量和温度的脉动。与某一通道流量和温度发生变化的同时,其他并联通道的流量就会出现相反的变化,因而会产生周期性的管间脉动。流量的忽多忽少,使加热段、沸腾段和过热段的长度发生周期性的变化,因而通道中不同放热工况分界处的管壁就会交变地与不同状态的流体相接触,致使管壁温度周期性地变化,从而可能导致金属部件发生热疲劳破坏。

经过研究,目前认为影响管间脉动的主要因素是:

(1)压力

压力越高,蒸汽和水的比体积相差越小,局部压力升高等现象越不易发生,因而脉动发生的可能性也就越小。

(2)出口含气量

出口含气量越小,气液混合物体积的变化也越小,流动也就越稳定。

（3）热流密度

热流密度越小，气液混合物的体积由热流密度的波动而引起的变化也就越小，脉动的可能性也就越小。

消除管间脉动，除了可以调节与以上因素有关的参数外，最有效的方法是在加热段的进口加装节流件，提高进口阻力。这样做可以使沸腾起始点附近产生的局部压力升高远远低于进口压力，从而使流量波动减小，直至消除。

习　题

4-1　单相冷却剂流动压降通常由哪几部分组成？试以压水堆稳态运行工况为例加以说明。

4-2　如何计算带有定位架的棒状燃料组件的流动压降？

4-3　两相流压降是如何计算的？它主要有哪些计算模型？

4-4　压水堆主回路中的总压降由哪几部分组成？对于闭合回路，系统中哪项压降为零？

4-5　什么叫自然循环？建立自然循环的必要条件是什么？自然循环对核电厂的安全运行有什么意义？

4-6　什么是临界流？

4-7　两相流动不稳定性有哪些类型？

4-8　流量漂移产生的原因是什么？

4-9　什么是静力学不稳定性？

4-10　某沸水反应堆冷却剂通道，高 1.8 m，运行压力为 4.5 MPa，进入通道水的欠热度是 13 ℃，离开通道时的含气量是 0.06。如果通道的加热方式是均匀加热，试计算饱和沸腾段高度（忽略欠热沸腾和外推长度）。

4-11　设流量 $M = 3.5$ kg/s 的水流过一水平光滑渐扩管。已知该渐扩管的截面 1 上的平均压力 $p_1 = 1 \times 10^5$ Pa，截面 1 和 2 的流通截面积分别为 $A_1 = 0.7 \times 10^{-3}$ m^2，$A_2 = 2 \times 10^{-3}$ m^2，如果忽略该渐扩管的摩擦和形阻压力损失，设液体密度 $\rho = 990$ kg/m^3，试求截面 2 上的平均压力 p_2。

4-12　某一模拟实验回路的垂直加热通道，在某高度处发生饱和沸腾。已知加热通道的内径 $D = 2$ cm，冷却水的质量流量 $M = 1.2$ t/h，系统的运行压力为 10 MPa，加热通道进口水比焓 $H_{f,in} = 1\ 214$ kJ/kg，沿通道轴向均匀加热，热流密度 $q = 6.7 \times 10^5$ W/m^2，通道长 2 m，试计算加热通道内流体的饱和沸腾起始点的高度和通道出口处的含气率。

4-13　一均匀受热的竖直管，管内径 12 mm，管长 4 m，进口水温为 200 ℃，压力为 7 MPa，水的质量流量为 0.1 kg/s，壁面热负荷为 100 kW，滑速比为 1.5。试计算该管段的总压降。

4-14　按下述条件计算内径为 5.1 cm 的沸腾通道出口处的摩擦压降梯度。流体为气液两相流；压力为 18 MPa；进口处饱和水的质量流量 $M = 2.15$ kg/s；出口含气率 $x_{out} = 0.183$。

4-15　某压水反应堆，运行压力 $p = 13$ MPa，水的平均温度 $t_f = 304$ ℃，出口通道直径 $D = 0.3$ m。在离压力壳约 6 m 处突然发生断裂，断口是完整的而且与管道轴线相垂直，背压是大气压。试计算在发生断裂瞬间的冷却剂丧失率。

第5章　堆芯稳态热工分析

反应堆热工设计的任务就是要设计一个既安全可靠又经济的堆芯输热系统。在核能动力装置中,这个系统是把核能转变成其他类型能量的一个中间枢纽。所以,反应堆热工设计在整个反应堆设计中占有极其重要的地位。反应堆热工设计的涉及面很广,它不但与反应堆本体的其他方面(诸如反应堆物理、反应堆结构、反应堆材料、反应堆控制等的设计)有关,而且还与一、二回路系统的设计有着密切的联系。要做好反应堆热工设计,就必须全面地了解反应堆热工设计与其他各专业设计之间的关系,也只有这样,才能进一步认识到热工设计在整个反应堆设计中所占的重要地位。本章将着重介绍压水反应堆的稳态热工分析原理及方法。

反应堆热工设计所要解决的具体问题,就是在堆型和进行热工设计所必需的条件已定的前提下,通过一系列的热工水力计算和一、二回路热工参数最优选择,确定在额定功率下为满足反应堆安全要求所必需的堆芯燃料元件的总传热面积、燃料元件的几何尺寸以及冷却剂的流速(或流量)、温度和压力等,使堆芯在热工方面具有较高的技术经济指标。在进行反应堆热工设计之前,需由各有关专业共同讨论并初步确定的前提如下:

(1)根据所设计反应堆的用途和特殊要求,确定所要发出的电功率和装置总体设计要求,选定所要使用的堆型,与回路系统设计协调,确定反应堆所应发出的总热功率,并确定所用的核燃料、慢化剂、冷却剂和结构材料等的种类;

(2)反应堆的热功率、堆芯功率分布不均匀系数和水铀比允许的变化范围;

(3)燃料元件的形状、燃料元件(组件)在堆芯内的布置方式以及元件栅距允许变化的范围;

(4)二回路对一回路冷却剂热工参数的要求;

(5)冷却剂流过堆芯的流程以及堆芯进口处冷却剂流量的分配情况。

5.1　热工设计准则

在设计反应堆堆芯和冷却系统时,为了保证反应堆能安全可靠地运行,针对不同的反应堆堆型,预先规定了热工设计必须遵守的要求,这些要求的综合通常就称为反应堆的热工设计准则。反应堆在整个运行寿期内,不论是处于稳态工况,还是处于运行变化工况或预期的事故工况条件下,反应堆的热工参数都必须满足这个设计准则的要求。反应堆的热工设计准则,不但是热工设计的依据,而且也是设计安全保护系统的初始条件和重要边界条件;除此之外,它还是制订运行规程的依据。一般而言,反应堆热工设计准则具有适用性、发展性和保守性。热工设计准则的内容,通常仅适用于特定的反应堆堆型,例如对于压水反应堆要求不发生流动不稳定性,但对气冷反应堆则无此要求。此外,热工设计准则的内容也会随着科学技术的发展、对物理现象认识水平的提升、反应堆设计与运行经验的积累以及反应堆用材料性能和加工工艺等的改进而变化。例如早期设计的压水动力堆,是不允许冷却剂发生过冷沸腾的,而近期设计的压水动力堆,则不但允许冷却剂发生过冷沸腾,而且还允许在堆芯最热通道出口处发生饱和沸腾(但仍需保证在堆芯出口处冷却剂混合后的水温低于饱和温度)。因为这样做可以提高堆芯出口处冷却剂的温度,从而可提高核电厂的热效率。理论上讲,热工设计准则应根据现有的设计水平和科学技术条件尽量制定得适当。从确保反应堆和整个动力装置的安全运行角度出发,设计准则一般要制定得适当保守些,以留有足够的安全裕度。由于动力反应堆类型较多,其热工设计准则不能一一列举,本章以压水动力反应堆为例进行介绍。

进行反应堆堆芯热工水力设计的根本目的是为了从热工水力角度验证反应堆在稳态正常运行条件下能够进行可靠的堆芯冷却,以满足正常运行时燃料元件包壳破损允许的极限,并保证燃料元件在预期运行事故条件下的破损极限不超过允许水平。

目前压水动力堆设计中所规定的稳态热工设计准则,其内容一般包括有下列几点:

(1)燃料元件芯块内的最高温度应低于其相应燃耗下的熔点。对于压水反应堆而言,通常采用的燃料材料为二氧化铀,未经辐照时的理论熔点为 2 805 ± 15 ℃。但在堆内经过辐照后,其熔点将会有所下降。实测表明燃耗每增加 10 000 MW·d/TU,其熔点约下降 32 ℃。所以,在压水反应堆目前所达到的燃耗深度下,熔点将降低到 2 650 ℃左右。为了保守起见,在反应堆稳态热工设计中,目前燃料元件中心最高温度选取的限制值大多介于 2 200 ~ 2 450 ℃之间。

(2)燃料元件外表面不允许发生沸腾临界,即要求堆芯中任何燃料元件表面上的实际热流密度 q 低于该点的临界热流密度 $q_{\mathrm{DNB,C}}$。为了定量表示这一条设计准则,通常需引用临界热流密度比($DNBR$)的概念,$DNBR$ 的定义式如下所示:

$$DNBR = \frac{q_{\mathrm{DNB,C}}}{q} \qquad (5-1)$$

式中　q——燃料元件上所研究位置处的实际表面热流密度,W/m²;

$q_{\mathrm{DNB,C}}$——根据实验或采用适当的临界热流密度关系式计算得到的当地临界热流密度值,W/m²。

由于在反应堆堆芯内功率分布 $q(z)$ 是非均匀的,且冷却剂所处的热力状态沿冷却剂通道也是不断变化的,这也导致不同轴向位置处 $q_{\mathrm{DNB,C}}(z)$ 也是不断变化的,因此 $DNBR(z)$ 的值沿冷却剂通道长度是变化的,其最小值称为最小临界热流密度比或最小偏离核态沸腾比或最小 DNB 比,记为 $MDNBR,MCHFR$ 或 $DNBR_{\min}$。根据定义式,如果用来计算临界热流密度的公式没有误差,当 $MDNBR$ 为 1 时,表示燃料元件表面就要发生沸腾临界。为了使燃料元件不至于因发生沸腾临界现象而烧毁,在正常运行条件下要求 $MDNBR$ 大于 1。为了保证反应堆的安全,在压水反应堆热工设计中,一般要求 $MDNBR$ 不小于某一规定值,以保证反应堆内不发生沸腾临界现象。考虑到实验数据的离散度以及计算公式存在误差,$MDNBR$ 需要定得更大些。其具体数据,依照所选用的计算公式而定。以使用 W-3 公式为例,压水堆稳态额定工况时一般可取 $MDNBR$ 在 1.8 ~ 2.2 范围,而对可预期的常见事故工况,也要求 $MDNBR$ 不小于 1.3。

(3)必须保证正常运行工况下燃料元件和堆内构件能得到可靠连续的冷却;在事故工况下能提供足够的冷却剂和冷却能力以排出堆芯余热。

(4)在稳态额定工况和可预计的瞬态运行工况中,在反应堆堆芯内不发生两相流动不稳定性。对于压水堆,实际上只要堆芯最热通道出口附近冷却剂中的含气率小于某一数值,例如小于5%,即不会发生流动不稳定性。

(5)堆芯出口处不发生整体沸腾,即保证在堆芯出口处冷却剂混合后的水温低于饱和温度,大多数压水反应堆要求在正常运行工况下堆芯出口平均温度有不低于15 ℃的过冷度。

(6)在稳态热工设计时,要求在一定的置信度下,流经反应堆堆芯的冷却剂流量应当不低于最小设计值,不大于最大设计值。其中最小设计流量用于堆芯冷却条件的分析,最大设计流量则用来确定燃料组件及堆内构件的水力载荷。

(7)为了避免燃料元件包壳的损坏,规定燃料元件包壳的外表面温度应低于某一限值,例如对于采用Zr-4合金的压水反应堆,通常规定在正常运行条件下,其外表面温度不超过350 ℃。

气冷堆的热工设计准则与压水堆的不同,气冷堆不存在像压水堆那样的燃料元件表面沸腾临界问题。气冷堆的热工设计准则,主要是燃料元件表面最高温度、中心最高温度以及燃料元件和结构部件的最大热应力不超过允许值。又如,对于用水作冷却剂的生产堆,一般就把燃料元件包壳与水发生加速腐蚀时的包壳表面温度作为其设计准则之一。这是因为新的裂变燃料的生产量与堆的热功率成正比,要增加新裂变燃料的生产量,就必须尽可能提高反应堆的热功率,而功率的提高会使包壳的表面温度也跟着升高,当这个温度升高到某个数值时,包壳就会被水加速腐蚀,从而影响燃料元件的寿命。应该指出,包壳加速腐蚀并不会立即影响反应堆的安全,但它会影响反应堆燃料的换料周期和运行周期,从而影响新裂变燃料的生产量。因此,把引起包壳加速腐蚀的温度值定为生产堆的一条热工设计准则。

5.2　核反应堆热工设计参数选择

压水反应堆内冷却剂的运行压力、反应堆进口与出口温度、流量和流速等热工参数的选择,直接影响到反应堆的安全性和核电站的经济性(堆功率输出、电站效率和发电成本等)。因此,合理选择冷却剂的热工参数是堆芯热工设计的重要内容。本节扼要阐述上述热工参数对核电厂反应堆及核动力系统设计的一些影响规律及这些热工参数的一般取值范围。

5.2.1　冷却剂的工作压力 p

压水反应堆动力系统一般都采用郎肯循环。根据热力学理论可知,欲获得满意的核电站效率,可以通过提高压水反应堆出口的冷却剂温度来实现,提高冷却剂的运行压力是可行的一种方法。然而,这方面的潜力很有限。根据水的热力学性质,随着压力的升高,提高压力带来饱和温度的增加速率逐渐减缓。例如,即使将冷却剂的工作压力提高到临界压力22.1 MPa时,对应的饱和温度也仅有374 ℃。大多数现代压水反应堆冷却剂的运行压力约为15.5 MPa,其对应的饱和温度约为345 ℃。两者相比,压力尽管提高了6.6 MPa,但饱和温度也仅提高了29 ℃。显然,如此大幅度的提高压力,虽然在提高核电站效率方面会有一点收益,但在反应堆及其辅助系统的有关设备的设计、制造和运行等方面都将带来极大的困难,对燃料元件包壳及相关设备的材料提出了更高的要求,从而大大提高了核电站的建造成本,甚至会带来经济性方面的损失。因此,不应该片面追求过高的冷却剂压力。

5.2.2　冷却剂的出口温度 $T_{f,out}$

核电站的热效率与冷却剂的平均温度有密切关系,在其他条件不变的情况下,冷却剂出口温度 $T_{f,out}$ 越高,电站的效率就越高。然而, $T_{f,out}$ 的选取还要考虑如下三个方面的因素:

(1)首先,燃料包壳材料要受到抗高温腐蚀性能的限制,即避免发生腐蚀转折点现象,不同反应堆堆型所使用的燃料元件包壳所能够承受的最高表面温度有所不同。对于轻水冷却反应堆,一般采用锆合金材料,其表面工作温度 T_c 允许值一般不高于350 ℃。

(2)为了保证反应堆热功率的正常输出,或者说保证堆内正常的热交换,燃料元件壁面与冷却剂之间要有足够的传热膜温差($T_c - T_f$)。在压水反应堆中,燃料元件包壳壁面温度 T_c 一般限制在略低于350 ℃,冷却剂温度 T_f 至少应比 T_c 低10 ~ 15 ℃,这样才能保证反应堆堆内的正常热交换。

(3)根据反应堆热工设计准则要求,为了确保反应堆的稳定运行,冷却剂出口温度一般应比工作压力下的饱和温度低20 ℃左右。一方面限制在堆芯出口出现沸腾现象的范围,另一方面也限制热通道出口处的干度。

由此可见,冷却剂出口温度的变化范围也是很有限的。例如,我国引进的AP1000反应堆,其设计运行压力约为15.41 MPa,相应的饱和温度约为344 ℃,反应堆堆芯的平均出口温度约为323 ℃。

5.2.3　冷却剂的进口温度 $T_{f,in}$

冷却剂出口温度一经确定以后,根据稳态条件下冷却剂的输热方程 $Q = M \bar{c}_{pf} (T_{f,out} - T_{f,in})$,容易知道,如果已知反应堆的热功率 Q ,则冷却剂的进口温度 $T_{f,in}$ 与冷却剂的流量 M 之间存在依变关系。一方面, $T_{f,in}$ 取值越高,堆内温升越低,平均温度越高,核电站的热效率就越高;另一方面,降低温升意味着在同等条件下需要提高冷却剂的流量 M ,这也意味着必须增加主循环泵的唧送功率,这将降低电站的净效率和净的电量输出。因此,冷却剂的进口温度 $T_{f,in}$ 的选择应在综合考虑多方面因素的基础上,适当选择。

在进行热工计算时,在堆芯结构确定的前提下,冷却剂进口温度 $T_{f,in}$ 的确定取决于堆芯出口温度和冷却剂流速的选择。一般来说,冷却剂流速越高,对流换热系数就越大,相应地,临界热流密度也越高,越不容易发生沸腾临界现象;但另一方面,随着冷却剂流速的升高,堆芯内高温高压高流速冷却剂引发的腐蚀和侵蚀会加剧,冷却剂泵的功耗也会增加。兼顾考虑上述因素,压水反应堆堆芯燃料组件内的冷却剂流速一般取3 ~ 6 m/s,局部最大流速不超过12 m/s。一旦选定冷却剂流速,根据质量守恒关系和输热方程,就可以确定冷却剂的进口温度。

5.2.4　冷却剂的流量 M

冷却剂流量 M 可以影响到核电站的经济性和安全性。一方面,冷却剂流量 M 越大,主冷却剂泵的唧送功率也越大,这会减少净电功率的输出,并有降低核电站净效率的趋势,而且,因为流速的限制,加大流量意味着还需要增加系统管道和设备的尺寸,增加设备系统的造价;另一方面,在保持出口温度不变的情况下,增加冷却剂流量 M ,可以减小冷却剂进出口温升,提高冷却剂平均温度,增加蒸汽发生器内的传热温差,提高核电站的热力循环效率,在相同总热功率条件下,有使电功率增加的趋势。此外,流量的大小还会影响到燃料元件表面的对流换热系数和临界热流密度,这对反应堆的设计及安全来讲也是很重要的。

综合上述分析可知,反应堆冷却剂最佳流量的选择,应使冷却剂泵的唧送功率最小,净电功率输出最大,并使反应堆及其主要设备以及主回路系统具有适中的尺寸和容量。在反应堆热工设计中,对于已给定反应堆功率的情况,常见的有两种流量和温升的匹配方案:核电站反应堆一般采用单流程的大流量小温升方案,冷却剂通过堆芯时的温升约为 40 ℃左右,如 AP1000 反应堆约为 42.4 ℃;船用反应堆由于受到整个动力装置的尺寸和质量的限制,有时会采用双流程的小流量大温升方案,冷却剂通过堆芯的温升一般可达 80 ℃左右,例如"列宁"号核动力破冰船的冷却剂在堆芯为双流程,堆内温升为 82 ℃。此外,冷却剂采用双流程形式还有一个优点,就是在经过一个流程后,冷却剂可以得到相对较好的混合,使堆芯出口处冷却剂温度比较均匀。

5.3　堆芯冷却剂流量分配

为了在安全可靠的前提下尽量提高反应堆的输出功率,在进行热工设计之前,需要预先知道堆芯热源的空间分布和各个冷却剂通道内的冷却剂流量。有了这两个数据,才能根据所选定的堆芯结构、燃料组件的几何尺寸、材料的热物性等,通过计算,确定整个堆芯的焓场、温度场(对于水冷反应堆还要计算临界热流密度),进而分析反应堆的安全性和经济性。堆芯释热率的分布已在第 2 章中做了详细的讨论,这一节将讨论冷却剂在堆芯内各冷却剂通道之间的流量分配问题。对于不同类型的反应堆,造成流量分配不均匀的主要原因不完全一样,所以必须根据具体堆型进行具体分析。就一般商用压水堆而言,造成流量分配不均匀的原因主要有:

(1)由于结构的原因,进入下腔室的冷却剂流动,不可避免地会形成许多大大小小的涡流区,从而造成各冷却剂通道进口处的静压力各不相同。

(2)各冷却剂通道在堆芯或燃料组件中所处的位置不同,其流通截面的几何形状和大小也就不可能完全一样。例如处在燃料组件边角位置上的冷却剂通道,其流通截面和中心处的就不一样。

(3)燃料元件和燃料组件的制造、安装偏差会引起冷却剂通道流通截面的几何形状和大小偏离设计值。

(4)各冷却剂通道中的释热量不同,引起各通道内冷却剂的温度、热物性以及含气率也各不相同,从而导致各通道中的流动阻力产生显著的差别。这也是导致流入各通道的冷却剂流量大小不同的一个重要原因。

从反应堆的总热功率确定所需要的冷却剂总流量并不困难,但是要找出冷却剂在堆芯内的流量分配数据就不那么容易了。由于堆芯内冷却剂流动的复杂性,目前还不可能直接获得堆芯流量分配问题的解析解,而只能借助于描述稳态工况的冷却剂热工水力基本方程、已知的参数、合适的边界条件以及一些经验数据或关系式,来求得可能满足工程要求的堆芯流量分配的数值解。比较准确的流量分配,一般是在设计了堆本体之后,根据相似理论,通过水力模拟实验测量出来的,不过一般情况下这种模化实验也只能测得冷态工况下的流量分布。如果需要更准确的冷却剂流量分配情况,甚至要在反应堆建成后进行堆内实际测量才能得到。

压水堆堆芯由燃料组件构成的成千上万个相互平行的冷却剂通道可以看作是一组并联通道。堆芯的上下腔室就是这些平行通道的汇集处,依照计算模型的不同,并联通道通常被划分为闭式通道和开式通道两类。如果相邻通道的冷却剂之间不存在质量、动量和热量的交换,就称这些通道为闭式通道,反之则称为开式通道。下面以压水堆为例,具体讨论求解堆芯流量分配的方法。图 5 – 1 给出了堆芯闭式并行通道示意图。

5.3.1 闭式通道间的流量分配

在求解并联闭式通道的流量分配时,首先需要列出已知条件和稳态工况下各通道的有关守恒方程。对于闭式通道来说,因为只考虑一维向上(或向下)的流动,不计相邻通道间的冷却剂的质量、动量和热量的交换,所以这些方程的形式都比较简单。在确定并联通道的冷却剂流量分配时,通常需要知道以下边界条件:

(1)下腔室堆芯入口的压力分布,即各冷却剂通道的进口压力 $p_{1,\text{in}}, p_{2,\text{in}}, \cdots, p_{n,\text{in}}$。一般堆芯冷却剂进口的压力分布需通过水力模拟实验测量得到,或根据经验数据给出。

(2)上腔室堆芯出口的压力分布,即各冷却剂通道的出口压力 $p_{1,\text{out}}, p_{2,\text{out}}, \cdots, p_{n,\text{out}}$。对于压水堆,目前设计中一般假设上腔室堆芯出口面是一等压面(均为 p_{out}),即

$$p_{1,\text{out}} = p_{2,\text{out}} = \cdots = p_{n,\text{out}} = p_{\text{out}} \tag{5-2}$$

在进行闭式并行通道流量分配计算时,所采用的基本方程式如下:

1. 质量守恒方程

假设堆芯是由 n 个并联的闭式冷却剂通道组成的,如图 5 – 1 所示,冷却剂的总循环流量为 M,并联通道的各分流量分别为 $M_1, M_2, \cdots, M_i, \cdots, M_n$,在稳态情况下,根据质量守恒方程可写出如下关系式:

$$(1 - \xi) M = \sum_{i=1}^{n} M_i \tag{5-3}$$

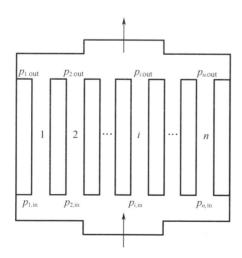

图 5 – 1　堆芯并行通道示意图

式中的 ξ 称为旁流系数,它表示冷却剂不通过堆芯而旁流的流量占总流量的份额。目前核电厂压水堆 ξ 在5%左右。$(1-\xi)M$ 表示实际流经堆芯冷却剂通道的冷却剂流量。

2. 动量守恒方程

动量守恒方程实际上是动量定理在流体力学中的应用。在稳态运行条件下,若用一般性的函数形式表示,则对第 i 个冷却剂通道,积分形式的动量方程可以写为如下形式:

$$p_{i,\text{in}} - p_{i,\text{out}} = f(Z_i, D_{ei}, A_i, M_i, \mu_i, \rho_i, x_i, \alpha_i) \tag{5-4}$$

上式等号左边的 $p_{i,\text{in}}, p_{i,\text{out}}$ 分别表示第 i 个冷却剂通道的进、出口压力。等号右边括号中的 H_i, D_{ei}, A_i 分别表示堆芯高度、当量直径和流通截面积;$M_i, \mu_i, \rho_i, x_i, \alpha_i$ 分别表示质量流量、动力黏度、密度、含气率和截面含气率;下标 i 表示通道的序号。对于 n 个冷却剂通道,显然可以列出 n 个如式(5-4)那样的方程。

3. 能量守恒方程

在并行通道中,对于第 i 个闭式冷却剂通道的微元长度 Δz,如图5-2所示,应用能量守恒定理,不考虑摩擦功耗等,可得非守恒差商形式的表达式:

$$\frac{A_i \Delta[\rho H_i(z)]}{\Delta t} + \frac{M_i \Delta H_i(z)}{\Delta z} = q_1(z) \tag{5-5}$$

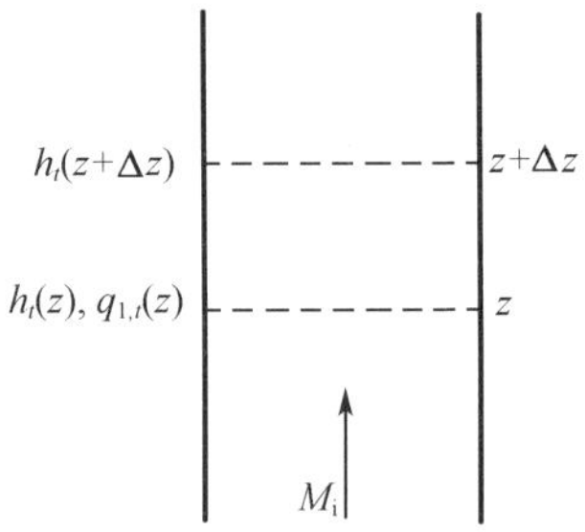

图5-2 闭式通道能量关系示意图

式中　i——通道的序号,$i = 1, 2, \cdots, n$;

　　　A_i——第 i 个冷却剂通道的流通截面积;

　　　ρ——冷却剂密度;

　　　$H_i(z)$——在位置 z 处冷却剂的比焓;

　　　$\Delta H_i(z)$——冷却剂流过微元长度 Δz 时的焓升;

　　　Δt——冷却剂流过微元长度 Δz 所需的时间;

　　　M_i——冷却剂质量流量;

　　　$q_1(z)$——在轴向高度 z 处燃料元件的线功率。

式(5-5)左边第一项表示第 i 个通道位置 z 处微元体 $A_i \Delta z$ 中冷却剂的比焓随时间的变化值;第二项表示在位置 z 处冷却剂流经微元长度 Δz 后所带出的热量。右边表示燃料元件在第 i 个通道的 $z \sim z + \Delta z$ 长度内释出的热量。对于稳态工况,左边第一项为零,于是式(5-5)变成:

$$\frac{M_i \Delta H_i(z)}{\Delta z} = q_1(z) \tag{5-6}$$

对于处于稳态运行状态的闭式通道,M_i 沿整个 z 轴为常数,由此可把式(5-6)写成积分形式:

$$M_i[H_{i,\text{out}} - H_{i,\text{in}}] = \int_0^L q_1(z)\,\mathrm{d}z \tag{5-7}$$

式中　$H_{i,\text{out}}$——第 i 个通道冷却剂的出口比焓,J/kg;

　　　$H_{i,\text{in}}$——第 i 个通道冷却剂的进口比焓,J/kg。

对于 n 个并行的闭式冷却剂通道,要求解的未知量为:各通道的冷却剂质量流量 $M_1, M_2, \cdots, M_n$;上腔室堆芯出口压力 p_{out};以及用来确定各通道内冷却剂热物性的冷却剂比焓(由焓转换成温度,然后再确定热物性),它们在通道的出口处可表示为 $H_{1,\text{out}}, H_{2,\text{out}}, \cdots, H_{n,\text{out}}$。这样一共有 $2n+1$ 个未知量。包含这些未知量的方程有 n 个动量守恒方程,即式

(5-4);n 个能量守恒方程,即式(5-7);以及一个质量守恒方程,即式(5-3),所以共有 $2n+1$ 个方程。联立求解这 $2n+1$ 个方程,就可以得到包括各通道冷却剂流量在内的 $2n+1$ 个未知数的解。若要提高计算精度,就需要把整个通道沿轴向分为若干个间距足够小的步长,从进口开始,先给定一组满足式(5-3)的流量分配数据,然后应用各个动量守恒方程、能量守恒方程、已知的各个通道进口压力以及堆芯进口比焓,计算出冷却剂通过各通道第一个步长的出口压力和出口比焓。在计算第一个步长的流动压降时所需的冷却剂热物性可按堆芯进口温度确定。接着再用第一个步长的出口压力、出口比焓作为第二个步长的进口压力、进口比焓,计算第二个步长的出口压力、出口比焓。在计算第二个步长压降时所需的冷却剂的热物性可按第一个步长冷却剂的出口温度确定。如此沿通道轴向逐个步长计算下去,直到堆芯出口处的最后一个步长为止。如果计算出的各通道的出口压力不满足已知的条件(2),那么就必须重新修改所假定的进口流量分配数据,重复上述计算过程,直到满足条件(2)时为止。这时所得的各通道流量和冷却剂沿轴向的比焓分布即为所求。

在实际计算中,要达到各通道出口压力完全相等是很困难的,通常是迭代到使 $\Delta p_{i,\text{out}}$ 小于某一规定的误差时为止,即

$$\Delta p_{i,\text{out}} = |\bar{p}_{\text{out}} - p_{i,\text{out}}| < \varepsilon \qquad (5-8)$$

式中 $\bar{p}_{\text{out}}$——各个通道出口压力的平均值;

ε——允许的误差。

若对闭式通道进行粗略计算,当物性变化不大且压降相对于系统压力很小时,也可以采用集总参数法对整个通道进行积分计算。

5.3.2 开式通道间的流量分配

与 5.3.1 节中的闭式通道不同,对于压水反应堆中所使用的燃料组件,所构成的冷却剂通道属于典型的开式通道,在相邻通道间,冷却剂在流动过程中存在着横向的质量、动量和能量交换,这种横向的交换又常统称为交混。由于交混的作用,即使在稳态条件下,各通道内的冷却剂质量流速沿轴向也可能不断发生变化,而在闭式通道内冷却剂质量流速沿轴向是不变的。容易推断出,交混作用会使热通道内冷却剂的比焓和温度比没有交混时要有所降低,与之相应,燃料元件的最高温度也会有所下降。在压水反应堆中,这种横向交混还能提高燃料元件表面的临界热流密度。这些因素都有利于提高反应堆的安全性和经济性。相邻平行通道间的冷却剂产生横向流动交混的机理如下:

(1)质量交换是通过流体粒子(分子和原子)的扩散、通道中机械装置引起的湍流扩散、压力梯度引起的强迫对流、温差引起的自然对流以及相变(如蒸发)等来实现的。质量交换必然伴随着动量和能量的交换。

(2)动量交换是通过径向压力梯度、流体流动时相邻冷却剂通道流体间的湍流效应来实现的。径向压力梯度起因于通道尺寸形状的偏差、功率分布的差异以及流道进口处压力分布的不均匀。径向压力梯度可造成定向的净横流,这种定向横流有时又称为转向叉流。流体运动时的湍流交混又可分为自然湍流交混和强迫湍流交混两种。自然湍流交混是由流体脉动时的涡团扩散引起的。在一段时间内平均来看,这种自然湍流交混并无横向的净质量转移,只有动量与能量的交换。强迫湍流交混是由流道中机械装置引起的,一般无横向净质量转移,但有动量与能量的交换。

（3）能量交换是通过流体粒子的扩散、流体粒子间直接接触时的导热以及不同温度流体间的对流与辐射来进行的。

在不同的反应堆中，相邻通道流体间横向交混效应还与燃料元件及其冷却剂通道的结构形式有关。燃料棒组件在轴向存在定位架的情况下，横向交混有四种形式：光棒区段的交混，包括自然湍流交混与转向叉流交混两种，它们均属于自然交混类型；定位架处的交混，包括流动散射与流动后掠两种，它们均属于强迫交混类型。在压水堆中，在单相水区段内，自然湍流交混不引起净质量转移，只有动量和能量交换。转向叉流则引起净横向质量流动，并伴随着动量和能量的交换；流动散射是一种无定向流动交混，它是由无导向翼片的定位架、轴向或周向肋片以及端板等引起的，这些机械部件打乱了流线且引起流体的湍动，但并不造成有明显取向的流体流动，这种效应与一般的自然湍流效应相类似，故称流动散射。应该指出，只有在突起物的下游才会引起流动散射效应。流动后掠是由绕丝定位件、有导向翼片的定位架以及螺旋形肋片等引起的。流体在掠过这些结构部件时引起了定向净横向质量流动，故常称流动后掠。由于流动交混效应的复杂性，相邻平行通道定位架附近横向净质量转换的量需由实验测定，或由实验整理出的经验公式计算得到；只有光棒处的转向叉流时的净质量转移可由相邻通道间的压力梯度计算而得。在单相和两相流的情况下，对于光棒段，相邻通道流体间湍流能量交混和湍流动量交混的表达式有不同的形式，本节对此进行进一步的叙述。

1. 单相流

（1）湍流热交混

在相邻平行通道间，湍流热交混量为

$$Q_{tb} = M_{jk}(H_j - H_k)\Delta z \qquad (5-9)$$

式中　Q_{tb}——相邻通道间流体湍流交换的热量，W；

H_j，H_k——通道 j 和 k 的流体比焓，J/kg；

Δz——冷却通道轴向步长，m；

M_{jk}——通道轴向单位长度内的湍流交换流量，kg/（m·s）。

M_{jk} 的计算表达式为

$$M_{jk} = \beta_{jk} P_g \overline{G}_{jk} \qquad (5-10)$$

式中　β_{jk}——相邻通道 j 与 k 间流体的湍流交混系数；

P_g——相邻通道 j 与 k 间的燃料棒间间隙；

$\overline{G}_{jk}$——通道 j 与 k 的冷却剂轴向质量流速算术平均值。

湍流交混系数 β_{jk} 中需要考虑棒束几何尺寸、定位件类型的影响以及交混的各向异性，因此一般需由实验测定。

（2）湍流动量交混

单相流体的湍流动量交混，可由图 5-3 所示的流动通道加以分析，根据波斯涅斯克（Boussinesq）假设，距中心 r 处的流体所受的剪应力 τ_r 可以表示为

$$\tau_r = -\mu \frac{\partial u}{\partial r} + \rho \overline{u_r' u'} \qquad (5-11)$$

式中　u'——流体的轴向脉动速度，m/s；

u_r'——流体的径向脉动速度，m/s；

$\overline{u'_r u'}$——两种速度乘积的时均值。

上式等号右边的第一项表示由于流体的黏性而产生的摩擦力;第二项表示由湍流作用而产生的剪应力,也就是由湍流作用而引起的动量迁移所产生的作用力,其中$\overline{u'_r u'}$项可表示为

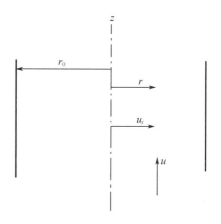

$$\overline{u'_r u'} = -\varepsilon_m \frac{\partial u}{\partial r} \qquad (5-12)$$

式中　ε_m——单位质量湍流动量扩散系数,m^2/s;

　　　r——从流道中心线算起的径向距离,m。

图 5 – 3　湍流动量交混示意图

若已知ε_m,便可以计算出湍流动量交混值。影响ε_m的因素很多,诸如棒束通道的几何形状、尺寸、与壁面间的距离等,因而ε_m一般是各向异性的。沿棒的径向分量表示为ε_{mr},沿周向的分量表示为ε_{mp};对于矩形通道,垂直于轴向方向的分量为ε_{my},它们的数值是各不相同的。

一般可以把ε_{mr}表示为

$$\varepsilon_{mr} = C_r r_0 \left(\frac{\tau}{\rho}\right)^{0.5} \qquad (5-13)$$

式中　r_0——管道的半径,m;

　　　τ——管壁上的剪应力,N/m^2;

　　　C_r——待定实验常数。

ε_{my}可以表示为

$$\varepsilon_{my} = C_y Y_0 \left(\frac{\tau}{\rho}\right)^{0.5} \qquad (5-14)$$

式中　C_y——待定实验常数;

　　　Y_0——流道中心线至壁面的距离,m。

ε_{mp}可以表示为

$$\varepsilon_{my} = C_p S \left(\frac{\tau}{\rho}\right)^{0.5} \qquad (5-15)$$

式中　C_p——待定实验常数;

　　　S——待定特征长度,它可以是通道的当量直径D_e,也可以是从棒的表面至流道中剪应力为零的位置间的距离S_p。

关于湍流动量交换的详细内容可参见流体力学方面的文献资料。

2. 气液两相流

气液两相流的湍流交混与单相流的不同,有关的研究还不是很成熟,下面只做简要的介绍。在分析时,假设相邻通道中气液每一相在相邻通道中具有相同的饱和焓值,则有:

(1)湍流质量交混

除了气 – 气、液 – 液之间相互等质量交换而无净质量转移外,还由于气液间交换的结果发生净质量转移,这是由于气液两相是等体积交换而非等质量交混引起的,而在单相流时湍流交混是无净质量转移的。

（2）湍流动量交混

在气液两相流工况下，气－气、液－液、气液间的三种交混都必须考虑。

（3）湍流能量交混

根据上述假设，只须考虑在气液之间进行。气液两相湍流交混系数与流型密切相关，特别是当流动由泡状流型转变为弹状流型时，交混系数将产生较大的变化；其次，交混系数还与空泡份额、系统压力和质量流速等因素有关。对于气液两相流动湍流交混系数，需要专门的模型来计算。例如在一些子通道分析程序中，采用 Carlucci 动量交混模型进行处理，在此不再赘述。

对于单相流动，在并联开式通道中，不但在通道入口处存在流量分配不均匀的问题，而且由于存在相邻通道冷却剂间的混合交混，因此描述冷却剂热工水力状态的方程变得复杂起来；另外，方程本身还包括若干需要直接由实验确定的量，如相邻通道冷却剂之间的交混系数、横流阻力系数等，这些都增加了求解开式并联通道流量分配的困难。求解开式通道流量分配的方法和闭式通道大体相似，但是又有以下主要不同之处：

（1）不适宜一次取整个通道来计算

应该把通道沿轴向分为足够多长度足够小的控制单元（即步长），每次对一个步长进行计算。计算的方法和 5.3.1 节所用方法基本上相同，但由于步长较短，一般可以把方程表示为差分的形式以便于求解。

（2）无论是湍流交混还是横流混合，对流体轴向的动量都有影响

横流混合对于流体轴向动量的影响比较大，它起了两种作用：一种是加速了流体所进入通道（即受主通道）的流速；另一种是对流体所流出通道（即施主通道）起了阻滞作用。

Bowring 建议横流引起受主通道 i 产生的附加加速压降 $\Delta p_{i,\text{cross1}}$ 可以表示为

$$\Delta p_{i,\text{cross1}} = -\frac{\Delta\omega_{ji}}{2A_i}\left\{(1-\bar{x}_j)\left[\frac{G_{j,\text{in}}(1-x_{j,\text{in}})}{\rho_{j,\text{in}}(1-\alpha_{j,\text{in}})}+\frac{G_{j,\text{out}}(1-x_{j,\text{out}})}{\rho_{j,\text{out}}(1-\alpha_{j,\text{out}})}\right]\right\}+$$
$$\frac{\bar{x}_j}{\bar{\rho}_g}\left(\frac{G_{j,\text{in}}x_{j,\text{in}}}{\alpha_{j,\text{in}}}+\frac{G_{j,\text{out}}x_{j,\text{out}}}{\alpha_{j,\text{out}}}\right) \tag{5-16}$$

式中　$\Delta\omega_{ji}$——通道 j 到通道 i 的转向横流流量增量，kg/(m·s)；

$\rho_{j,\text{in}},\rho_{j,\text{out}}$——$j$ 通道中在入口和出口的液相密度，kg/m³；

$\bar{\rho}_g$——气相的平均密度，kg/m³；

$\bar{x}_j$——出入口含气率的平均值；

$x_{j,\text{in}},x_{j,\text{out}}$——入口和出口含气率；

$\alpha_{j,\text{in}},\alpha_{j,\text{out}}$——进出口处的空泡份额，下标 i,j 为 i,j 通道。

横流对 i 通道产生的阻滞压降 $\Delta p_{i,\text{cross2}}$ 为

$$\Delta p_{i,\text{cross2}} = -\frac{F_{\text{cross}}\Delta z}{A_i}\left[\omega_{ji}+\frac{|\Delta\omega_{ji}|-\Delta\omega_{ji}}{2\Delta z}\right]\left[\frac{\bar{G}_j}{\rho_j}-\frac{\bar{G}_i}{\rho_{ji}}\right] \tag{5-17}$$

式中　ω_{ji}——通道 j 到通道 i 的转向横流流量，kg/(m·s)；

F_{cross}——横流动量修正系数；

$|\Delta\omega_{ji}|$——转向横流流量增量的绝对值；

$\bar{G}_i,\bar{G}_j$——第 i、第 j 通道入口和出口的平均轴向质量流速，kg/(m²·s)。

式（5-16）和式（5-17）都可以用于单相流或两相流，用于单相流时，取 $x=0$。当

$\Delta\omega_{ji} > 0$时，$\Delta p_{i,\text{cross1}}$是负的，这是因为$i$通道的流速增大，使一部分静压能转化为动能之故。

$\Delta p_{i,\text{cross2}}$只发生在施主通道，从式（5-17）可见，当$\Delta\omega_{ji} > 0$时，$\Delta p_{i,\text{cross2}}$为正数，若$\Delta\omega_{ji} < 0$，则$\Delta p_{i,\text{cross2}}$为零。

所以，在并联开式通道的流量计算中，对每一个通道所用的轴向动量方程，应该包括上述$\Delta p_{i,\text{cross1}}$和$\Delta p_{i,\text{cross2}}$项，而且应该增加一个质量平衡方程和一个横向动量方程。在通道i中某步长内的质量平衡方程可表示为

$$\frac{\Delta M_i}{\Delta z} = - \sum_{i=1}^{n_i} \omega_{ij} \tag{5-18}$$

式中　n_i——与i通道相邻的开式通道数；

　　　ΔM_i——出入口流量的差值，kg/s。

横向动量方程可用下式表示：

$$p_i - p_j = K_{ij} u_{ij}^2 \tag{5-19}$$

或者

$$p_i - p_j = C_{ij} \omega_{ij} |\omega_{ij}| \tag{5-20}$$

式中　u_{ij}——从j通道进入i通道的横流线速度，m/s；

　　　$|\omega_{ij}|$——横流流量ω_{ij}的绝对值，kg/m·s；

　　　K_{ij}和C_{ij}——横流阻力系数。

对于湍流交混，尽管在并联的开式通道中由于流速不同，当通道间发生湍流交混时，高速的流体会使低速的流体动量增加，但是实验结果表明，这种湍流交混对流体轴向动量的影响很小，可以忽略。

对于开式通道每一个步长流量分配的方法，与闭式通道中所介绍的方法基本上是一样的。若共有n个通道和n_i对相邻通道，可以写出n个轴向动量方程，n个式（5-18）的质量平衡方程和n_i个式（5-19）的横流动量方程，一共有$n_i + 2n$个方程式。未知量中有n个ΔM，n个p值和n_i个横流速度ω_{ij}，也共有$n_i + 2n$个未知量，故可得出定解。整个计算应从通道入口第一个步长开始。可以预先拟订一个各通道第一个步长的入口流量，按上述介绍的方法逐个步长算到通道的出口，当算出的最后一个步长的出口压力不能满足给出的边界条件时（一般设各通道出口压力相等），则重新拟订或修正一个各通道的入口流量，重复以上的计算过程，直到满足给定的出口边界条件为止。

以上的计算方法，只适用于绝热的通道。在受热情况下，还需要考虑能量方程，对于第i个子通道，能量方程的形式为

$$M_i \frac{\Delta H_i}{\Delta x} = q_{l,i} + \sum_{j=1}^{N} \omega_{ij}' (H_j - H_i) - \sum_{k=1}^{N} \begin{cases} 0; & \omega_{ij} \geq 0 \\ w_{ij}(H_j - H_i); & \omega_{ij} < 0 \end{cases} \tag{5-21}$$

这样，利用n个热平衡方程可求出各子通道（步长）的出口焓值，结合状态方程可以求得对应的出口温度以及其他物性。

5.3.3　堆芯进口流量分布

在下部腔室中流体的流动轨迹或流动过程中形成的旋涡会影响堆芯入口处的流量分配。流体从吊篮与压力容器壳壁之间的下降环腔流过时所形成的向下射流在堆芯进口的边缘处产生一个低压区，还将减少外围组件中的流量。对于一个具有水平旋转平面的旋涡来说，在它的中心处的压力一般低于其四周的压力。因此，进入位于旋涡上方燃料组件内

的流量会相应减少。

均匀化进口流动最有效的方法是增加堆芯底部的流动阻力。根据 Prandtl 改善流速分布的方程式:

$$\frac{\Delta u_{加阻后}}{u_{平均}} = \frac{1}{K+1} \frac{\Delta u_{加阻前}}{u_{平均}} \tag{5-22}$$

式中

$$K = \frac{\Delta p_{板}}{\dfrac{\rho u_{平均}^2}{2}} \tag{5-23}$$

增加堆芯底部或者燃料组件区域进口处的流动阻力,可以有效改善进入堆芯区域的冷却剂流量分配均匀性。

一个类似的关系式可以用于堆芯的进口。例如,考虑到在堆芯进口处的欧拉数为

$$Eu = \frac{\Delta p_{堆芯进口}}{\dfrac{\rho u_{射流}^2}{2}} \leqslant 0 \tag{5-24}$$

在最不利的情况下,堆芯下腔室内的 K 等于 10。要获得热通道进口的压降可以把射流产生的静压和平均进口压降加在一起。这样可以得到(最大流量通道的 Δp)/(平均通道的 Δp)等于 11/10。由于 Δp 正比于 u^2,故最大进口流速与平均进口流速之比等于$(11/10)^{1/2}$。

对于反应堆下腔内的流动问题,一些学者应用势流理论对流场分布进行了求解。Tong 和 Yeh 利用共形映射解得两维流场的近似值。Yeh 还得到了在三维情况下势流流场的解。他把流场分为若干区(下降段、下腔室和下降段底部上方的圆柱形区),并采用分离变量法求解每一区域的微分方程。图 5-4 表示出一个典型的计算解。可以看出,因此,将下降段的外缘延伸到离堆芯下部较远的位置是比较有利的。

应用势流理论虽然能够得到反应堆下腔室的流动特性和速度分布的近似解,但需要对研究对象的几何条件进行简化,并略去下腔室中的许多构件,也不能考虑旋涡的影响,因此,大多数反应堆设计工作者后来都采用比例模型通过实验研究来确定下腔室的速度分布。

Hetsroni 在水力学方面描述了一个压水堆容器和堆芯模型的试验。从几何条件、相对粗糙度、雷诺数和欧拉数等四个无量纲参数中,Hetsroni 得出了几何条件和欧拉数是最重要的结论。他的试验是用几何形状不变、比例为 1/7 的模型做的。通过仔细保持模型的欧拉数与原型的欧拉数大体相同,并且对 1/7 的比例因子加以调整以适用于在小的流动通道中的相对粗糙度,但在大的通道中对此可忽略不计。得出的试验结果是:若把直的下降段的下缘延伸至堆芯的下面,流量分配便可以大大改善。下降段带斜度的下缘并不能使流量分配满足要求。而且还发现流量分配与下腔室内的几何条件有关。

应该注意到,把从实验得出的流速分布应用到实际的堆芯设计中还存在一些问题。在运行工况下,高功率区产生相当多的蒸汽,进口流量的再分配可保持堆芯出口的压力几乎是恒定的。Khan 建议可利用测得的堆芯进口流速分布求得在堆芯进口处的压力分布。他进一步建议可以假设这个压力分布在运行工况下保持不变。另一种方法是可以利用流量分配来确定下降段与堆芯各个组件间的流动阻力,然后再假设在运行工况下这些阻力保持不变。

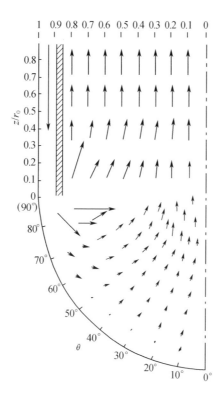

图 5 - 4 下腔室中的典型流速分布(简化结构)

随着计算机技术和流体力学数值模拟技术的发展,计算流体动力学方法在反应堆内的应用已获得了不错的进展。国内外研究人员已经能够利用商业化计算流体动力学软件,对堆芯下腔室、下降环腔,甚至包括堆芯区域的流场进行求解分析。由于计算流体动力学软件在求解类似问题时,并不需要对流体、流场做太多假设,其计算限制仅限于计算机的资源,因此,采用这种方法进行下腔室乃至堆芯冷却剂流场及流量分配特性的计算是未来的发展方向。

5.4 热管因子和热点因子

在进行反应堆热工水力特性分析时,根据设计参数,容易获得堆芯内的平均热工参数,例如平均热负荷、平均的冷却剂焓升等。但是,真正限制堆芯释放功率的并不是热工参数的平均值,而是由于物理或工程因素导致的个别通道或者个别位置处的热工参数。本节将要介绍的热管因子和热点因子都是用来表征不均匀性的重要概念。

由反应堆物理的有关知识可知,在反应堆内,即使燃料元件的形状、尺寸、密度和裂变物质富集度都相同,堆芯内中子通量的分布也还是不均匀的;再加上堆芯内存在控制棒、水隙、空泡以及在堆芯周围存在反射层,就更加重了堆芯内中子通量整体分布和局部分布的不均匀性。显然,与上述中子通量分布相对应,堆芯内的热功率分布也就不会是均匀的了。在反应堆内,燃料装载形式、控制棒、结构材料、水隙和空泡等影响堆芯内功率分布的因素通常称为核因素。

除了核因素以外,工程方面的某些因素,例如燃料元件和堆内构件的机械偏差,冷却剂流量与设计值之间的偏差,燃料富集度与设计值之间的偏差等,也会对堆芯内功率的分布有一定的影响。如果局部燃料富集度超过设计值,则局部的释热率就会偏高,相应的温度也会偏高;元件直径的加工偏差,也会使局部热阻加大,从而形成局部温度过高;栅格结构的尺寸偏差、燃料元件运行过程中的弯曲、肿胀以及节流孔径尺寸变化等,都可能引起冷却剂流通面积变小,使流过的冷却剂流量降低,从而导致局部温度过高。

一般情况下,核因素通常表征了热工参数的名义值与平均值之间的偏差,而工程因素则表征了热工参数的最大值与其名义值之间的偏差。此外,由于影响堆芯功率分布的核因素和工程因素既有系统性,也具有随机性,因而堆芯各冷却剂通道的热工状态与功率分布变得极为复杂,难以用精确的数学关系式表述这种不均匀性,因此引入热管(热通道)、热点、热管因子(热通道因子)和热点因子这些概念来描述反应堆堆芯内冷却剂通道的不均匀性。

5.4.1 核热管和核热点

当不考虑在堆芯进口处冷却剂流量分配的不均匀,以及不考虑燃料元件的尺寸、性能等在加工、安装、运行中的工程因素造成的偏差,单纯从核的原因来看,堆芯内就存在着某一积分功率输出最大的燃料元件冷却剂通道,这种积分功率输出最大的冷却剂通道通常就称为核热管或核热通道;同时,堆芯内还存在着某一燃料元件表面热流密度最大的点,这种点通常就称为核热点。如不考虑工程因素的影响,核热管和核热点对确定堆芯功率的输出量起着决定性的作用。

热管和热点的定义及其应用是随着反应堆的设计、制造、运行经验的积累和计算模型及计算工具的发展而不断发展的。在早期的反应堆中,整个堆芯内所装载裂变物质的富集度是相同的,燃料元件组件的形状尺寸也是相同的,堆芯进口处流入各燃料元件冷却剂通道内的流体温度和流量的设计值也认为是相同的,在这种情况下,整个堆芯中积分功率输出最大的燃料元件冷却剂通道必然就是热管。在反应堆的物理和热工设计中,为了保证堆的安全,常常保守地将堆芯内的中子通量局部峰值人为地都集中到热管内,这样一来,热点自然也就位于热管内了,也就是说热管包含了热点;同时还保守地假定,径向核热管因子 F_R^N 沿热管全长是常数,以及热管的轴向归一化功率分布 $\varphi(z)$ 与堆芯其余冷却剂通道的轴向功率分布相同,即热管的轴向归一化功率仅为轴向位置的函数而与径向无关。很显然,按照上述确定的热管和热点,其工作条件肯定是堆芯内最"热"的了。因此只要保证热管的安全,而无需再烦琐地计算堆内其余燃料元件和冷却通道的热工参数,就能保证堆芯其余燃料元件的安全了,这就是为什么在反应堆发展的早期,在堆热工设计中采用热管和热点分析模型的原因。

早期设计的压水反应堆中,不允许热管内的冷却剂发生沸腾,反应堆热工设计准则规定热管出口处冷却剂的温度要小于堆芯工作压力下的饱和温度,以及燃料元件的最高中心温度和最高表面温度要分别小于相应的允许值。前一条热工设计准则相应于限制热管的积分功率输出;而后一条热工设计准则相应于限制热点的最大热流密度输出。在热点位于热管内的条件下,如近似认为燃料元件的轴向功率是按余弦规律分布,忽略外推长度的影响,应用第3章的有关分析计算,可以得到燃料元件的最高中心温度为

$$T_{0,\max} = T_{f,in} + \frac{\Delta T_f}{2} + \sqrt{\left(\frac{\Delta T_f}{2}\right)^2 + \left[\Delta T_f(0) + \Delta T_c(0) + \Delta T_g(0) + \Delta T_u(0)\right]^2} \quad (5-25)$$

其中 $\Delta T_f = T_{f,o} - T_{f,in} = \dfrac{2q_1(0,0)H}{\pi c_p M}$;

$$\Delta T_f(0) = T_c(0) - T_f(0) = \frac{q_1(0,0)}{\pi D_c h};$$

$$\Delta T_c(0) = T_{ci}(0) - T_c(0) = \frac{q_1(0,0)\ln(D_c/D_{ci})}{2\pi k_c};$$

$$\Delta T_g(0) = T_u(0) - T_{ci}(0) = \frac{q_1(0,0)\ln(D_{ci}/D_u)}{2\pi k_g};$$

$$\Delta T_u(0) = T_0(0) - T_u(0) = \frac{q_1(0,0)}{4\pi k_u}。$$

考虑到 $\dfrac{\Delta T_f}{2}$ 远小于 $\left[\Delta T_f(0) + \Delta T_c(0) + \Delta T_g(0) + \Delta T_u(0)\right]$,式(5-25)可近似写成

$$T_{0,\max} \approx T_{f,in} + \frac{\Delta T_f}{2} + \Delta T_f(0) + \Delta T_c(0) + \Delta T_g(0) + \Delta T_u(0) \quad (5-26)$$

类似地,燃料元件表面最高温度 $T_{c,\max}$ 也可近似用下式计算:

$$T_{c,\max} \approx T_{f,in} + \frac{\Delta T_f}{2} + \Delta T_f(0) \quad (5-27)$$

由以上两式可见,与压水反应堆热工设计准则有关的两项 $T_{0,\max}$ 和 $T_{c,\max}$ 都与冷却剂温度和燃料元件中分面上各部分的传热温差有关。由上述关系式也容易知道,当只从核方面的因素考虑时,冷却剂温度、各部分的温差只与热流密度有关。因此,当热点位于热管内时,且在燃料元件的材料性质、形状尺寸已定的情况下,$T_{0,\max}$ 和 $T_{c,\max}$ 只与最大热流密度(即热点处的热流密度)有关。由此可见在热工设计中,只定义一个热流密度核热点因子就够了,而不必再定义另外的核热点因子了。这样,燃料元件表面上热流密度最大的点就是限制堆芯功率输出的热点。

5.4.2 核热管因子和核热点因子

为了定量地表征热管和热点的工作条件,堆芯功率分布(有时称为堆芯功率整体分布)的不均匀程度常用热流密度核热点因子 F_q^N 来表示;在单通道模型中,人为地认为热点位于热管内,故 F_q^N 有时也称为热流密度核热管因子。如果不考虑堆芯中控制棒、水隙、空泡和堆芯周围反射层的影响,则有:

$$F_q^N = \frac{\text{堆芯最大热流密度}}{\text{堆芯平均热流密度}} = \frac{q_{\max}}{\bar{q}} = F_R^N F_Z^N \quad (5-28)$$

在实际计算中,必须要考虑控制棒、水隙、空泡等局部因素对功率分布的影响,还应考虑到在堆芯核设计中如果应用 $R-Z$ 坐标计算时的方位角影响,以及核计算不准确性所造成的误差,故上式应改写为

$$F_q^N = F_R^N F_Z^N F_L^N F_U^N F_\theta^N \quad (5-29)$$

式中 F_L^N——控制棒等局部因素造成的局部峰核热点因子;

F_U^N——核计算误差修正系数;

F_θ^N——方位角修正系数。

由于不考虑工程因素的影响,容易得到

$$\frac{q_{v,\max}}{\overline{q}_v} = \frac{q_{\max}}{\overline{q}} = \frac{q_{l,\max}}{\overline{q}_l} = F_q^N \qquad (5-30)$$

故可得

$$q_{v,\max} = \overline{q}_v F_q^N$$
$$q_{\max} = \overline{q} F_q^N$$
$$q_{l,\max} = \overline{q}_l F_q^N$$

式中 $q_{v,\max}, q_{\max}, q_{l,\max}$——燃料元件的最大体积释热率、最大表面热流密度和最大线功率;

$\overline{q}_v, \overline{q}, \overline{q}_l$——燃料元件的平均体积释热率、平均表面热流密度、平均线功率。

其中平均线功率的计算式为

$$\overline{q}_l = \frac{N_t F_a}{nZ} \qquad (5-31)$$

根据上述定义,如把坐标原点设在堆芯进口处,则热管中的积分功率输出 $Q_{\max}$ 可用下式表示(坐标原点设在堆芯进口处):

$$Q_{\max} = \left[\int_0^L q_1(z)\,\mathrm{d}z\right]_{\max} = \int_0^L \overline{q}_l F_R^N F_L^N F_U^N F_\theta^N \varphi(z)\,\mathrm{d}z \qquad (5-32)$$

其中,$\varphi(z)$ 为热通道内轴向归一化功率分布,其定义式为 $(\varphi(z)) = \dfrac{q_1(z)}{\overline{q}_l}$,且有

$$\frac{\int_0^L \varphi(z)\,\mathrm{d}z}{Z} = \overline{\varphi}(Z) = 1$$

如不考虑工程因素的影响,则热管和平均管中冷却剂焓升的比值,称为焓升核热管因子,并用 $F_{\Delta H}^N$ 表示。即

$$F_{\Delta H}^N = \frac{\text{热管最大焓升}}{\text{堆芯平均管焓升}} = \frac{\Delta H_{\max}}{\Delta \overline{H}} \qquad (5-33)$$

如果整个堆芯装载完全相同的燃料元件,不计及方位角、核计算以及控制棒等影响,又假设热管和平均管内冷却剂的流量相等,略去其他工程因素的影响,则堆芯冷却剂的焓升核热管因子 $F_{\Delta H}^N$ 就等于径向核热管因子 F_R^N,这个结论可从下面的推导得出。

$$F_{\Delta H}^N = \frac{\text{热管最大焓升}}{\text{堆芯平均管焓升}} = \frac{\text{热管平均线功率} \times \dfrac{\text{堆芯高度}}{\text{冷却剂流量}}}{\text{平均管平均线功率} \times \dfrac{\text{堆芯高度}}{\text{冷却剂流量}}}$$

$$= \frac{\int_0^L \overline{q}_l F_R^N \varphi(z)\,\mathrm{d}z}{\overline{q}_l Z} = \frac{F_R^N \int_0^L \varphi(z)\,\mathrm{d}z}{Z} = \frac{F_R^N \overline{\varphi}(L) Z}{Z}$$

$$= F_R^N \overline{\varphi}(Z) = F_R^N \qquad (5-34)$$

在实际计算热管冷却剂焓升时,还应计入 F_L^N, F_U^N 以及 F_θ^N 等因子的影响,一般常将这几个因子的影响统一归并在 F_R^N 中。

上面式子中仅考虑了单独由核的因素引起的热流密度核热点因子 F_q^N 和焓升核热管因子 $F_{\Delta H}^N$,这实际上相当于用有关热工参数名义(设计)值来表示不均匀性,因此它们也可以改

写成如下的形式:

$$F_q^N = \frac{\text{堆芯名义最大热流密度}}{\text{堆芯平均热流密度}} = \frac{q_{n,max}}{\overline{q}}$$

$$F_{\Delta H}^N = \frac{\text{堆芯名义最大焓升}}{\text{堆芯平均管焓升}} = \frac{\Delta H_{n,max}}{\overline{\Delta H}} \qquad (5-35)$$

5.4.3 工程热管因子和工程热点因子

上面关于热流密度核热点因子 F_q^N 和焓升核热管因子 $F_{\Delta H}^N$ 的定义式中所涉及的热管中,燃料元件的热流密度和冷却剂的焓升,都是应用其名义(设计)值,即没有考虑到诸如燃料元件等在加工、安装及运行中的各类工程因素所造成的实际值与设计值之间的偏差。在实际计算中,必须考虑这些工程因素所造成的偏差。

工程上不可避免的误差,会使堆芯内燃料元件的热流密度、冷却剂流量、冷却剂焓升及燃料元件的温度等偏离名义值。为了定量分析由工程因素引起的热工参数偏离名义值程度,这里引出了热流密度工程热点因子 F_q^E 和焓升工程热管因子 $F_{\Delta H}^E$ 的概念,即

$$F_q^E = \frac{\text{堆芯热点最大热流密度}}{\text{堆芯名义最大热流密度}} = \frac{q_{h,max}}{q_{n,max}} \qquad (5-36)$$

$$F_{\Delta H}^E = \frac{\text{堆芯热管最大焓升}}{\text{堆芯名义最大焓升}} = \frac{\Delta H_{h,max}}{\Delta H_{n,max}} \qquad (5-37)$$

综合考虑核和工程两方面的因素后,热流密度热点因子 F_q 和焓升热管因子 $F_{\Delta h}$ 可分别定义为

$$F_q = \frac{\text{堆芯热点最大热流密度}}{\text{堆芯平均热流密度}} = \frac{q_{n,max}}{\overline{q}} \frac{q_{h,max}}{q_{n,max}} = \frac{q_{h,max}}{\overline{q}} = F_q^N F_q^E \qquad (5-38)$$

$$F_{\Delta h} = \frac{\text{堆芯热管最大焓升}}{\text{堆芯平均管焓升}} = \frac{\Delta H_{n,max}}{\overline{\Delta H}} \frac{\Delta H_{h,max}}{\Delta H_{n,max}} = \frac{\Delta H_{h,max}}{\overline{\Delta H}} = F_{\Delta H}^N F_{\Delta H}^E \qquad (5-39)$$

在实际工程应用中,除了上述按照全堆芯来定义的热管因子和热点因子外,还可以参照热管因子和热点因子定义的本质,定义功率分布的不均匀性。常见的几种定义方式列举如下:

(1)燃料组件功率峰因子 K_q:是指燃料组件最大热流密度与组件平均热流密度的比值,用以表征组件内的功率分布不均匀性。一般要求组件功率峰因子不大于 1.35。

(2)燃料棒径向功率峰因子 K_r:是指给定燃料棒的功率与径向平均燃料棒功率的比值,用以表征径向功率分布不均匀性。K_r 除了受堆芯设计影响外,还受到控制棒位置、功率水平、燃耗等因素的影响,一般要求 K_r 不大于 1.6。

(3)局部核功率峰因子 K_0:是指燃料棒局部热流密度与研究区域内燃料棒平均热流密度的比值。用以表征局部功率分布的均匀性。

5.4.4 热管和热点

同时考虑核和工程两方面的因素后,对热管和热点的定义和阐述应修改为:热管是堆芯内具有最大焓升的冷却剂通道。这里所说的冷却剂通道,在按正方形栅格排列的棒束燃料组件中,它是由四根相邻的燃料元件棒所围成的冷却剂通道;而在按三角形栅格排列的棒束燃料组件中,则是由三根相邻的燃料元件棒所围成的冷却剂通道。至于热点,则是燃

料元件上限制堆芯功率输出的局部点。

为了更清楚起见,下面将用数学表达式来说明单通道分析模型中热管和热点上热工参数的计算方法,同时也说明热管因子和热点因子的用法。

根据冷却剂输热方程,结合式(5-32)和式(5-37),容易得到热管冷却剂焓升的表达式为

$$\Delta H_{h,max} = \frac{\int_0^L \bar{q}_l F_R^N F_{\Delta H}^E \varphi(z)\,dz}{M} \qquad (5-40)$$

式中的 F_R^N 中已包含 F_L^N, F_U^N 以及 F_θ^N。

燃料元件表面最大热流密度

$$q_{max} = \bar{q} F_q^N F_q^E \qquad (5-41)$$

至于燃料元件温度的计算,以热管内燃料元件包壳外壁的膜温差为例:

$$\Delta\theta_f(z) = \frac{q_1(z)}{\pi d_{cs} H(z)} = \frac{\bar{q}_l F_q^N F_q^E \varphi(z)}{\pi d_{cs} h(z)} \qquad (5-42)$$

在以上计算中,F_q^E 及 F_q^N 都是取不利于安全的工程偏差,因而这些因子都大于1。所以,在考虑了工程因素的影响后,计算得到的燃料元件最高温度比没有考虑工程偏差时的要高。正因为如此,在反应堆热工设计中称工程热管因子和工程热点因子为工程不利因子。

目前,在子通道分析模型中,热管被定义为冷却剂比焓升最高的燃料元件冷却通道。由式(5-40)可见,热管出现在积分功率输出和冷却剂流量之比值最大的位置上,而并不一定发生在积分功率输出最大或冷却剂流量最小的通道。但在压水堆核电厂燃料组件采用开式通道的情况下,堆芯进口对冷却剂流量分配不均匀的影响只在离进口0.6 m左右的长度内表现出来,再往后其影响就很小了,因而堆芯内热管的位置主要取决于冷却剂通道全长上积分功率输出的大小,而堆芯进口冷却剂的流量分配不均匀性仅起着较小的影响。至于热点,则仍然是燃料元件上限制堆芯功率输出的局部点。

在子通道分析模型中,可直接根据堆芯三维功率分布、焓升工程热管因子和热流密度工程热点因子计算出燃料元件的温度。下面是根据这种模型写出的任意一根燃料元件棒外表面温度的计算公式:

$$T_c(x,y,z) = T_{f,in} + \frac{\int_0^z q_1(x,y,z) F_{\Delta H}^E dz}{M(x,y,z)\Delta c_p} + \frac{\bar{q}_l(x,y,z) F_q^E}{\pi D_c h(x,y,z)} \qquad (5-43)$$

5.4.5 降低热管因子和热点因子的途径

热管因子及热点因子的值是影响反应堆热工设计安全性和经济性的重要因素,也是动力堆的重要技术性能指标之一。因此,在反应堆设计时必须设法降低它们的数值,以便达到尽可能提高反应堆堆芯功率输出,或者尽可能达到增加安全裕度的目的。热管因子及热点因子是由核和工程两方面不利因素造成的,因而要减小它们的数值也必须从这两方面着手:

(1)在核方面

主要途径是展平堆芯的功率分布或热中子通量的分布。主要手段是沿堆芯径向不同位置装载不同富集度的核燃料以展平功率;在堆芯周围设置反射层;在堆芯径向不同位置

布置一定数量的控制棒和可燃毒物棒,这个办法的缺点是中子利用不经济。以上几种办法只能部分改善堆芯径向功率分布的不均匀性。至于展平堆芯轴向功率分布,可以采用沿轴向不同位置装载不同富集度燃料,或采用设置反射层的方法,也可以采用设置长短控制棒相结合的办法。

(2)在工程方面

主要途径是合理地控制有关部件的加工及安装误差,同时需要兼顾工程热管因子和工程热点因子数值的减少和加工费用的增加。通过合理的结构设计和反应堆水力模拟实验,改善堆芯下腔室冷却剂流量分配的不均匀性。加强堆芯内相邻冷却剂通道间的流体横向交混,以降低热管内冷却剂的焓升。

5.4.6 热管因子和热点因子的应用

关于工程热管因子和工程热点因子的综合计算,先后有两种方法在实际中采用较多,一种是乘积法,另一种是混合法。在反应堆发展的早期,热流密度工程热点因子 F_q^E 和焓升工程热管因子 $F_{\Delta H}^E$ 的计算都采用乘积法。这种方法通常是把所有工程偏差都看作是非随机性质的,在综合计算影响热流密度的各工程偏差时,保守地采用了将各个工程偏差值相乘的方法,即所说的乘积法;综合计算影响冷却剂焓升的工程偏差时也同样采用乘积法。乘积法的含义就是指把所有有关的最不利的工程偏差都同时集中作用在热管或热点上;所谓最不利的工程偏差,是指在综合计算时取对安全不利方向的最大工程偏差。由上可见,乘积法虽然满足了堆内燃料元件的热工设计安全要求,但却降低了堆的经济性。

目前广泛应用的方法是混合法,这种方法把燃料元件和冷却剂通道的加工、安装及运行中产生的误差分成两大类:

一类是非随机误差或称系统误差,例如由堆芯下腔室流量分配不均匀、流动交混及流量再分配等因素造成的热管冷却剂实际焓升与名义焓升间的偏离;另一类是随机误差或统计误差,如燃料元件及冷却剂通道尺寸的加工、安装误差。在计算焓升工程热管因子时,因存在两类不同性质的误差,所以首先应分别计算各类误差造成的分因子量,如属非随机误差,则按前述乘积法计算分因子量;如属随机误差,则按误差分布规律用相应公式计算;然后再将不同误差性质的两大类焓升工程热管因子逐个相乘得到总的焓升工程热管因子。同理,在计算热流密度工程热点因子时,也应按其各类误差的性质分别进行计算。由上可见,混合法的实质,是把工程误差分为非随机误差与随机误差两大类,先分别计算各类误差,最后再把它们综合起来。

用随机误差进行计算时,认为所有有关的不利工程因素是按一定的概率作用在热管和热点上的。与前述非随机误差的计算相比,有几点不同:

一是取"不利的工程因素"而非"最不利的工程因素";

二是"按一定的概率作用在热管和热点上",而非"必然同时集中作用在热管上和热点上";

三是有一定的可信度(即概率)而非"绝对安全可靠"。在详细说明计算属于随机误差的各有关分因子之前,先对随机误差量有关的基本概念做一简单回顾。

在大批生产某一产品的过程中,要测定工件的加工误差,以检验产品质量是否合格。如果对同一种工件,不能逐件测定其误差(自动化检验装置可每件检测),那么就只能在批量产品中抽查一定数量的工件,这种检验产品质量的方式称为抽样检查,抽样检查的工件

数应占总生产工件数的百分比需根据具体情况而定。对大批产品抽样检查后进行统计分析表明,加工误差的出现,有如下的规律:

(1)对单个产品来说,加工误差的大小与正负带有偶然的性质,即误差属于随机变量的性质。

(2)当按同一图纸大批生产同一种工件时,加工误差的大小与正负服从高斯分布(正态分布)。加工件数愈多,这一结论愈正确。高斯分布如图5-5所示,图中横坐标 x 代表误差值,纵坐标 y 代表误差出现的概率密度。

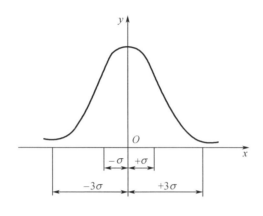

图5-5 高斯正态分布函数

(3)小误差比大误差出现的概率多,这在图5-5上表达得很清楚。

(4)大小相等、符号相反的正负误差出现的概率近似相等,故高斯曲线对称于 y 轴。

(5)极大的误差值,不论正负号,其出现的概率均非常小。

这里简单地对概率密度进行解释。

设 x 表示每一工件加工后的实际尺寸与标准(名义)尺寸之差,称为观测值,N 表示某一零件按同一图纸加工的同一批产品中抽样检查的总工件数,即观测总次数;n_i 表示某一观测值 x_i 在 $\left(x - \dfrac{\Delta x}{2}, x + \dfrac{\Delta x}{2}\right)$ 内出现的次数,即频数。将观测值 x_i 出现的次数 n_i 与总的观测次数 N 相除,即可得到观测值 x_i 的相对出现次数 n_i/N,常将比值 n_i/N 称为 x_i 出现的频率 w_i;当观测次数十分多时,x_i 出现的频率就接近于 x_i 出现的概率 p。下面先引进概率密度的表示式,再导出概率表示式。

$$\lim_{\Delta x \to 0}\left(\frac{n_i}{N\Delta x}\right) = \frac{\mathrm{d}n}{N\mathrm{d}x} \tag{5-44}$$

上式等号右边的项常称为概率密度,并用 y 表示,即

$$y = \frac{\mathrm{d}n}{N\mathrm{d}x} \tag{5-45}$$

利用 y 与 x_i 作图,即可得如图5-5所示的曲线。

这样一来,对 $\mathrm{d}x$ 微元长度而言,误差出现的概率的表达式可表示如下:

$$\frac{\mathrm{d}n_i}{N} = \frac{1}{N}\left(\frac{\mathrm{d}n_i}{\mathrm{d}x}\right)\mathrm{d}x = y_i\mathrm{d}x \tag{5-46}$$

统计量 x 的高斯误差函数给出为

$$y = \frac{1}{\sqrt{2\pi}\,\sigma} \mathrm{e}^{-\frac{x^2}{2\sigma^2}} \qquad (5-47)$$

式中 σ 称为均方误差,其定义为

$$\sigma = \sqrt{\frac{x_1^2 + x_2^2 + \cdots + x_N^2}{N}} = \sqrt{\frac{\sum\limits_{i=1}^{N} x_i^2}{N}} \qquad (5-48)$$

均方误差 σ 的意义是指在一批产品中某种零件加工后的实际尺寸与标准尺寸的偏差值平方和的均方根。因为

$$x_i = x_{ir} - x_n \qquad (5-49)$$

式中　x_n——工件的标准尺寸;

　　　x_{ir}——第 i 个工件加工后抽样检查测出的实际尺寸。

也就是说 x_i 是工件加工后的实际尺寸与标准尺寸之差,所以均方误差又称标准误差。均方误差的 3 倍常称为极限误差,用符号 $[3\sigma]$ 表示,即

$$[3\sigma] = 3\sigma \qquad (5-50)$$

在 $\pm x$ 范围内,误差出现的概率 p 为

$$p = \int_{-x}^{x} y\mathrm{d}x = \frac{1}{\sqrt{\pi}} \int_{-x}^{x} \mathrm{e}^{-\frac{x^2}{2\sigma^2}} \mathrm{d}\left(\frac{x}{\sqrt{2}\,\sigma}\right) = \frac{1}{\sqrt{\pi}} \int_{-t}^{t} \mathrm{e}^{-t^2} \mathrm{d}t \qquad (5-51)$$

式中 $t = \frac{x}{\sqrt{2}\,\sigma}$。用不同的 x 值代入上式,即得

当 $x = \pm\sigma$ 时,$p = 68.3\%$;

当 $x = \pm 2\sigma$ 时,$p = 95.6\%$;

当 $x = \pm 3\sigma$ 时,$p = 99.7\%$。

由上可见,在 $\pm 3\sigma$ 范围内,高斯曲线与横坐标轴之间的面积(即概率)为 99.7%,而在 $\pm 3\sigma$ 范围之外的概率只有 0.3%。在反应堆的燃料元件加工中,负向误差不影响堆的安全,故求取合格范围内的概率时,积分的下限与上限分别取为 $-\infty$ 与 $+3\sigma$,在这个范围内的概率为 99.865%,通常近似写作 99.87%,即在一万个产品中,只有 13 个不合格(堆热工设计中常取合格产品的误差范围为 $-\infty$ 与 $+3\sigma$)。

以上对直接测量的物理量的误差做了分析。有些物理量在某些场合不能或不便于直接测量,那么它们就只能借助于直接测量一些与这些物理量有关并能直接测到的物理量,再进行计算求得,这种测量就称为间接测量。对于诸如长度、质量、温度和时间等直接测量的物理量本身,在测量时也不可避免地会出现一定的误差,这就使间接测量也产生一定的误差。间接测量的误差与直接测量的误差间存在如下的关系:

设物理量 Q 是直接测量到的量 $q_1, q_2, q_3, \cdots, q_n$ 的任一线性函数,且设 $Q = q_1 q_2 q_3 \cdots q_n$,各个 q 的误差 $\Delta q_1, \Delta q_2, \Delta q_3, \cdots, \Delta q_n$,将使 Q 产生一个误差 ΔQ,这个 ΔQ 就称为间接测量误差。如果 $q_1, q_2, q_3, \cdots, q_n$ 的误差属于随机性质,且服从正态分布,则 ΔQ 也属于随机性质,并且也服从正态分布。

采用相对误差表示直接测量值的误差,较绝对误差更能反映误差的特性。所谓某一物理量的相对误差是指该物理量误差的绝对值与其名义值之比,而相对均方误差可表示为

$$\sigma_Q = \frac{\sigma}{Q} \tag{5-52}$$

式中　Q——某一物理量的名义值；

　　　σ——该物理量均方误差的绝对值。

设某函数为

$$Q = \frac{q_1^m q_2^n q_3^p}{q_4^r q_5^s}$$

应用间接测量误差传递公式，则 Q 的相对标准误差可表示成：

$$\sigma_Q = \sqrt{\left(\frac{\partial Q}{\partial q_1}\right)^2 \left(\frac{\sigma_{q_1}}{Q}\right)^2 + \left(\frac{\partial Q}{\partial q_2}\right)\left(\frac{\sigma_{q_2}}{Q}\right)^2 + \cdots + \left(\frac{\partial Q}{\partial q_5}\right)^2 \left(\frac{\sigma_{q_5}}{Q}\right)^2}$$

$$= \sqrt{\left(\frac{m\sigma_{q_1}}{q_1}\right)^2 + \left(\frac{n\sigma_{q_2}}{q_2}\right)^2 + \cdots + \left(\frac{s\sigma_{q_5}}{q_5}\right)^2} \tag{5-53}$$

在反应堆热工计算中也是这样，如果一个工程热点分因子(或热管分因子)是某些物理量的函数，且这些物理量的误差是各自独立的随机误差，符合正态分布，那么该工程热点分因子(或热管分因子)也将服从正态分布。

下面就根据前述工程热管因子及热点因子的计算方法，先分别计算各分因子的值，而后再综合成总的工程热管因子及工程热点因子。

1. 热流密度工程热点因子 F_q^E

热流密度工程热点因子包含四个方面的影响因素，即燃料芯块的直径、密度、裂变物质的富集度以及燃料包壳外径的加工误差。这些误差都是随机性质的，实测表明符合正态分布，且各个影响因素的误差值是互不相关的独立变量，它们将使燃料元件包壳外表面热流密度偏离名义值。

根据体积释热率的概念，容易知道燃料元件放出的热量除与中子通量有关外，还取决于燃料芯块中可裂变核素的数密度。因此，燃料元件包壳外表面热流密度与局部点的燃料芯块质量和富集度成正比，而质量又与密度和横截面积成正比。所以热流密度正比于燃料芯块的富集度 e、密度 ρ 和横截面积 A(它与芯块直径的平方 d_u^2 成正比)。热流密度还与元件包壳外表面积成反比，而包壳外表面积与包壳外径 $d_{c,n}$ 成正比，所以热流密度与元件包壳外径成反比，即

$$q_{n,max} \propto e_n \rho_n d_{u,n}^2 / d_{c,n} \tag{5-54}$$

式中，$q_{n,max}$ 为燃料元件表面热流密度名义最大值。

在设计反应堆时，常取极限误差 3σ 作为合格产品的允许误差范围，此时，落在 $(-\infty, 3\sigma)$ 内的概率为 99.87%，即可信度为 99.87%。根据式(5-54)可知，包壳外表面热流密度的极限相对误差值为

$$\left[\frac{3\sigma_q^E}{q_{n,max}}\right] = 3\sqrt{\left(\frac{2\sigma_{du}}{d_{u,n}}\right)^2 + \left(\frac{\sigma_\rho}{\rho_n}\right)^2 + \left(\frac{\sigma_e}{e_n}\right)^2 + \left(\frac{\sigma_{dc}}{d_{c,n}}\right)^2} / q_{n,max} \tag{5-55}$$

式中　$3\sigma_q^E$——由工程上不利因素引起的燃料元件表面热流密度极限误差；

　　　$q_{n,max}$——燃料元件表面热流密度名义最大值；

　　　$d_{u,n}, \sigma_{du}$——燃料元件芯块直径的名义值及其均方误差；

　　　ρ_n, σ_ρ——芯块密度的名义值及其均方误差；

e_n, σ_e——燃料中裂变物质富集度的名义值及其均方误差;

$d_{c,n}, \sigma_{dc}$——燃料元件包壳外径的名义值及其均方误差。

按照均方误差的概念,各有关物理量的均方误差的计算方法如下:

$$\sigma_{du} = \sqrt{\frac{\Delta d_{u,1}^2 + \Delta d_{u,2}^2 + \cdots + \Delta d_{u,N}^2}{N}} \qquad (5-56)$$

$$\sigma_{\rho} = \sqrt{\frac{\Delta \rho_1^2 + \Delta \rho_2^2 + \cdots + \Delta \rho_N^2}{N}} \qquad (5-57)$$

$$\sigma_e = \sqrt{\frac{\Delta e_1^2 + \Delta e_2^2 + \cdots + \Delta e_N^2}{N}} \qquad (5-58)$$

$$\sigma_{dc} = \sqrt{\frac{\Delta d_{c,1}^2 + \Delta d_{c,2}^2 + \cdots + \Delta d_{c,N}^2}{N}} \qquad (5-59)$$

式中　$\Delta d_{u,i}$——抽样检查时第 i 块燃料芯块加工后实际直径与名义直径之差;

$\Delta \rho_i$——第 i 块燃料芯块加工后实际密度与名义密度之差;

Δe_i——第 i 块燃料芯块加工后裂变物质富集度的实际值与名义值之差;

$\Delta d_{c,i}$——第 i 根燃料元件包壳外径加工后的实际值与名义值之差;

N——抽样检查的工件数。

应该注意,对于热点热流密度,上述各项误差应取最大值。

最后可得热流密度工程热点因子为

$$F_q^E = \frac{q_{h,max}}{q_{n,max}} = \frac{q_{n,max} + \Delta q}{q_{n,max}} = 1 + \frac{\Delta q}{q_{n,max}} = 1 + \frac{3\sigma_q^E}{q_{n,max}} \qquad (5-60)$$

2. 焓升工程热管因子 $F_{\Delta H}^E$

对于压水堆,焓升工程热管因子 $F_{\Delta H}^E$ 由五个分因子组成,现分别讨论和计算如下:

(1)由燃料芯块直径、密度及裂变物质富集度的加工误差引起的焓升工程热管分因子 $F_{\Delta H,1}^E$

这几项误差均属随机性质,故类似于 F_q^E 的求法,可写成:

$$\left[\frac{3\sigma_{\Delta H,1}^E}{\Delta H_{n,max}}\right] = 3\sqrt{\left(\frac{2\sigma_{du,hc}}{d_{u,n}}\right)^2 + \left(\frac{\sigma_{\rho,hc}}{\rho_n}\right)^2 + \left(\frac{\sigma_{e,hc}}{e_n}\right)^2} / \Delta H_{n,max} \qquad (5-61)$$

式中 $\frac{3\sigma_{\Delta H,1}^E}{\Delta H_{n,max}}$ 为由燃料芯块直径、密度和燃料富集度偏离名义值而引起的热管冷却剂的焓升极限相对误差。

由于热管焓升是对通道全长上的冷却剂焓升而言的,上式各均方误差均有下标 hc,即表示计算均方误差应取热管全长上误差的平均值,如:

$$\sigma_{du,hc} = \sqrt{\frac{\Delta \overline{d}_{u,1}^2 + \Delta \overline{d}_{u,2}^2 + \cdots + \Delta \overline{d}_{u,N}^2}{N}} \qquad (5-62)$$

最后可得

$$F_{\Delta H,1}^E = 1 + 3\left(\frac{\sigma_{\Delta H,1}^E}{\Delta h_{n,max}}\right) \qquad (5-63)$$

(2)由燃料元件冷却剂通道尺寸误差引起的焓升工程热管分因子 $F_{\Delta H,2}^E$

在影响 $F_{\Delta H,2}^E$ 的三个因素中,燃料元件包壳外径的加工误差和燃料元件栅距的安装误差,都属随机性质,第三个因素是运行后燃料元件的弯曲变形,要想取得在燃料元件全长上由弯曲变形而造成通道尺寸的平均误差,是相当困难的。故从保守角度出发,弯曲变形量取最大值,并且作为非随机误差处理,因此运用乘积法计算弯曲影响。

$$F_{\Delta H,2}^{E} = \frac{\Delta H_{h,max,2}}{\Delta H_{n,max}} = \frac{Q_{n,max}/M_{h,min,2}}{Q_{n,max}/\overline{M}} = \frac{\overline{M}}{M_{h,min,2}} \qquad (5-64)$$

式中　$\Delta H_{n,max}$——热管中的名义最大积分功率输出;

　　　$\overline{M}$——堆芯通道的平均冷却剂流量;

　　　$M_{h,min,2}$——由上述三个工程上的不利因素造成的热管中冷却剂的最小流量。

对于反应堆堆芯内任一冷却剂通道,其流通面积 A 和当量直径 D_e 可分别表示为

$$A = P^2 - \frac{\pi}{4}d_c^2 \qquad (5-65)$$

$$D_e = \frac{4A}{\Omega} = \frac{4\left(P^2 - \frac{\pi}{4}d_c^2\right)}{\pi d_c} \qquad (5-66)$$

式中 Ω 为通道的润湿周长。上述两式中均包含有燃料元件棒的栅距 P 和燃料棒的包壳外径 d_c 两个参数,必须先分别求出 P 和 d_c 的实际值。d_c 只存在加工误差,且属随机性质,P 则包含随机性质的安装误差及非随机性质的运行后弯曲变形而造成的误差。下面先对各项误差按其性质分别求出,而后再把它们综合起来。

燃料棒包壳外径的极限相对误差为

$$\frac{3\sigma_{d_c}}{d_{c,n}} = 3\sqrt{\frac{\Delta\overline{d}_{c,1}^2 + \Delta\overline{d}_{c,2}^2 + \cdots + \Delta\overline{d}_{c,N}^2}{N}}/d_{c,n} \qquad (5-67)$$

式中 $\Delta\overline{d}_{c,N}$ 应取抽样检查中的第 N 件燃料元件全长上包壳外径平均误差中的正向最大值。

相应的焓升工程热管因子可由下式求得:

$$F_{\Delta H,d_{cs}}^{E} = 1 + 3\left(\frac{\sigma_{\Delta H,d_{cs}}}{d_{cs,n}}\right) \qquad (5-68)$$

相似的,燃料棒在安装中的栅距极限相对误差为

$$3\left(\frac{\sigma_{s,P}}{P_n}\right) = 3\sqrt{\frac{\Delta\overline{P}_1^2 + \Delta\overline{P}_2^2 + \cdots + \Delta\overline{P}_N^2}{N}}/P_n \qquad (5-69)$$

相应的焓升工程热管因子为

$$F_{\Delta H,sp}^{E} = 1 - 3\left(\frac{\sigma_{s,P}}{P_n}\right) \qquad (5-70)$$

燃料棒在运行后弯曲变形使栅距产生变化,相应的焓升工程热管因子为

$$F_{\Delta H,sb}^{E} = \frac{P_{min}}{P_n} \qquad (5-71)$$

式中　P_{min}——在热管全长上燃料棒弯曲变形后的最小栅距;

　　　P_n——栅距名义值。

此时,热管的流通截面积变为

$$A_h = (P_n F_{\Delta H,sb}^{E} F_{\Delta H,sp}^{E})^2 - \frac{\pi}{4}(d_{c,n} F_{\Delta H,d_c}^{E})^2 \qquad (5-72)$$

$$D_{e,h} = \frac{4A}{\pi d_{c,n} F_{\Delta H,d_c}^E} \qquad (5-73)$$

假设其他热工参数为常量,单纯考虑燃料元件冷却剂通道尺寸误差,并认为平均管和热管的冷却剂流动压降相等,即

$$\Delta p_h = \Delta p_m \qquad (5-74)$$

式中 Δp_h——热管冷却剂流动压降;

Δp_m——平均管冷却剂流动压降。

为简化起见,流动压降只考虑沿程摩擦压降,假定冷却剂处于紊流光滑管区,则热管压降可表示为

$$\Delta p_h = f \frac{Z}{D_e} \frac{\rho u^2}{2} = (aRe^{-b}) \frac{Z}{D_e} \frac{\rho u^2}{2} = a \left(\frac{uD_e}{\nu} \right)^{-b} \frac{Z}{D_e} \frac{\rho u^2}{2}$$

$$= \frac{aZ\nu^b}{2} \frac{(\rho uA)^{2-b}}{D_e^{1+b} \rho^{1-b} A^{2-b}} = \left[\frac{aZ\nu^b}{2\rho^{1-b}} \frac{M^{2-b}}{D_e^{1+b} A^{2-b}} \right]_h \qquad (5-75)$$

式中 f——沿程摩擦阻力系数;

ρ——冷却剂的密度;

u——冷却剂的流速;

Z——堆芯高度;

D_e——通道的当量直径;

Re——雷诺数;

ν——流体的运动黏度;

A——通道的横截面积;

M——通道内冷却剂的流量。

h——下标,表示热管。

由上式可得在热管中的冷却剂最小流量为

$$M_{h,min,2} = \Delta p_h^{\frac{1}{2-b}} \left(\frac{2\rho^{1-b}}{aZ\nu^b} \right)^{\frac{1}{2-b}} A_h (D_{e,h})^{\frac{1+b}{2-b}} \qquad (5-76)$$

同理可得平均管的流量为

$$\overline{M} = \Delta p_m^{\frac{1}{2-b}} \left(\frac{2\rho^{1-b}}{aZ\nu^b} \right)^{\frac{1}{2-b}} A_m (D_{e,m})^{\frac{1+b}{2-b}} \qquad (5-77)$$

式中下标 m 表示平均管。

忽略物性变化,式(5-76)及式(5-77)右边第二项近似为常数且相等,又因式(5-74),故可得

$$F_{\Delta H,2}^E = \frac{\overline{M}}{M_{h,min,2}} = \frac{A_m (D_{e,m})^{\frac{1+b}{2-b}}}{A_h (D_{e,h})^{\frac{1+b}{2-b}}} \qquad (5-78)$$

最后把 A_h,A_m,$D_{e,h}$ 和 $D_{e,m}$ 的数值代入式(5-78)就可求得 $F_{\Delta H,2}^E$ 的值。

(3)堆芯下腔室冷却剂流量分配不均匀的焓升工程热管分因子 $F_{\Delta H,3}^E$

由于堆芯下腔室结构上的原因,分配到堆芯各冷却剂通道的流量是不均匀的。其不均匀程度难以用理论分析求出,一般需通过堆本体的水力模拟装置中由实验测出。实测数据表明,堆芯各燃料元件冷却剂通道的流量与平均管流量相比有大有小,但从热工设计安全

要求出发,总是取热管分配到的流量小于平均管的流量。根据实测确定的热管流量,即可求得

$$F_{\Delta H,3}^{E} = \frac{Q_{n,max}/M_{h,min,3}}{Q_{n,max}/\overline{M}} = \frac{\overline{M}}{M_{h,min,3}} \tag{5-79}$$

式中 $M_{h,min,3}$ 为由堆芯下腔室分配到热管的冷却剂流量。

(4)考虑热管内冷却剂流量再分配时的焓升工程热管分因子 $F_{\Delta H,4}^{E}$

近期设计的压水动力堆,允许热管内的冷却剂发生过冷沸腾甚至饱和沸腾。这样,由于热管内有气泡生成,热管内冷却剂的流动压降要比没有发生沸腾时的大。但是由于加在热管两端的驱动压头是一定的,因此热管在发生沸腾时冷却剂流量就要减少,多出的这一部分冷却剂就要流到堆芯其他燃料元件冷却剂通道中去。上述这种现象通常称为并联平行通道间的冷却剂流量再分配。当燃料元件的释热量一定时,流量再分配也会使热管冷却剂的焓升增加。这个因素对焓升的影响用 $F_{\Delta H,4}^{E}$ 表示,即

$$F_{\Delta H,4}^{E} = \frac{\Delta H_{h,max,4}}{\Delta H_{n,max,3}} = \frac{Q_{n,max}/M_{h,min,4}}{Q_{n,max}/M_{h,min,3}} = \frac{M_{h,min,3}}{M_{h,min,4}} \tag{5-80}$$

式中 $M_{h,min,4}$ 为发生流量再分配后的热管冷却剂流量。

考虑了再分配后的热管和没有考虑再分配的热管流量间的误差,不属于随机误差。

这里 $F_{\Delta H,4}^{E}$ 的定义与前面几个焓升工程热管分因子的定义有所不同。$F_{\Delta H,4}^{E}$ 不是用平均管流量与热管流量之比,而是用同一热管的两个流量之比来表示,一个是只考虑了因堆芯下腔室流量分配不均匀而分配到的热管流量,另一个是在下腔室流量分配不均匀的基础上,又考虑了热管内因冷却剂沸腾使流阻增加而引起流量再分配后的流量。

要求得 $F_{\Delta H,4}^{E}$,必须先求得 $M_{h,min,4}$,这可通过使热管压降与驱动压头相等来求得。热管的驱动压头要比平均管小一些,这是因为各燃料元件冷却通道出口处即堆芯上腔室压力 $p_{out,i}$ 虽然相同,但堆芯下腔室各燃料元件冷却剂通道进口处压力 $p_{in,i}$ 是各不相同的,热管进口处分配到的冷却剂流量少于平均管的,其对应的进口处压力 $p_{in,i}$ 也小于平均管的进口处压力 $p_{in,m}$,因而热管两端的驱动压头小于平均管两端的驱动压头。如果能从堆本体水力模拟装置上实测得到热管进口处冷却剂流量的情况下,就可以应用动量守恒原理导出热管两端的驱动压头。

由于堆芯下腔室流量分配不均匀,热管分配到的流量比平均管的少。若用 δ 表示这种流量减少的百分数,则有

$$\delta = \frac{\overline{M} - M_{h,min,3}}{\overline{M}} \tag{5-81}$$

从而得 $M_{h,min,3} = (1-\delta)\overline{M}$。

采用与上一小节类似的分析方法,可得平均管的沿程摩擦压降:

$$\Delta p_{f,m} = \left[\frac{aHv^{b}}{2\rho^{1-b}} \frac{\overline{M}^{2-b}}{D_{e}^{1+b}A^{2-b}}\right]_{m} \tag{5-82}$$

相应的,热管的沿程摩擦压降为

$$\Delta p_{f,h} = \left[\frac{aZv^{b}}{2\rho^{1-b}} \frac{[\overline{M}(1-\delta)]^{2-b}}{D_{e}^{1+b}A^{2-b}}\right]_{h} \tag{5-83}$$

若认为热管和平均管的物性参数近似相等,则由式(5-82)及(5-83)可得

$$\Delta p_{f,h} = \Delta p_{f,m}(1-\delta)^{2-b} = \Delta p_{f,m}K_{f,h} \tag{5-84}$$

其中

$$K_{f,h} = (1-\delta)^{2-b} \tag{5-85}$$

由于加速压降和形阻压降都与质量流速的平方成正比,因而用相同的方法可得

$$\Delta p_{a,h} = \Delta p_{a,m}(1-\delta)^2 = \Delta p_{a,m}K_{a,h} \tag{5-86}$$

其中

$$K_{a,h} = (1-\delta)^2 \tag{5-87}$$

容易知道,$\Delta p_{in,h}$,$\Delta p_{out,h}$,$\Delta p_{gd,h}$ 等与平均管进口局部压降、出口局部压降以及定位格架局部压降之间的比值也都是$(1-\delta)^2$。

最后综合可得

$$\Delta p_{e,h} = \Delta p_{f,m}K_{f,h} + K_{a,h}(\Delta p_{a,m} + \Delta p_{in,m} + \Delta p_{out,m} + \Delta p_{gd,m}) + \Delta p_{el,m} \tag{5-88}$$

式中　$\Delta p_{e,h}$——热管两端的有效驱动压头;

$\Delta p_{f,h}$ 和 $\Delta p_{f,m}$——热管和平均管的沿程摩擦压降;

$\Delta p_{a,h}$ 和 $\Delta p_{a,m}$——热管和平均管的加速压降;

$\Delta p_{in,h}$ 和 $\Delta p_{in,m}$——热管和平均管进口处的形阻压降;

$\Delta p_{out,h}$ 和 $\Delta p_{out,m}$——热管和平均管出口处的形阻压降;

$\Delta p_{gd,h}$ 和 $\Delta p_{gd,m}$——热管和平均管的定位架形阻压降;

$\Delta p_{el,m}$——平均管的提升压降;

$K_{f,h}$——热管摩擦压降的下腔室修正因子;

$K_{a,h}$——热管各形阻压降及加速压降的下腔室修正因子。

由式(5-88)可见,热管的有效驱动压头可由平均管的各个压降乘以相应的修正因子而求得。由于这里的修正因子都是来源于下腔室流量分配的不均匀,故对提升压降不作修正,它与下腔室流量分配并无直接关系。但因热管的冷却剂密度与平均管的不相同,故这一项的数值是带有近似性的。

在求得了 $\Delta p_{e,h}$ 后,即可由此求热管的冷却剂流量。若用压降等于驱动压头的办法直接求解热管内冷却剂流量比较烦琐,故常用迭代法求解,即先假设一个热管冷却剂流量(比平均管内的流量略低一些),根据该流量可以算出相应的热管压降 Δp_h,经过若干次迭代直至满足下面的收敛准则为止:

$$\left| \frac{\Delta p_h - \Delta p_{e,h}}{\Delta p_{e,h}} \right| \leqslant \varepsilon_0 \tag{5-89}$$

满足上式的热管冷却剂流量即为所求的实际值。收敛判据 ε_0 一般是一小量,其具体大小可依设计要求事先设定。

有了热管冷却剂流量,而后就可按式(5-80)求得 $F_{\Delta H,4}^E$。

(5)考虑相邻通道冷却剂间相互交混的焓升工程热管分因子 $F_{\Delta H,5}^E$。

在压水反应堆堆芯中,冷却剂通道之间是相互连通的。在相邻冷却通道内的冷却剂存在着横向的动量、质量和热量交换。热管中较热的冷却剂与相邻通道中较冷的冷却剂间的相互交混,使热管中的冷却剂焓升降低。这个影响因素用 $F_{\Delta H,5}^E$ 来表示,即

$$F_{\Delta H,5}^E = \frac{\Delta H_{h,max,5}}{\Delta h_n} \tag{5-90}$$

考虑横向交混后,热管冷却剂的实际最大焓升就不同于热管冷却剂名义最大焓升。这种误差也不属于随机误差,也很难从理论分析得到,而只能直接进行实验测定或者根据由实验整理出来的经验关系式计算得到。

最后综合各分因子求得的总的焓升工程热管因子:

$$F_{\Delta H}^{E} = F_{\Delta H,1}^{E} F_{\Delta H,2}^{E} F_{\Delta H,3}^{E} F_{\Delta H,4}^{E} F_{\Delta H,5}^{E} \qquad (5-91)$$

在混合法中,把燃料元件和冷却通道的加工、安装及运行中产生的误差分成随机误差和非随机误差计算,较之早期的乘积法将所有的误差全部作为非随机误差计算,要先进得多。因为将误差分类后算得的热流密度工程热点因子和焓升工程热管因子要比将误差全都作为非随机误差时的小;与之相应,用前者计算得到的燃料表面最大热流密度和燃料元件最高温度也比较低,这样,在满足堆热工设计准则要求的前提下,就可以提高堆的功率输出。总之,混合法既考虑到反应堆的安全性要求,又考虑到了反应堆的经济性,因此目前得到了广泛采用。

综上所述可见,工程热管及热点因子的计算方法合理与否,将直接影响到反应堆的安全可靠性与经济性。如果计算方法太保守,把属于随机性质误差所引起的各分因子也当作非随机误差处理,则算得的工程热管及热点因子偏大,虽然安全,但影响反应堆的经济性;反之,如果把非随机误差所引起的各分因子也当作随机误差处理,就会影响反应堆的安全性。因此必须正确计算工程热管及热点因子。

另外,燃料元件的加工误差值确定得是否合适,也会影响到反应堆的经济性。例如把燃料元件芯块直径的加工误差定得太小,那么堆芯热工性能改善不多,而加工费用却要增加不少(如成品率减少或对加工设备和检验设备的要求更高,则投资更大)。因此必须合理确定其加工误差。

5.5　典型的临界热流密度关系式

在核反应堆中,沸腾临界现象会导致燃料元件表面温度骤升,并可能导致燃料元件包壳破损。因此,确定燃料元件表面的临界热流密度对水冷堆的设计就十分重要。在压水堆热工设计准则中规定了在燃料元件外表面不允许发生沸腾临界,也就是必须保证水冷反应堆设计时有足够的裕度来避免沸腾临界现象的发生。近几十年来,国内外都已经做了许多实验研究和理论分析工作,基于实验研究的成果,已经得到了许多经验关系式,也通过实验数据的积累建立了临界热流密度的数据表。此外,在理论分析方面,也提出了一些机理或基于现象的模型。尽管已经积累了大量的实验数据,也进行了一些理论分析,但由于沸腾传热过程的复杂性,对于沸腾临界的本质机理还不是完全了解。一般情况下,在进行堆热工设计时,可以根据临界热流密度计算关系式的适用范围,从计算关系式中选用适当的关系式,但是在做最终设计时,则必须采用根据所确定的具体参数和结构形式进行实验而得到的关系式。

对于现代压水动力反应堆,虽然允许堆芯热管内的冷却剂发生过冷沸腾甚至饱和沸腾,但在堆芯的出口处,混合后的冷却剂仍为过冷水。根据热管内冷却剂的状态,自堆芯进口至出口,会经历单相对流、过冷沸腾和低含气率的饱和沸腾。这样,沿加热通道轴向高度,冷却剂的含气率在逐渐增加,并且连续地变化着。在反应堆热工设计时,希望能有一个从液体的过冷状态到产生蒸汽,即含气率由负值连续变化到正值这样一个宽的范围内都适用的临界热流密度计算公式。

在压水动力堆的额定工况稳态热工设计中,通常只遇到过冷沸腾和低含气率的饱和沸腾工况,因此要讨论的临界热流密度主要是指偏离泡核沸腾型(DNB)临界热流密度,而不是在垂直流道中加热壁面蒸干(Dry Out)的临界热流密度。

由于技术可行性和经济性的限制,临界热负荷实验通常需要通过模化实验来获得。模化的方法主要是几何模化和流体模化。其中几何模化主要是对流动通道的简化,例如将原型棒束通道简化为圆管或退化的棒束。流体模化则主要用替代流体来模化水冷却剂,例如用氟利昂来作为工作介质,这种方法主要目的是减少对加热功率的需求。下面介绍几个典型的临界热负荷计算关系式。

5.5.1 计算关系式

1. W-3公式

在设计压水动力堆时,最常使用的临界热流密度公式之一是由汤煨孙等人提出的 W-3公式。W-3公式主要是根据轴向热流密度均匀分布的单通道试验所得到的临界热流密度数据整理而成,但这个公式不仅适用于轴向热流密度均匀分布的临界热流密度的计算,而且也可用于轴向热流密度非均匀分布的棒束元件冷却通道的临界热流密度的计算。只是在后一种情况下需要采用冷却剂通道的局部参数,即局部的冷却剂质量流速、焓和含气率,而不能用整个棒束组件内的平均参数值;另外在反应堆设计中还要用一个热流密度分布不均匀因子进行修正。这里之所以要对热流密度分布不均匀进行修正,是考虑到热流密度分布不均匀后,从上游近壁面来的流体,特别是从边界层区域来的流体,当接触到下游壁面时,把过热液体和气泡都带到下游边界层里了。这样,上游热流密度分布的影响就传递到发生烧毁的下游边界层中去了。这种上游效应在下游的反映,叫作对烧毁的记忆效应。在均匀热流时,这个上游效应已包括在实测数据中,故不存在修正的问题。如果实际的棒束通道中还存在非加热的壁面(即冷壁),则还要用一个冷壁因子加以修正。这里考虑到贴近冷壁的一部分流体不参与加热面的冷却。另外,与单通道实验情况不同,堆内燃料组件上有各种形式的定位件及混流片。流体顺着混流片冲刷着包壳表面,把气泡冲走了,使元件表面不易形成气膜,同时使燃料元件表面的流体和周围流体加强了交混,这样就强化了元件表面的放热,从而使临界热负荷得到提高,这个因素的影响可用定位件修正因子修正。

轴向均匀加热的 W-3公式:

$$q_{DNB,eu} = 3.154 \times 10^6 \{(2.022 - 6.238 \times 10^{-8}p) + (0.172\,2 - 1.43 \times 10^{-8}p) \times$$

$$\exp[(18.177 - 5.987 \times 10^{-7}p)x_e]\}[(0.148\,4 - 1.596x_e +$$

$$0.172\,9x_e|x_e|) \times \frac{737.64G}{10^6} + 1.037](1.157 - 0.869x_e) \times$$

$$[0.266\,4 + 0.835\,7\exp(-124D_e)] \times [0.825\,8 + 0.341 \times 10^{-6}(H_{fs} - H_{f,in})]$$

$$(5-92)$$

式中 $q_{DNB,eu}$——轴向均匀加热的临界热流密度,W/m²;

p——冷却剂工作压力,Pa;

G——冷却剂质量流速,kg/(m²·s);

D_e——冷却剂通道的当量直径,m;

H_{fs}——冷却剂的饱和比焓,J/kg;

$H_{f,in}$——堆芯进口处冷却剂的比焓,J/kg;

x_e——计算点 z 处的热力学平衡含气率,$|x_e|$ 为其绝对值。

作为以实验为基础的计算关系式,应注意 W - 3 公式的适用范围如下:

$p = (6.895 \sim 15.86) \times 10^6$ Pa;

$x_e = -0.15 \sim 0.15$;

$G = (1.36 \sim 6.81) \times 10^3$ kg/$(m^2 \cdot s)$;

$D_e = 0.005\,08 \sim 0.0178$ m;

加热长度 $L = 0.254 \sim 3.668$ m;

$H_{f,in} \geqslant 930$ kJ/kg;

$\dfrac{\text{加热周长}}{\text{润湿周长}} = 0.88 \sim 1.00$;

通道的几何形状为圆形、矩形和棒束形。

(1)轴向热流密度是非均匀分布的修正

轴向热流密度分布不均匀对 q_{DNB} 的影响,可用一个热流密度分布不均匀修正因子 F_s 进行修正。轴向非均匀加热时的 W - 3 公式为

$$q_{DNB,N} = q_{DNB,eu}/F_s \tag{5 - 93}$$

式中 $q_{DNB,N}$——轴向非均匀加热时的临界热流密度;

F_s——轴向热流密度分布不均匀修正因子。

根据理论和实验相结合的半经验法推得:

$$F_s = \frac{C \int_0^{z_{DNB,N}} q(z) \exp[-C(z_{DNB,N} - z)] dz}{q(z_{DNB,N})[1 - \exp(-cz_{DNB,eu})]} \tag{5 - 94}$$

式中 $q(z)$——轴向坐标 z 处元件表面热流密度,W/m^2;

$q(z_{DNB,N})$——在非均匀热流密度下轴向计算点 $z_{DNB,N}$ 处元件表面的热流密度,W/m^2;

z——从堆芯进口算起的轴向坐标;

$z_{DNB,eu}$——在均匀热流密度下堆芯进口至发生 DNB 的轴向位置,m;

$z_{DNB,N}$——非均匀热流密度下堆芯进口至发生 DNB 的轴向位置,m;

C——系数,m^{-1}。

其值可由下式计算:

$$C = 12.64 \frac{(1 - x_{DNB})^{4.31}}{(3.6G/10^3)^{0.478}} \tag{5 - 95}$$

式中 x_{DNB} 为计算点 $z_{DNB,N}$ 处的热力学平衡含气率。

确定经验系数 C 计算关系式的参数范围是:

工作压力 $p = (6.9 \sim 13.8) \times 10^6$ Pa;

质量流速 $G = (0.497 \sim 3.907) \times 10^3$ kg/$(m^2 \cdot s)$;

流体比焓 $H_f = 177.0 \sim 1\,464.9$ kJ/kg;

流道长度 $L = 0.635 \sim 1.828$ m;

当量直径 $D_e = 0.004\,49 \sim 0.011\,32$m;

热力学平衡含气率 $x_{DNB} = -0.25 \sim 0.25$。

在过冷沸腾区和低含气率饱和沸腾区,C 的数值大,F_s 值小,因而指数衰减快,这就减小了记忆效应,因此局部热流密度的大小基本上决定了烧毁点。在高含气率区,C 的数值小,F_s 值大,烧毁点上游一段距离的记忆效应就强烈,因此在高含气率区,主要是平均热流密度(或焓升 ΔH)决定了烧毁点。

(2)冷壁效应的修正

考虑到在反应堆边角通道中存在所谓的冷壁效应,在应用 W－3 公式时还需要引入冷壁修正因子 F_c,F_c 可由下面的经验公式计算得到,即

$$F_c = 1 - R_u \left[13.76 - 1.372\exp(1.78x_e) - 5.15\left(\frac{3.6G}{10^3}\right)^{-0.0535} - 0.01796\left(\frac{p}{10^3}\right)^{0.14} - 12.6D_h^{0.107} \right] \tag{5-96}$$

式中

$$R_u = \left(1 - \frac{D_e}{D_h}\right) \tag{5-97}$$

D_h 为用通道加热周长(不计冷壁部分)求得的热周当量直径,m。

$$D_h = \frac{4 \times 冷却剂流通面积}{加热周长} \tag{5-98}$$

必须注意,如果存在冷壁,则计算 $q_{DNB,eu}$ 时式(5－92)中的 D_e 应该用 D_h 来代替。

式(5－96)的适用范围是:

冷却剂通道长　$L \geqslant 0.254$ m;

燃料元件棒间隙　$b \geqslant 2.54 \times 10^{-3}$ m;

工作压力　$p = (6.86 \sim 15.87) \times 10^6$ Pa;

热力学平衡含气率　$x_e \leqslant 0.1$;

冷却剂的质量流速　$G = (1.35 \sim 6.67) \times 10^3$ kg/(m²·s)。

由此,考虑冷壁效应后,临界热负荷计算式可写为

$$q_{DNB,eu,CW} = q_{DNB,eu,D_h}F_c \tag{5-99}$$

其中　$q_{DNB,eu,CW}$——均匀加热条件下考虑冷壁效应时的临界热负荷;

q_{DNB,eu,D_h}——均匀加热不考虑冷壁效应时采用 D_h 为特征长度计算所得的临界热负荷。

(3)定位架的修正

考虑到在压水反应堆中普遍使用定位架,因此在 W－3 公式中需要引入定位架修正因子 F_g。定位架修正因子 F_g 也是一个由经验公式算得的系数:

$$F_g = \frac{有定位格架的 \ q_{DNB}}{没有定位格架的 \ q_{DNB}} = 1.0 + 0.6144 \times 10^{-2}\left(\frac{3.6G}{10^3}\right)\left(\frac{G_{TD}}{0.019}\right)^{0.35} \tag{5-100}$$

式中　G——冷却剂的质量流速,kg/(m²·s);

G_{TD}——冷却剂的热扩散系数,对不同形状和尺寸的定位架和混流片,有不同的值。

如用单箍型定位架时,可取 $G_{TD} = 0.019$。

这里需要指出:在应用 W－3 公式进行计算并做了上述修正后,计算所得的 q_{DNB} 数值常与实验测得的不同,为了安全起见,常须结合具体结构在上述公式计算值上乘以修正系数,这样就与实验值相近了。

W－3 公式的作者曾把由 W－3 公式算得的 $q_{DNB,c}$ 值与在不同的实验回路上测得的几千

个实验数据 $q_{DNB,e}$ 进行了比较,若以 $q_{DNB,e}/q_{DNB,c}$ 为横坐标,以该比值出现的频率为纵坐标作图,则可得到一个近似高斯分布的图形,如图 5 – 6 所示。 $q_{DNB,c}$ 与 $q_{DNB,e}$ 的偏差,95% 以上的数据是在 ±23% 以内,说明 W – 3 公式的计算结果具有 95% 的可信度,如图 5 – 7 所示。这种误差是随机性的。造成这种误差的原因可能有以下几个方面:

(1)流体的湍流特性及表面粗糙度的随机特性。由此造成的随机误差约为 ±3%。

(2)实验段的制造公差,包括圆管壁厚、通道尺寸等,这种误差约为 ±5%。

(3)由于 q_{DNB} 的某些修正因子计算公式的不完善性所引起的误差,这种误差约为 ±5%。

(4)随机和非随机的测量仪表的误差以及由各种不同实验回路的系统特性而产生的误差约为 ±10%。

以上所列的误差合计为 ±23%,这就是 $q_{DNB,c}$ 与 $q_{DNB,e}$ 相比误差达到 ±23% 的原因。由 W – 3 公式计算值与由实验测得的下限值之比为 $1/(1-0.23)=1.3$,即在设计时若取实验测得的下限值,则应该把由 W – 3 公式计算得到的值除以 1.3。

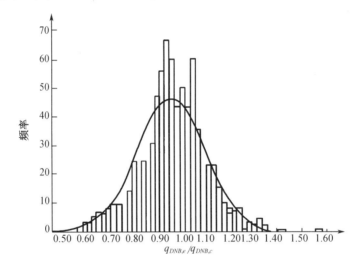

图 5 – 6 $q_{DNB,e}/q_{DNB,c}$ 的频率分布图

2. W – 2 公式

在应用 W – 3 公式时,要求热力学平衡含气率 x_e 不大于 0.15。当 x_e 超过 0.15 时,就应该采用 W – 2 公式。W – 2 公式有两个表达式:在含气率 $x_e < 0$ 的部分,也是直接计算 q_{DNB},但在这一区域工程上主要使用 W – 3 公式,因此这部分 W – 2 公式在设计中用得不多,此处不作介绍;在含气率 $x_e > 0$ 的部分,W – 2 公式是用烧毁焓升 ΔH_{BO} 来表示的,即用汽 – 水混合物的焓升来计算烧毁热流密度。依据进口焓和其他一些参数,在达到下述公式中的烧毁焓升 ΔH_{BO} 时,认为燃料元件表面可能被烧毁。W – 2 公式在 $x_e > 0$ 的部分如下:

$$\Delta H_{BO} = H_f(z) - H_{f,in} = 2\,216.51 \left(\frac{H_{fs} - H_{f,in}}{4\,190} \right) + H_{fg} \times$$

$$\left\{ [0.825 + 2.3\exp(-670 D_e)]\exp\left(\frac{-1.108\,8G}{10^3} \right) - 0.41\exp\left(-\frac{0.004\,8z}{D_e} \right) - 1.12\frac{\rho_{gs}}{\rho_{fs}} + 0.548 \right\}$$

$$(5-101)$$

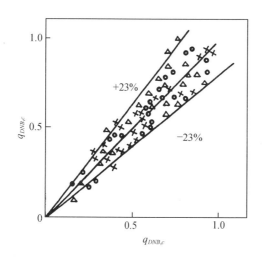

图5-7 W-3公式计算所得临界热负荷和非均匀加热实验测定值的比较(均为相对值)

式中　H_{fg}——水的汽化潜热,J/kg;

z——冷却剂通道轴向坐标;

ρ_{gs}——饱和蒸汽的密度,kg/m³;

ρ_{fs}——饱和水的密度,kg/m³。

W-2公式的使用范围:

工作压力　$p = (5.488 \sim 18.9) \times 10^6$ Pa;

流体质量流速　$G = (0.5556 \sim 0.3472) \times 10^6$ kg/(m² · s);

水力当量直径　$D_e = 0.00254 \sim 0.0137$ m;

通道长度　$L = 0.228 \sim 1.93$ m;

出口热力学平衡含气率　$x_e = 0 \sim 0.9$;

进口比焓　$H_{f,in} = 930$ kJ/kg;

局部热流密度　$q = (0.315 \sim 5.670) \times 10^6$ W/m²;

$\dfrac{加热周长}{湿润周长} = 0.88 \sim 1.0$;

通道的几何形状为圆形、矩形和棒束形。

加热状态:均匀和非均匀加热均适用。

3. WRB-1公式

WRB-1公式是比W-3公式更符合棒束实验数据的经验关系式,该计算关系式形式如下:

$$q_{DNB,eu} = 3.154\left[PF + A_1 + A_2\left(\frac{3.6G}{10^3}\right) - A_3\left(\frac{3.6G}{10^3}\right)x_e \right] \qquad (5-102)$$

式中　$q_{DNB,eu}$——在轴向热流密度均匀分布情况下临界热流密度计算值,W/m²;

PF, A_1, A_2, A_3——与工作压力及几何尺寸有关的系数;

G——质量流速,kg/(m² · s);

x_e——计算点处的平衡含气率。

WRB – 1 公式的使用范围：

工作压力　$p = (9.9 \sim 17.2) \times 10^6\ \mathrm{Pa}$；

流体质量流速　$G = (0.777\ 8 \sim 3.25) \times 10^6\ \mathrm{kg/(m^2 \cdot s)}$；

含气率　$x_e = -0.2 \sim 0.3$；

加热长度　$L < 4.27\ \mathrm{m}$；

格架间隙　$s = 0.33 \sim 0.81\ \mathrm{m}$；

当量直径　$D_e = 0.009\ 4 \sim 0.015\ 2\ \mathrm{m}$；

热周当量直径　$D_h = 0.011\ 7 \sim 0.014\ 7\ \mathrm{m}$。

5.5.2　现象学模型

为了避免单纯通过实验的方法来获得临界热负荷的计算关系式，已有一些研究者通过对导致沸腾临界的相关物理现象建模来给出临界热负荷的计算关系式。但是，由于很难在发生沸腾临界现象所对应的高热负荷条件下开展详细的可视化实验，已经发表的这类临界热负荷模型大都基于猜想的物理机理，也没有通过直接观察获得验证。目前已有的关于低干度条件下沸腾临界机理主要包括：

（1）边界层分离模型，这一模型最早由 Kutateladze 等于 1966 年提出，认为沸腾临界主要是由加热壁面上注入蒸汽引起的流动滞止引发的；

（2）近壁面气泡聚合模型，这一模型是由 Weisman 和 Pei 于 1983 年首先提出，该模型认为沸腾临界会在气泡层的空泡份额超过某一临界值时发生；

（3）微液层蒸干模型，这一模型最早由 Lee 和 Mudawar 提出，认为在加热壁面与气泡之间存在一微液层，当从主流区进入微液层内的流体质量不能补充由于汽化损失的微液层质量时，微液层会被蒸干，沸腾临界就会发生。

5.5.3　最小临界热流密度比 *MDNBR*

为了保证反应堆的安全，在压水反应堆设计中，总是要求燃料元件表面的最大热流密度小于当地的临界热流密度。为了定量地表示这个安全要求，引用了临界热流密度比这个概念。所谓临界热流密度比，就是指用适合的关系式计算得到的冷却剂通道中燃料元件表面某一点的临界热流密度 $q_{\mathrm{DNB},C}(z)$ 与该点的实际热流密度 $q(z)$ 的比值，通常用符号 *DNBR* 来表示，其定义如下：

$$DNBR(z) = \frac{q_{\mathrm{DNB},C}(z)}{q(z)} \tag{5 – 103}$$

燃料元件释热率沿轴向分布不均匀，而冷却剂的焓又沿着通道轴向越来越高，在这两者的共同作用下，对于没有干扰的均匀反应堆或没有干扰的大型压水反应堆而言，最小 *DNBR* 既不是发生在燃料元件最大表面热流密度处，也不是发生在燃料元件冷却剂通道出口处，而是发生在最大热流密度点后面某个位置上，图 5 – 8 示出了压水动力反应堆的 *DNBR* 沿轴向位置 z 的变化。

根据定义式，在实际反应堆中，对于运行的不同寿期和不同的控制棒下插位置，会有不同的 *MDNBR* 的值。在反应堆热工设计中应考虑到这一点，即在堆的整个运行寿期中，稳态额定工况下的 *MDNBR* 的值都在热工设计准则规定的范围内。显然，在热管中 *DNBR* 的最小值也就是整个反应堆堆芯的最小值，根据前述概念，容易得到计算热管轴向 *DNBR(z)* 的

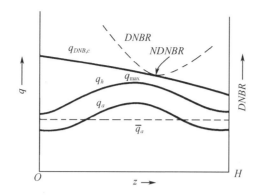

图 5 – 8　燃料元件表面 *DNBR* 沿轴向分布示意图

关系式如下:

$$DNBR_h(z) = \frac{q_{\mathrm{DNB},h,C}(z)}{\bar{q} F_R^N \varphi_h(z) F_q^E} F_c F_g \tag{5 – 104}$$

上式中已对定位架和冷壁影响做了修正,对于热流分布不均匀的影响,已包含在 $q_{\mathrm{DNB},h,C}(z)$ 中了。

5.6　单通道模型的反应堆稳态热工分析

单通道模型是在反应堆稳态热工分析中常用的一种计算模型,通常用于初步热工设计。其核心思想在于把反应堆堆芯内的冷却剂通道分为两种类型的通道,分别为热通道和平均通道,其中将热通道看作是孤立的、封闭的,在整个堆芯高度上与其他通道之间没有冷却剂的动量、质量和能量的交换。从模型的内涵来看,这种分析模型最适合用于采用闭式通道的反应堆热工设计。对于采用开式组件的压水反应堆,由于相邻通道间的流体可以发生横向的质量、动量和能量的交换,应用单通道模型进行分析就显得比较粗糙了。不过,为了简化计算,也可以用单通道模型进行反应堆热工初步方案计算。

任何反应堆的设计,其共同的要求是要确保反应堆能安全可靠地运行。但由于设计任务和给定的条件各不相同,经济性要求和特殊性要求的侧重面不相同,导致热工设计的步骤可能不完全相同。例如,对舰船用核动力装置,往往把尺寸和重量的限制放在第一位;而对陆用核电厂,尺寸和重量的限制往往是第二位的,经济性要求通常放在第一位。这里就以核电厂为例介绍采用单通道模型进行反应堆热工设计的一般步骤和方法。

5.6.1　商定有关热工参数

根据任务书提出的电厂总功率要求,堆热工设计方面应与一、二回路系统设计方面初步商定有关的热工参数:属于二回路系统的热工参数主要有动力循环的蒸汽初参数以及给水温度;而属于一回路系统的热工参数则是堆内冷却剂的工作压力、温度和流量。由此可以估算出电厂总效率和需要反应堆输出的热功率,即

$$N_{\mathrm{t}} = \frac{N_{\mathrm{e}}}{\eta_{\mathrm{T}}} \tag{5 – 105}$$

其中
$$\eta_T = \eta_t \eta_R \eta_{SG} \eta_{ir} \eta_m \eta_e \qquad (5-106)$$

式中　N_t——反应堆输出的热功率，kW；

　　　N_e——电站生产的电功率，kW；

　　　η_T——电站总效率；

　　　η_t——热力循环效率；

　　　η_R——反应堆的热量利用率；

　　　η_{SG}——蒸汽发生器的热量利用率；

　　　η_{ir}——汽轮机的内效率；

　　　η_m——汽轮机组的机械效率；

　　　η_e——发电机效率。

在式（5-106）中，η_R 和 η_{SG} 都与设备的热功率有关，但其数值一般接近于 1 且变化不大。η_{ir}，η_m 和 η_e 与设备容量以及设计制造工艺水平有关，待功率确定后，这些数据也就相应确定。热力循环效率 η_t 则除了与所选用的蒸汽循环类型有关外，主要取决于二回路系统的热工参数，如蒸汽初压力、初温度和冷凝器内的工作压力等。如果蒸汽初参数有较大的改变，那么 η_t 的变化也就比较大，从而对单位电能成本的影响也就比较大。但是，二回路的热工参数与一回路的热工参数密切相关，二回路热工参数的提高是受一回路热工参数制约的。因此，反应堆热工参数的选择必须和整个核电厂的参数选择联系在一起同时考虑。

5.6.2　确定燃料元件参数

在商定反应堆有关的热工参数后，需要确定燃料元件的形状、尺寸、栅距、排列方式及每个燃料组件内的燃料元件数；计算燃料元件总传热面积并确定堆芯的布置。根据堆芯输出的总热功率和燃料元件表面平均热流密度 $\bar{q}$ 可求得所需的燃料元件总传热面积 F，即

$$F = \frac{N_t}{\bar{q}} F_a \qquad (5-107)$$

若设待求的堆芯燃料元件总根数为 N，则有

$$N = \frac{F}{\pi d_c Z} = \frac{N_t}{\pi d_c Z \bar{q}} F_a \qquad (5-108)$$

压水反应堆一般采用正方形排列组件，则堆芯等效直径与燃料元件数 N 之间有如下的关系：

$$\frac{N}{n} T^2 = \frac{\pi}{4} D_{ef}^2 \qquad (5-109)$$

式中　n——每个燃料组件内燃料元件的棒数；

　　　T——燃料组件每边的长度，包括组件间的水隙宽度，m；

　　　D_{ef}——堆芯等效直径，m。

由此可得

$$\frac{\pi}{4} D_{ef}^2 \frac{n}{T^2} \pi d_c Z = \frac{N_t}{\bar{q}} F_a \qquad (5-110)$$

上式中有两个未知数，即堆芯的等效直径 D_{ef} 和堆芯高度 Z。反应堆物理设计方面希望堆芯高度对等效直径的比值 Z/D_{ef} 保持在 0.9～1.5 的范围内。在这个范围内，中子泄漏较少，因而可以减少核燃料的临界装载量。此外，压力壳的直径与高度也要受到强度、加工及

运输条件等方面的限制,这些限制也会影响到 Z/D_{ef} 的比值。

在定出 H/D_{ef} 的比值后,即可方便地求得 Z 和 D_{ef} 的值。有了 D_{ef} 后,燃料元件的总根数和燃料组件数也就随之确定,在此基础上即可初步进行堆芯布置。

5.6.3 稳态热工设计计算

在确定了堆芯的初步布置方案后,即可按照反应堆热工设计准则的要求和规定的内容,进行初步的设计计算。例如在压水反应堆稳态热工设计中,要计算热管中的最小 $DNBR$、燃料元件包壳外表面最高温度、燃料芯块中心最高温度以及出口含气率。为此,首先必须知道热管内冷却剂轴向的焓场分布。可是,计算冷却剂焓场分布又须先知道热管内冷却剂的质量流速,计算冷却剂质量流速又必须知道流体物性参数,而流体物性又与流体焓场有关。因此,在堆芯的有效冷却剂流量确定后,整个冷却剂质量流速场与焓场的计算过程,实质上是冷却剂的能量守恒方程和动量守恒方程之间的迭代过程。为了计算热管冷却剂的焓和质量流速,还得事先求出平均管的相应参数。

1. 计算平均管冷却剂的质量流速 G_m

平均管的冷却剂质量流速 G_m 等于冷却堆芯燃料元件的有效冷却剂流量除以冷却剂的有效流通截面积。所谓冷却燃料的有效冷却剂流量,是指进入反应堆压力容器的冷却剂总流量中用来冷却燃料元件的那部分流量。还有一小部分流量为旁通流量,不参与燃料元件的冷却,旁通流量包括:

(1)从压力壳进口直接漏到出口接管的流量;

(2)从堆芯下腔室向上流经芯外面围板与吊篮之间的环形空间,而后进入堆芯上腔室,再流至压力壳出口接管的流量;

(3)流入控制棒套管内,用以冷却控制棒,而后流出套管与堆芯上腔室的流体混合,随后再流出压力壳的流量;

(4)流经控制棒套管外围不参与冷却燃料元件的一部分流量;

(5)从压力壳进口处直接流到压力壳上封头内、供冷却上封头用的一部分流量。

以上这些不流经燃料元件周围、不参与冷却燃料元件的冷却剂流量称为非有效流量或旁通流量、漏流量,并用旁流系数 ξ_s 来定量描述,即

$$\xi_s = \frac{W_\xi}{W_t} \qquad (5-111)$$

式中　W_t——冷却剂的总流量,kg/s;

　　　W_ξ——冷却剂的旁通流量,kg/s。

不同结构的反应堆,其旁流系数有所不同,通常先由堆热工设计方面提出一个合理的数值,而后由结构设计和结构试验予以实现。如大亚湾核电厂中的旁流系数约为6.5%。

当已知旁通流量后,即可求得平均管冷却剂的质量流速,其计算关系式为

$$G_m = \frac{(1-\xi_s)W_t}{NA_b} \qquad (5-112)$$

式中　A_b——对应于一根燃料元件栅元的冷却剂流通面积,m^2;

　　　N——燃料元件的总根数。

2. 计算平均管冷却剂的比焓场 $H_{f,m}(z)$

根据冷却剂的输热方程,容易求得平均管冷却剂比焓场 $h_{f,m}(z)$ 的计算式为

$$H_{f,m}(z) = H_{f,in} + \frac{\pi d_c \overline{q}}{G_m A_b} \int_0^z \varphi(z) \, dz \qquad (5-113)$$

3. 计算平均管的各类压降

按照前面所述方法,求 $\Delta p_{f,m}$、$\Delta p_{a,m}$、$\Delta p_{in,m}$、$\Delta p_{out,m}$、$\Delta p_{gd,m}$ 以及 $\Delta p_{el,m}$ 的值。需要说明的是,在商业化压水反应堆中,可以应用平均管冷却剂的焓值和系统的压力去求冷却剂的密度和黏度等物性参数,再应用这些物性参数去计算平均管的各类压降,这样处理不会引起大的误差。

4. 计算热管的有效驱动压头和冷却剂的质量流速

求得平均管的各类压降后,在这个基础上就可以进一步求解热管的有效驱动压头。根据平均管压降求热管的有效驱动压头表达式可参见5.4.6节,列写如下:

$$\Delta p_{e,h} = \Delta p_{f,m} K_{f,h} + K_{a,h} (\Delta p_{a,m} + \Delta p_{in,m} + \Delta p_{out,m} + \Delta p_{gd,m}) + \Delta p_{el,m}$$

之后,通过对 $\Delta p_{e,h}$ 与 Δp_h 不断迭代,就可以求出热管内的各项压降以及流过热管的冷却剂的质量流速 G_h。

5. 计算热管的冷却剂焓场 $H_{f,h}(z)$

与平均管类似,根据热管中冷却剂的输热方程,容易求得热管内冷却剂沿轴向的焓场分布,其计算关系式为

$$H_{f,h}(z) = H_{f,in} + \frac{\pi d_c \overline{q} F_R^N F_{\Delta H}^E}{G_h A_b} \int_0^z \varphi(z) \, dz \qquad (5-114)$$

式中 G_h——热管冷却剂的质量流速,kg/($m^2 \cdot s$)。

6. 计算最小 *DNBR*

获得热管内冷却剂的质量流速和焓场分布后,就可以按照计算临界热负荷的关系式计算热管不同位置处的临界热负荷 $q_{DNB,h,C}(z)$,然后按照式(5-104)计算热管轴向燃料元件表面的 $DNBR(z)$,并根据计算所得的 $DNBR(z)$ 确定 $MDNBR$,检验 $MDNBR$ 值是否满足反应堆热工设计准则规定的要求。

7. 计算燃料元件的温度

利用第3章中的方法,结合考虑本章中热管因子和热点因子的概念,就可以计算燃料元件中心的最高温度和燃料元件的表面最高温度,并校核计算值是否满足反应堆热工设计准则的要求。

在实际反应堆中,由于燃料元件释热量的轴向分布不能用某一简单的函数来描述,反应堆物理计算提供的堆芯轴向功率分布也就不可能是一连续函数,而是沿轴向离散的分步长功率平均值的分布。因而,在进行热工计算时,也就只能把燃料元件沿轴向进行离散化的计算,并把每一控制单元中的释热量看作是常量,所分控制单元的数量可按工程上要求的精度而定。要计算燃料元件包壳温度和芯块中心温度,就得从元件外面的冷却剂温度算起,一直往里逐层计算。

在计算得到热管内冷却剂的焓场后,根据冷却剂工作压力下的状态参数关系,容易求得热管冷却剂沿轴向不同位置的温度 $T_{f,h}(z)$。

在采用单通道模型进行方案设计时,一般保守地假设热点位于热管内,则燃料元件包壳外表面的温度可表示为

$$T_c(z) = T_{f,h}(z) + \Delta T_f(z) \qquad (5-115)$$

式中, $\Delta T_f(z)$ 为热管内 z 处燃料元件包壳外表面与冷却剂间的膜温差, ℃。

在现代压水动力反应堆中,热管冷却剂与燃料元件外壁之间的换热状况沿轴向会有变化,一般可经历单相强迫对流换热、过冷沸腾换热以及低含气率饱和沸腾换热等。由于不同情况下的换热强度(换热系数)不同,因而 $\Delta T_f(z)$ 的计算公式也就不一样,一般情况下在过冷沸腾换热以及低含气率饱和沸腾换热工况下都属于泡核沸腾传热范畴,因此在这两种换热工况下可近似用泡核沸腾换热公式计算。

由此可见,计算 $\Delta T_f(z)$ 时首先必须找出发生过冷沸腾起始点的位置。根据第 3 章的知识可知,利用单相强迫对流换热公式算得的 $\Delta T_f(z)$ 曲线与用 Jens – Lottes 等泡核沸腾换热关系式计算得到的 $\Delta T_f(z)$ 曲线的交点即为过冷沸腾起始点,如图 5 – 9 所示。找出过冷沸腾起始点之后,才能应用相应的公式计算 $\Delta T_f(z)$。在过冷沸腾起始点之前,要采用单相强迫对流换热公式计算 $\Delta T_f(z)$,即

$$\Delta T_f(z) = \frac{q_h(z)}{h_h(z)} = \frac{\overline{q} F_R^N F_q^E \varphi(z)}{h_h(z)} \tag{5 – 116}$$

式中 $h_h(z)$ 为热管内单相水强迫对流换热系数,W/($m^2 \cdot$ ℃)。

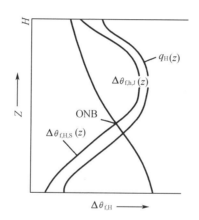

图 5 – 9 表面热流密度和膜温差沿轴向变化

在过冷沸腾起始点(ONB 点)之后,要利用泡核沸腾传热的计算关系式来计算过冷沸腾膜温差,若用 $\Delta T_{f,J}(z)$ 表示该膜温差,并采用 Jens – Lottes 关系式来计算,则可以得到以下表达式:

$$\Delta T_{f,J}(z) = T_s - T_{f,h}(z) + 25 \left(\frac{\overline{q} F_R^N F_q^E \varphi(z)}{10^6} \right)^{0.25} \exp\left(-\frac{p}{6.2} \right) \tag{5 – 117}$$

式中　T_s——冷却剂的饱和温度,℃;

p——系统压力,MPa。

若把以上两种换热工况组合表达,则可以写成下面的形式:

$$\Delta T_f(z) = \begin{cases} \Delta T_f(z), & \Delta T_f(z) \leqslant \Delta T_{f,J}(z) \\ \Delta T_{f,J}(z), & \Delta T_f(z) > \Delta T_{f,J}(z) \end{cases} \tag{5 – 118}$$

由式(5 – 118)可知,对于压水动力堆在一般热流密度分布情况下,沿着轴向高度,膜温差总是取由两种公式计算结果的较小者。

在计算得到 $\Delta T_f(z)$ 后,即可由导热方程求得热管中燃料元件包壳的内表面温度 $t_{ci}(z)$,

其具体表达式如下：

$$T_{ci,h}(z) = T_{c,h}(z) + \Delta T_{c,h}(z) \tag{5-119}$$

式中，$\Delta T_{c,h}(z)$ 为热管内燃料元件包壳内外表面间的传热温差，即

$$\Delta T_{c,h}(z) = \frac{\overline{q}_l F_R^N F_q^E \varphi(z)}{2\pi k_c(z)} \ln\left(\frac{d_c}{d_{ci}}\right) \tag{5-120}$$

在算得燃料元件包壳内壁面温度后，即可求热管内燃料芯块表面温度 $T_{u,h}(z)$，其表达式为

$$T_{u,h}(z) = T_{ci,h}(z) + \Delta T_{g,h}(z) \tag{5-121}$$

式中，$\Delta T_{g,h}(z)$ 为棒状燃料元件芯块与包壳间的气隙温降，℃。

$$\Delta T_{g,h}(z) = \frac{\overline{q}_l F_R^N F_q^E \varphi(z)}{2\pi k_g(z)} \ln\left(\frac{d_{ci}}{d_u}\right) \tag{5-122}$$

相似的，可以求解热管中燃料芯块中心温度 $T_{0,h}(z)$，如不考虑燃料热导率随温度（径向位置）的变化，则可得到：

$$T_{0,h}(z) = T_{u,h}(z) + \Delta T_{u,h}(z) \tag{5-123}$$

$$\Delta T_{u,h}(z) = \frac{\overline{q}_l F_R^N F_q^E \varphi(z)}{4\pi k_u(z)} \tag{5-124}$$

式中 $\Delta T_{u,h}(z)$——热管中通过燃料芯块径向导热温差，℃；

$k_u(z)$——燃料芯块的热导率，W/(m·℃)。

考虑到在正常运行情况下，燃料芯块的热导率随温度变化不能忽略，利用第3章中关于积分热导率的概念，可以得到：

$$\int_0^{T_{0,h}(z)} k_u(T)\,dT - \int_0^{T_{u,h}(z)} k_u(T)\,dT = \frac{\overline{q}_l F_R^N F_q^E \varphi(z)}{4\pi} \tag{5-125}$$

由上式可以看出，在计算得到 $T_{u,h}(z)$ 后，式(5-125)中仅有第一项中含有未知数，因而可根据积分热导率图线或表，计算出 $T_{0,h}(z)$ 值。若燃料元件轴向释热量为不规则分布，则可沿燃料元件轴向分段算出 $T_{0,h}(z)$，然后找出 $T_{0,h}(z)$ 的最大值及其所在位置，并根据热工设计准则要求判断 $T_{0,h}(z)$ 的最大值是否满足要求。

在上述计算中，保守地假定热点位于热管内，而且在整个堆芯只计算一个热管和相应的限制值。实际上，由于热管表征的是放热量与冷却剂流量之间的某种比值关系，因此热点不一定位于热管内。如果热点不在热管内，那么要计算燃料元件最高温度，就必须先算出热点所在的冷却剂通道中冷却剂的焓，而后再计算燃料元件的温度。此外，随着堆设计、建造和运行经验的积累，堆的设计方法也在不断地改进和发展，因此在堆热工设计中应对热管和热点做具体分析，不一定整个堆只算一个热管和相应的热点。在早期设计的反应堆中，整个堆芯的裂变燃料富集度都相同，而且堆芯进口处冷却剂的温度也相同，进口处也不安装节流件。在这种情况下，对整个堆芯只需计算一个热管就够了。在反应堆热工设计工作做了改进之后，对有盒壁的燃料组件，采用了堆芯进口处分区安装节流件的办法，使冷却剂流量分配近似正比于释热量分布。考虑到结构上不至于太复杂，以及在堆芯运行寿期中径向功率分布会趋于平缓，实际上通常将堆芯进口冷却剂流量分配分为两个区或三个区。这时虽然整个堆的燃料富集度都相同，但因堆径向不同区域内的冷却剂流量不相同，故必须分别计算每个区内的热管冷却剂焓升，以及与之相应的热点上的热工参数，而后再确定一个全堆最高参数的热管和最高的燃料中心温度、最小 DNBR 等。当堆芯径向不同区内出

现安全裕量相差太大时,还可适当调整冷却剂流量分区的范围。近年来设计的压水动力堆,为了展平堆芯径向功率分布的不均匀程度,更进一步采用了燃料分区装载的方案,即整个堆芯径向的燃料富集度分成两个区或三个区。而燃料元件组件四周无盒壁,堆芯进口处不再安装流量节流件,沿通道轴向相邻燃料元件组件的冷却剂间可以互相交混。此时若再在堆芯进口处加装冷却剂流量节流件,其效果已不如有盒壁的那样显著;同时,不加装流量节流件还可以减少结构上的复杂性和减少堆芯压降。此时若堆芯下腔室流量分配已较均匀,又加上开式栅格间冷却剂的横流,已使整个堆芯径向不同位置上的冷却条件相近。但由于不同富集度的燃料仍然分区装载,因而在单通道模型中还需分别计算各区的热管和相应的燃料最高中心温度值、最小 $DNBR$ 值,使这些数值全部满足堆热工设计准则规定的要求,并且各区安全裕度相近。在进行了堆芯传热面积计算和安全核算后,若其结果全都满足热工设计准则的要求,接下去则可进行其他专题的计算。若不满足热工设计准则的要求,则需重新调整传热面积的尺寸及其布置,甚至要重新确定堆芯热工参数,直到符合设计准则时为止。反应堆稳态热工设计的程序框图如图 5 – 10 所示。

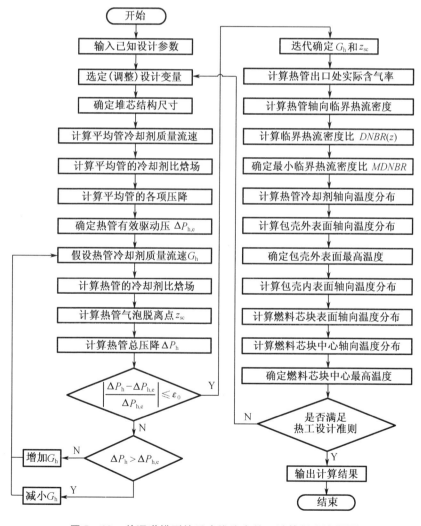

图 5 – 10　单通道模型的反应堆稳态热工计算程序流程图

5.6.4　反应堆热工设计中的热工水力实验

在反应堆方案设计的初期,很多热工设计数据是根据已有经验暂定的,这就需要在取得实验数据以后对它们再加以修正。对于那些比较成熟的、可靠的数据,可以不必再单独进行实验验证。配合反应堆的稳态热工设计,需要进行的热工水力实验大致有以下几个方面:

1. 热工实验

(1)临界热流密度实验,结合具体的燃料元件的结构参数和冷却剂的热工参数,验证所使用的临界热流密度关系式的正确性,或者通过实验,整理出可用于设计计算的经验公式或半经验公式。

(2)测定核燃料和包壳的热物性以及燃料与包壳之间的气隙等效传热系数。

2. 水力实验

(1)堆本体水力模拟实验,测定堆芯下腔室冷却剂的流量分配不均匀系数,测定压力壳内各部分的流动压降和总压降,同时测定热屏蔽区的流速分布。

(2)燃料组件水力模拟实验,测定棒束组件的沿程摩擦阻力系数及各种形阻系数。

(3)测定相邻冷却剂通道间的流体交混系数。

(4)测定堆内各部分冷却剂的旁通流量。

(5)测定冷却剂过冷沸腾和饱和沸腾时的流动阻力系数及形阻系数。

(6)测定冷却剂在沸腾工况下的流型及空泡份额。

(7)管内流动沸腾时的流动稳定性特性研究。

5.7　子通道模型的堆芯稳态热工分析

单通道模型只孤立地计算一个通道,即热通道(热管)和平均通道(平均管),而不考虑通道之间冷却剂的横向质量、动量和能量的交换。用这种模型对反应堆进行热工分析虽然比较简单,但与采用开式组件反应堆的实际情况差别较大,从原理上有一定的缺陷。尽管在单通道模型中可通过引入交混焓升工程热管分因子来考虑相邻通道间冷却剂的横向交混对热管内焓场的影响,但无论是通过实验方法确定还是根据由实验结果整理出来的关系式计算,该分因子的确定常带有不必要的保守性。况且,只用一个交混热管分因子并不能完全反映堆芯内实际的热工水力过程。从20世纪60年代初期开始,国际上开发了更接近实际情况的子通道分析模型。按照该模型分析堆芯时,不是只分析一个通道,而是分析堆芯内存在着的许多个互相连通、相互作用着的平行的小通道,即子通道。这种模型认为,在相邻子通道内流动的冷却剂在流动过程中存在着横向的质量、动量和能量的交换(即横向交混),因此各通道内的冷却剂质量流速将沿着轴向不断发生变化,热通道内冷却剂的焓和温度也会有所降低,相应地燃料元件表面和中心温度也随之略有下降。对于大型压水堆,在热工参数一定的情况下,把用子通道模型计算的结果与用单通道模型计算的结果相比较,燃料元件表面的 $MDNBR$ 值增加 $5\% \sim 10\%$。可见用子通道模型计算既提高了热工设计的精确度,又提高了反应堆的经济性。但是,在子通道模型的计算中,不能像单通道模型那样,只取少数热通道和热点进行计算,而是要对大量通道进行分析,因此其计算量很大。目前采用子通道模型进行堆芯热工水力分析的程序很多,表5-1列出了一些子通道分析程序及其应用范围。

表5-1 几个子通道分析程序及其应用范围

程序简称	作者	文献	年份	流体的相	棒束形状及排列	混合		分子导热	应用范围
						紊流	横流		
THINC-1,2	Zurick	WCAP-3764	1962	单、两	任意	无	有	无	压水堆
HECTIC-1	Kattchee	IDO-28695	1962	单	任意	有	无	无	气冷堆,单相液冷堆
COBRA-Ⅱ	Rowe	BNWL-1229	1970	单、两	正方形三角形	有	有	无	压水堆,沸水堆
COBRA-ⅢC	Rowe	BNWL-1695	1973	单、两	任意	有	有	无	压水堆,沸水堆
COBRA-ⅢM	Marr	ANL-8130	1975	单、两	任意	有	有	无	压水堆,沸水堆
HAMBO-1	Bowring	AEEW-R-524	1967	单、两	任意	有	有	无	压水堆,沸水堆
JOYO	Niyamoto	JAPFNR-19	1971	单	三角形	有	有	有	钠冷快堆
MISTRAL	Baumann	KFK-1605	1972	单	三角形	有	有	有	钠冷快堆
HERA-1A	Nijsing	EUR-4905	1973	单	三角形	有	有	有	钠冷快堆
DIANA	Hirao		1974	单	任意	有	有	有	钠冷快堆
MATTEO	Forti	RT/ING(74)	1974	单、两	任意	有	有	无	水冷堆
THINC-4	Chelemer		1977	单、两	任意	有	有		水冷堆
COBRA-Ⅳ	Stewart	BNWL-1962	1976	单、两	任意	有	有		压水堆,沸水堆

5.7.1 子通道的划分

在进行子通道模型分析工作之前,首先需要划分子通道。子通道的划分完全是人为的,可以把一个或几个燃料组件作为一个子通道,也可以把一个燃料组件内部由相邻的几根燃料棒所围成的冷却剂通道作为一个子通道。事实上,采用子通道模型的目的是为了使热工计算更精确,以便挖掘反应堆的经济潜力。如果子通道划分得太粗,就不可能达到精确计算的目的。相反,如果子通道划分得太细,而沿每个子通道轴向划分的步长又很小,那么计算的工作量就会很大,对计算资源的要求就多。为了解决这个矛盾,通常在计算中采用以下三种子通道划分方法:

（1）将整个堆芯按其形状、功率分布对称情况，只取部分子通道进行计算。例如在几何形状对称、功率分布对称和相邻通道对称的情况下，就可根据 z,y 轴对称和 $45°$ 角对称，只取堆芯中 $1/8$ 的冷却剂通道进行计算。这种情况通常要对堆芯内 $1/8$ 的子通道同时进行计算。

（2）把计算分两步进行。第一步先按燃料组件对整个堆芯划分子通道，找出最热燃料组件，算出最热燃料组件在不同高度上的冷却剂流速和焓值，并以此作为第二步计算的已知边界条件。第二步再对最热燃料组件内部划分子通道，求出最热子通道在不同高度上的冷却剂流速和焓，以及燃料元件最高中心温度，在水堆中还要算出最小烧毁比。在第二步中也可以根据其对称情况，只计算热组件内的 $1/2,1/4$ 或 $1/8$ 子通道。

（3）这是一种组合子通道的分析方法，这种方法虽然也分两步计算，和上述第二种方法相似，但子通道的划分是灵活的。在可能是热组件的附近位置上，子通道的划分要细些，将一个组件作为一个子通道；对远离热组件的区域，可将几个组件合并为一个子通道。在进行热组件内部计算时，也可按相同的原则进行处理。

由上述介绍可见，子通道的划分主要看分析问题的需要和方便而定。在实际计算中，以上几种方法往往可以交叉使用。

下面以燃料组件为例，对子通道的划分做一简要介绍。对于按正方形排列的燃料组件，其子通道的划分如图 5 - 11 所示。连接各燃料元件的中心连线（子通道边界线）形成许多正方形网格。在组件的中央区，每个正方形网格即代表一个子通道，这些子通道均是由四根燃料元件围成的冷却剂通道。相似地，在组件周边上的子通道，则是由三根子通道边界线和一根组件边框线所组成的网格，这些子通道是由两根燃料元件围成的冷却剂通道。而在四个边角上的子通道，是由两根子通道边界线和相邻的两根边框线组成的网格，它们都是只与一根燃料元件有关的冷却剂通道。

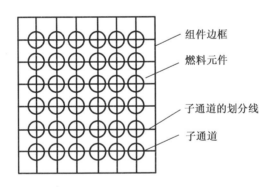

组件边框
燃料元件
子通道的划分线
子通道

图 5 - 11 正方形栅格的子通道

另一个例子是由 19 根燃料元件组成的圆筒形燃料组件，它的子通道的划分如图 5 - 12 所示。图中有剖面线的圆截面为燃料元件，细实线是人为划定的子通道边界线，外圆为组件框线。因为对称，可以只计算 $1/6$ 子通道，这些不同的子通道的标号分别是 1 至 5。这 5 类子通道之间的边界线也只有 5 个，边界标号分别记为 12,23,24,35 及 45；因为边界 12 与 21 实际上是指同一个边界。从所要计算的 $1/6$ 子通道来看，从 1 号子通道到 5 号子通道的相邻通道数分别为 1,3,2,2,2。即 1 号子通道的相邻通道只有 1 个，即子通道 2，其余各子通道可类推。

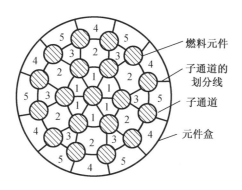

图 5 – 12 三角形栅格的子通道

5.7.2 基本方程

目前国内外提出了许多不同的子通道模型和应用这些子通道模型的反应堆热工水力计算程序,如表 5 – 1 所示。各个计算程序之间的主要不同点是横流混合的处理模型、经验公式与数据的差异和完善程度,再就是数学上的处理方法不同。而共同点则是都通过求解各子通道的质量守恒方程、能量守恒方程和轴向、横向动量守恒方程,先计算各子通道沿轴向不同高度上的冷却剂的质量流速和焓值,求出最热的通道;然后再计算燃料元件的温度场,求出燃料芯块中心的最高温度,在水堆中还要求出燃料元件表面的最小临界热流密度比。在子通道模型中求解燃料温度和燃料表面最小临界热流密度比的方法与单通道模型的方法一样,因此下面只讨论稳态工况下子通道模型中冷却剂的四个守恒方程及求解的大致步骤。

如果需要计算的子通道有 n 个,编号为 $1,2,\cdots,i,j,\cdots,n$;而每个子通道有 4 个守恒方程,则 n 个子通道就有 $4n$ 个方程。为了便于进行数值计算,将整个通道长度分割成 L 个等步长,节点的编号依次为 $0,1,2,\cdots,l-1,l,\cdots,L$。现以第 i 子通道第 l 步长为例,采用有限差分形式来列出这四个守恒方程。

1. 质量守恒方程

如图 5 – 13 所示,根据质量守恒原理,在子通道 i 第 l 步长中轴向流量的变化 $\left(\dfrac{\partial M_i}{\partial z}\right)$ 等于流进和流出该子通道 l 步长的横向流量之和,即

$$\frac{\partial M_i}{\partial z} \approx \frac{\Delta M_i}{\Delta z} = -\sum_{j=1}^{n_j} \omega_{ij,l} \qquad (5-126)$$

若采用向后差分,上式也可写成

$$M_{i,l} - M_{i,l-1} = -\sum_{j=1}^{n_j} \omega_{ij,l-\frac{1}{2}} \times \Delta z \qquad (5-127)$$

式中 $M_{i,l}$——子通道 i 第 l 步长出口处冷却剂流量(或第 l 节点处冷却剂流量),kg/s;

$\qquad M_{i,l-1}$——子通道 i 第 $l-1$ 步长进口处冷却剂流量(或第 $l-1$ 节点处冷却剂流量),kg/s;

$\qquad \Delta z$——通道轴向一个步长的长度,m;

$\qquad \omega_{ij,l-\frac{1}{2}}$——在 l 步长内子通道 i 的冷却剂向相邻的第 j 子通道的横流流量,kg/(m·s)。

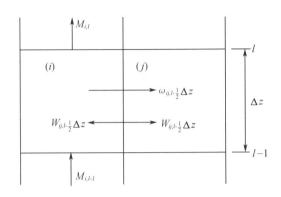

图 5 - 13 子通道一个步长的冷却剂流动情况

设与第 i 子通道相邻的子通道有 n_j 个,所以在方程中对 n_j 个子通道求总和。当横流流量由于通道 j 流向 i 通道时,则记作 ω_{ji},显然,$\omega_{ij} = -\omega_{ji}$。在式(5 - 126)中并没有包括湍流横向交混项,其原因是从时均量来看,湍流横向交混不会引起净的质量交换。

2. 能量守恒方程

接下来写出子通道 i 第 l 步长能量守恒方程的表达式。假设可以忽略相邻子通道间的热传导作用,那么子通道 i 第 l 步长能量的变化 $\left(\dfrac{\partial M_i h_i}{\partial z} \right)$ 等于燃料元件所传给的热量与净横流、湍流交混引起的两个横向热量交换之和。

$$\frac{\partial (M_i H_i)}{\partial z} \approx \frac{\Delta (M_i H_i)}{\Delta z} = \bar{q}_{l,i,l-\frac{1}{2}} - \sum_{j=1}^{n_j} Q_{ij,l-\frac{1}{2}} - \sum_{j=1}^{n_j} W_{ij,l-\frac{1}{2}} \left(H_{i,l-\frac{1}{2}} - H_{j,l-\frac{1}{2}} \right)$$

$$(5 - 128)$$

或按照向后差分展开微分项为

$$M_{i,l} H_{i,l} - M_{i,l-1} H_{i,l-1} = \left[\bar{q}_{l,i,l-\frac{1}{2}} - \sum_{j=1}^{n_j} Q_{ij,l-\frac{1}{2}} - \sum_{j=1}^{n_j} W_{ij,l-\frac{1}{2}} \left(H_{i,l-\frac{1}{2}} - H_{j,l-\frac{1}{2}} \right) \right] \times \Delta z$$

$$(5 - 129)$$

式中 $H_{i,l}$ ——子通道 i 第 l 步长出口流体比焓(或第 l 节点处冷却剂比焓),J/kg;

$H_{i,l-1}$ ——子通道 i 第 l 步长进口流体比焓(或第 $l-1$ 节点处冷却剂比焓),J/kg;

$\bar{q}_{l,i,l-\frac{1}{2}}$ ——子通道 i 第 l 步长内燃料元件的平均线功率,W/m;

$W_{ij,l-\frac{1}{2}}$ ——子通道 i 与子通道 j 在第 l 步长内的湍流交混流量,kg/(m·s);

Δz ——通道轴向一个步长的长度,m,如取等步长,则可以不加下标;

$H_{i,l-\frac{1}{2}}$ ——子通道 i 第 l 步长内冷却剂的平均比焓值,J/kg;

$H_{j,l-\frac{1}{2}}$ ——子通道 j 第 l 步长内冷却剂的平均比焓值,J/kg;

$Q_{ij,l-\frac{1}{2}}$ ——第 l 步长内子通道 i 与邻通道 j 间单位长度上由横向压差引起的横流所带走的热量,W/m。

如近似认为焓值是线性分布的,则有

$$H_{i,l-\frac{1}{2}} = \frac{1}{2} \left(H_{i,l} + H_{i,l-1} \right) \tag{5 - 130}$$

$$H_{j,l-\frac{1}{2}} = \frac{1}{2} \left(H_{j,l} + H_{j,l-1} \right) \tag{5 - 131}$$

显然,子通道 i 与相邻通道 j 间由横向压差引起的横流所带走的热量是冷却剂横流流量和焓的函数,即

$$Q_{ij,l-\frac{1}{2}} = \frac{1}{2} \left[\left(H_{i,l-\frac{1}{2}} - H_{j,l-\frac{1}{2}} \right) \left| \omega_{ij,l-\frac{1}{2}} \right| + \left(H_{i,l-\frac{1}{2}} + H_{j,l-\frac{1}{2}} \right) \omega_{ij,l-\frac{1}{2}} \right] \qquad (5-132)$$

且 $Q_{ij} = -Q_{ji}$。

通过分析 Q_{ij} 的表达式,可以看出:

当 $\omega_{ij,l-\frac{1}{2}} > 0$ 时,$Q_{ij,l-\frac{1}{2}} = \omega_{ij,l-\frac{1}{2}} H_{i,l-\frac{1}{2}}$;

当 $\omega_{ij,l-\frac{1}{2}} = 0$ 时,$Q_{ij,l-\frac{1}{2}} = 0$;

当 $\omega_{ij,l-\frac{1}{2}} < 0$ 时,$Q_{ij,l-\frac{1}{2}} = \omega_{ij,l-\frac{1}{2}} H_{j,l-\frac{1}{2}}$。

应用上述 Q_{ij} 的表达式,就可以保证横流方向和热量传输方向的一致性。因为 $\omega_{ij,l-\frac{1}{2}} > 0$ 的情况相当于流动方向是从 i 子通道到 j 子通道,故比焓值取 $H_{i,l-\frac{1}{2}}$;反之 $\omega_{ij,l-\frac{1}{2}} < 0$ 的情况则相当于流动方向是从 j 通道到 i 子通道,因而比焓值就取 $H_{j,l-\frac{1}{2}}$ 了。

$M_{ij,l-\frac{1}{2}}$ 为包括自然湍流交混和燃料组件定位架等机械装置引起的强迫湍流交混在内的湍流交混流量,这里把定位架引起的相邻通道间冷却剂的热量转移(强迫湍流交混)包括在自然湍流交混项 $M_{ij,l-\frac{1}{2}}$ 中,即把定位架的局部影响转化为沿通道全长上平均的影响。因此 $M_{ij,l-\frac{1}{2}}$ 无法用理论方法计算,通常只能由实验确定,或根据由实验得到的经验公式进行计算。定性地说,$M_{ij,l-\frac{1}{2}}$ 与通道的当量直径、冷却剂流量、燃料元件棒直径、通道间的间隙的形状以及流动摩擦阻力系数等有关。

3. 轴向动量守恒方程

根据轴向动量守恒原理,在子通道 i 第 l 步长内,压力的变化 $\dfrac{\partial p}{\partial z}$ 等于提升压降、加速压降、摩擦压降、形阻压降(与单通道模型相同)以及由于通道间耦合引起的流阻压降之和,因此,子通道 i 第 l 步长内的轴向动量守恒方程可写为

$$p_{i,l-1} - p_{i,l} = \Delta p_{i,l-\frac{1}{2},el} + \Delta p_{i,l-\frac{1}{2},a} + \Delta p_{i,l-\frac{1}{2},f} + \Delta p_{i,l-\frac{1}{2},c} + \Delta p_{ij,l-\frac{1}{2}} \qquad (5-133)$$

式中　$p_{i,l-1}$——子通道 i 第 l 步长进口处压力,Pa;

$p_{i,l}$——子通道 i 第 l 步长出口处压力,Pa;

$\Delta p_{i,l-\frac{1}{2},el}$——子通道 i 第 l 步长内的提升压降,Pa;

$\Delta p_{i,l-\frac{1}{2},a}$——子通道 i 第 l 步长内流体沿轴向的加速压降,Pa;

$\Delta p_{i,l-\frac{1}{2},f}$——子通道 i 第 l 步长内的沿程摩擦压降,Pa;

$\Delta p_{i,l-\frac{1}{2},c}$——子通道 i 第 l 步长内的形阻压降,Pa。

$\Delta p_{i,l-\frac{1}{2},c}$ 由第 l 步长进口和出口处的形阻压降($\Delta p_{i,l-\frac{1}{2},in}$ 和 $\Delta p_{i,l-\frac{1}{2},ex}$)和第 l 步长内定位架所产生的压降 $\Delta p_{i,l-\frac{1}{2},gd}$ 所组成,即

$$\Delta p_{i,l-\frac{1}{2},c} = \Delta p_{i,l-\frac{1}{2},in} + \Delta p_{i,l-\frac{1}{2},ex} + \Delta p_{i,l-\frac{1}{2},gd} \qquad (5-134)$$

$\Delta p_{ij,l-\frac{1}{2}}$ 为第 l 步长内子通道 i 与 j 间因冷却剂净横流而产生的对轴向动量的流阻压降,这项流阻压降表达式为

$$\Delta p_{ij,l-\frac{1}{2}} = \begin{cases} -\dfrac{\Delta z}{A_i} \displaystyle\sum_{j=1}^{n_j} \omega_{ij,l-\frac{1}{2}} u_{i,l-\frac{1}{2}}, & \omega_{ij,l-\frac{1}{2}} \geqslant 0 \\[3mm] -\dfrac{\Delta z}{A_i} \displaystyle\sum_{j=1}^{n_j} \omega_{ij,l-\frac{1}{2}} \left(2u_{i,l-\frac{1}{2}} - u_{j,l-\frac{1}{2}} \right), & \omega_{ij,l-\frac{1}{2}} < 0 \end{cases} \qquad (5-135)$$

式中　$u_{i,l-\frac{1}{2}}, u_{j,l-\frac{1}{2}}$——子通道 i,j 中第 l 步长内冷却剂的轴向流速,m/s;

　　　A_i——子通道 i 的流通截面积,m^2。

上式的物理意义是:当净横流方向由子通道 i 流向子通道 j 时,子通道 i 内的冷却剂流速减小,而流速减小导致静压力回升,故 $\Delta p_{ij,l-\frac{1}{2}}$ 为负值;反之,当净横流由子通道 j 流向子通道 i 时,子通道 i 内的流量增多,流体加速,故静压力下降,即 $\Delta p_{ij,l-\frac{1}{2}}$ 为正值。

4. 横向动量守恒方程

由动量定理,相邻通道的横向压力梯度是冷却剂横向流动的驱动力。由此可以写出子通道 i 第 l 步长内的横向动量方程为

$$p_{i,l} - p_{j,l} = c_{ij}\omega_{ij,l-\frac{1}{2}} \left| \omega_{ij,l-\frac{1}{2}} \right| \tag{5-136}$$

式中　$p_{i,l}, p_{j,l}$——子通道 i,j 在第 l 步长出口处的压力,Pa;

　　　$\omega_{ij,l-\frac{1}{2}}$——$l$ 步长内子通道 i 的冷却剂向相邻的第 j 子通道的横流流量,kg/(m·s);

　　　c_{ij}——第 l 步长内子通道 i 与 j 间的横流阻力系数,由实验测定,其值与棒束几何条件有关。

因为要计算的子通道共有 n 个,则共可列出 $4n$ 个守恒方程。如果每一通道的每一计算步长进口处的物理量都已知,而出口处的未知量有 4 个,即冷却剂的轴向质量流速、比焓、压力和横流流量,这样,共有 $4n$ 个未知量;但在堆芯出口处各子通道还有一个共同的未知量,即出口压力 p_{out}:

$$p_{1,l} = p_{2,l} = \cdots = p_{i,l} = \cdots = p_{n,l} = p_{\text{out}} \tag{5-137}$$

这样就多了一个未知量,因此,还需补充一个方程,这个方程可由进口处的边界条件给出,即组件进口总流量应等于组件内各子通道流量之和:

$$(1 - \xi_s)M = M_{1,0} + M_{2,0} + \cdots + M_{i,0} + \cdots + M_{n,0} \tag{5-138}$$

于是对于所计算的 n 个子通道,共有 $4n+1$ 个未知量,对应的方程也有 $4n+1$ 个,这样理论上就可以解出所要求的各个未知量。

5.7.3　求解方法

采用两步法子通道模型求解的步骤大致如下:

1. 第一步称为全堆性分析,通常以一个燃料组件为一个子通道,根据堆芯对称情况可以只计算全堆 1/4 或 1/8 的燃料组件。边界条件是堆芯所有子通道出口处的压力 p_{out} 相同,且堆芯进口处冷却剂总流量 M 已知。

除已知边界条件外,各子通道在堆芯进口处的冷却剂流量分配或压力分布是未知的,而且各子通道的流量或压力是各不相同的。由于未知量太多,为了使问题能得到简化处理,计算时可先假设一组第一步长进口处流量分布或压力分布的初始值,然后对子通道再逐个步长进行求解。若得不到 p_{out} 相同的结果,则表明假设的流量分布或压力分布不合适,应重新修改进口初值再进行计算,如此重复多次直至堆芯出口处 p_{out} 相同时为止。在这种计算方法中,由于假设一组进口冷却剂流量时,各子通道进口处的压力、子通道各步长中冷却剂的物性参数均为未知,因此在第一次迭代前,只能近似求出各子通道进口压力 $p_{i,0}$。

假设各子通道在堆芯进口处的冷却剂流量值为 $M_{1,0}, M_{2,0}, \cdots, M_{i,0}, \cdots, M_{n,0}$,则在不考虑横向流动的近似条件下,通过求解下列方程组:

$$\begin{cases} p_{1,0} - p_{\text{out}} = f_1 \dfrac{ZM_{1,0}^2}{2\rho_1 A_1^2 D_{e,1}} + K_1 \dfrac{M_{1,0}^2}{2\rho_1 A_1^2} \\[2mm] p_{2,0} - p_{\text{out}} = f_2 \dfrac{ZM_{2,0}^2}{2\rho_2 A_2^2 D_{e,2}} + K_2 \dfrac{M_{2,0}^2}{2\rho_2 A_2^2} \\[2mm] \qquad\qquad\qquad \vdots \\[2mm] p_{n,0} - p_{\text{out}} = f_n \dfrac{ZM_{n,0}^2}{2\rho_n A_n^2 D_{e,n}} + K_n \dfrac{M_{n,0}^2}{2\rho_n A_n^2} \\[2mm] (1-\xi_s)M_t = M_{1,0} + M_{2,0} + \cdots + M_{i,0} + \cdots + M_{n,0} \end{cases} \qquad (5-139)$$

可求得各子通道在堆芯进口处的压力 $p_{1,0}, p_{2,0}, \cdots, p_{i,0}, \cdots, p_{n,0}$ 和堆芯出口处压力 p_{out}。方程 (5-139) 中右端第一项表示摩擦压降,第二项表示形阻压降。式中,f_n 为子通道 n 的摩擦阻力系数;Z 为堆芯高度,m;K_n 为子通道 n 中的形阻系数;ξ_s 为旁流系数;M 为冷却剂的总流量。

可见,当有 n 个子通道联立求解时,每个子通道的进口压力以及共同的出口压力 p_{ex} 是未知的,共有 $n+1$ 个未知量;同时式 (5-139) 也有 $n+1$ 个方程。所以方程可以根据边界条件进行反复迭代,最后求得所需的解。

在另一种情况下,当假设一组子通道进口压力 $p_{1,0}, p_{2,0}, \cdots, p_{i,0}, \cdots, p_{n,0}$ 时,应用方程组 (5-139),可求出 $M_{1,0}, M_{2,0}, \cdots, M_{i,0}, \cdots, M_{n,0}$ 及 p_{out} 值。

2. 确定了堆芯入口参数后(因为堆芯入口温度也是已知的),就可以对四个基本方程进行求解了。

一般先从求解质量守恒方程做起,当计算子通道 i 的第一个步长时,第一次试算先假设横流量为零,这样可立即求出第一个步长出口处冷却剂流量,$M_{1,1}^{(1)}, M_{2,1}^{(1)}, \cdots, M_{i,1}^{(1)}, \cdots, M_{n,1}^{(1)}$;第一个步长第二次计算时,可根据轴向动量守恒方程,求出第一个步长出口处冷却剂压力,$P_{1,1}^{(1)}, P_{2,1}^{(1)}, \cdots, P_{i,1}^{(1)}, \cdots, P_{n,1}^{(1)}$;再根据横向动量守恒方程,由横向压力梯度来确定各相邻子通道间的横流流量 $\omega_{ij}^{(1)}$;把横流流量 $\omega_{ij}^{(1)}$ 代入质量守恒方程,重新计算第一个步长出口处的冷却剂流量,$M_{1,1}^{(2)}, M_{2,1}^{(2)}, \cdots, M_{i,1}^{(2)}, \cdots, M_{n,1}^{(2)}$。

求出第一个步长出口处冷却剂流量后,即把它代入能量守恒方程,以求出第一步长出口处的冷却剂的比焓值 $H_{1,1}, H_{2,1}, \cdots, H_{i,1}, \cdots, H_{n,1}$。根据算得的比焓就可以确定冷却剂的密度、黏性系数等物性参数,并代入轴向动量守恒方程重新计算第一步长出口处压力 $p_{1,1}, p_{2,1}, \cdots, p_{i,1}, \cdots, p_{n,1}$;再根据相邻子通道间的横向压力梯度由横向动量守恒方程求出横流流量的新值 ω_{ij}。再由质量守恒方程重新求出第一步长出口处冷却剂流量 $M_{1,1}, M_{2,1}, \cdots, M_{i,1}, \cdots, M_{n,1}$。根据计算所要求的精度,在第一步长内对四个守恒方程反复迭代,直到满足要求为止。

3. 计算得到第一步长出口处的参数之后,再以此作为第二步长的已知入口参数,重复上述计算,直到堆芯出口处的最后一步长。在最后一步长出口处,检验各子通道出口压力是否都等于 p_{out}。实际上,要达到压降完全平衡是困难的,通过迭代计算,总要存在一个误差。因此常用的收敛准则为

$$\left| \frac{p_{L,\max} - p_{L,\min}}{p_{L,\max} + p_{L,\min}} \right| \leqslant \varepsilon \qquad (5-140)$$

式中,ε 为预先规定的误差控制值。规定的误差值大小和计算要求的精度有关,一般 ε 可取 $10^{-5} \sim 10^{-4}$。

如果计算结果无法满足上述收敛准则,则需要对入口初值进行修正,然后再按前面介绍的方法从头开始计算。

4. 为了加速迭代收敛,可用逐次逼近法来选取横流流量。设第 m 次迭代的横流流量为 $\omega_{ij}^{(m)}$,第 $m-1$ 次和第 $m-2$ 次的横流流量分别为 $\omega_{ij}^{(m-1)}$ 和 $\omega_{ij}^{(m-2)}$,则

$$\omega_{ij}^{(m)} = \omega_{ij}^{(m-2)} + \alpha(\omega_{ij}^{(m-1)} - \omega_{ij}^{(m-2)}) \qquad (5-141)$$

式中,α 为松弛因子,其取法因不同的计算程序而异,常取为 0.5 或 0.6。

5. 第二步是热通道分析。在全堆性分析找出最热组件后,把最热组件按各燃料元件棒划分子通道,利用燃料组件的对称性,可取热组件横截面的 $1/2$,$1/4$ 或 $1/8$ 进行计算。分析的目标是求热组件中最热通道及燃料元件棒的最热点。

根据全堆性分析的结果,求解前已知的边界条件是:热组件进口处的工作压力 p_{in}、热组件中冷却剂总流量 M_{hp}、热组件四周边界上轴向计算点上的冷却剂焓和横流速度;未知的边界条件为出口处工作压力 p_{out}、各子通道在进口处的冷却剂流量分配情况。

假定热组件共分成 k 个子通道。如果没有实测的各子通道进口冷却剂流量分配值,就只能先假设一组满足质量守恒方程的流量 $M_{1,0}, M_{2,0}, \cdots, M_{i,0}, \cdots, M_{k,0}$,即

$$M_{hp} = M_{1,0} + M_{2,0} + \cdots + M_{i,0} + \cdots + M_{k,0} \qquad (5-142)$$

有了这个初值后,即可根据前面全堆性分析类似的方法求解,直到各子通道最后一个步长的出口压力收敛于 p_{out} 为止;否则需要新假设一组进口冷却剂的流量,反复迭代。当各子通道的冷却剂热工参数求出后,随之就可以求出燃料元件的各温度值,在水堆中还可求出燃料元件表面的最小临界热流密度比 $MDNBR$。在压水动力堆中,当热工参数一定时,用子通道模型计算较之用单通道模型计算,在燃料元件表面的 $MDNBR$ 方面一般可挖掘 $5\% \sim 10\%$ 的潜力。

习　　题

5-1　什么是反应堆热工设计准则?压水反应堆的主要热工设计准则有哪些内容?

5-2　确定反应堆冷却剂工作压力时应如何考虑?

5-3　确定反应堆热工参数时,如何考虑冷却剂进出口温度和冷却剂流量的影响?

5-4　压水反应堆堆芯冷却剂流量分配不均匀的原因有哪些?

5-5　试解释在堆芯进口处加装孔板就可以使冷却剂流量分配均匀的原因。

5-6　开式通道间冷却剂横向交混有哪些主要的形式,各有什么特点?

5-7　什么是核热管,什么是核热点?

5-8　什么是核热管因子,什么是核热点因子?

5-9　什么是热管,什么是热点?

5-10　什么是热管因子,什么是热点因子?

5-11　影响焓升工程热管因子的主要因素有哪些?影响热流密度工程热点因子的主要因素有哪些?

5-12　降低热管因子和热点因子的途径有哪些?

5－13 什么是 MDNBR？定义 MDNBR 有什么作用？

5－14 简述单通道模型和子通道模型的分析方法。

5－15 在进行子通道分析时，划分子通道的方法有哪些？

5－16 某有限圆柱形压水反应堆内各通道轴向功率为余弦分布（选择通道中心为原点），且外推长度可忽略不计，燃料芯块的密度、富集度、尺寸等没有工程偏差。已知热通道中的最大线功率密度为 40 kW/m，核热管因子为 1.3，工程热管因子为 1.2，平均通道内冷却剂流量为 1 200 kg/h，堆芯进口处冷却剂温度为 245 ℃（对应焓值为 1 061.81 kJ/kg），堆芯内燃料芯块直径 $d_u = 8.8$ mm，燃料元件外径为 $d_c = 10$ mm，包壳厚度为 0.5 mm，堆芯高度为 $Z = 3\,600$ mm，冷却剂与元件间的换热系数 $\bar{h} = 2.7 \times 10^4$ W/(m²·K)。在芯块与包壳之间充有氦气，其热导率为 $k_g = 0.23$ W/(m·K)。试求：

（1）热管内燃料元件半高处燃料芯块中心温度；

（2）热管出口处的热力学平衡含气率。已知包壳热导率为 20 W/(m·K)，芯块的热导率为 2.8 W/(m·K)，系统运行压力下水的比热为 4.81 kJ/(kg·K)，饱和水焓为 1 363.65 kJ/kg，汽化潜热为 1 379.23 kJ/kg。

5－17 已知某压水反应堆的热功率为 2 717.3 MW；燃料元件包壳外径为 10 mm。包壳内径为 8.6 mm，芯块直径为 8.43 mm；燃料组件采用 15×15 正方形排列，每个组件内有 20 个控制棒导向管和 1 个中子通量测量管；燃料棒的中心距为 13.3 mm，组件间水隙为 1 mm。反应堆运行压力为 15.48 MPa，冷却剂平均温度为 302 ℃，堆芯冷却剂平均温升为 39.64 ℃；冷却剂旁流系数为 9%；堆芯下腔室流量不均匀系数为 0.05，燃料元件包壳外表面平均热流密度为 652.76 kW/m²，已知 $F_q^N = 2.3$，$F_R^N = 1.483$，$F_{\Delta H}^E = 2.3$，$F_q^E = 1.03$；燃料元件内释热份额占总发热量的 97.4%；堆芯高度为 1.33 m；若近似认为燃料元件表面最大热流密度、元件表面最高温度和元件中心温度都发生在元件半高处；已知元件包壳的热导率为 15 W/(m·K)，用单通道模型求燃料元件中心温度。

第6章 堆芯瞬态热工分析

核反应堆在正常运行时可近似认为处于稳定状态,在稳定运行工况条件下,堆内各热工水力参数只是空间位置和运行状态的函数,而不随时间发生改变。关于堆芯稳态热工参数的分析方法已在第5章介绍。在反应堆启动、提升功率、停堆和随外界负荷变化而发生的运行状态改变,或因某些扰动引起功率、流量、压力和温度的变化,以及反应堆发生预期或非预期事故等,这些过程统称为核反应堆瞬态运行工况。本章主要从导热和流体流动两个方面,介绍反应堆瞬态热工分析的模型和方法。

6.1 反应堆停堆后的功率

反应堆停堆以后,其功率并不是立刻降为零,而是在开始以很快速率下降,在达到一定数值后,就以较慢的速率下降。这些剩余功率,一部分来自剩余中子引起的裂变功率,另一部分来自堆内裂变产物和中子俘获产物的衰变。从传递给冷却剂的热功率来看,除了停堆后的核功率外,还有储存在燃料元件中的显热。图6-1示出了快速停堆过程以及停堆后反应堆功率和从燃料元件表面传给冷却剂的平均热负荷随时间的变化曲线。可以看出,在停堆瞬间,反应堆处于次临界状态,反应堆功率迅速下降。随后,在剩余中子引发的裂变反应以及堆内裂变产物和中子俘获产物的衰变作用下,功率下降速率变慢,大体上按照指数规律衰减。在此过程中,由于显热的存在,从燃料元件表面传给冷却剂的平均热负荷下降速率要慢于停堆后功率的下降速率。

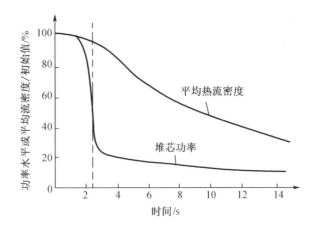

图6-1 快速停堆后堆芯相对功率和相对热流密度的演变

6.1.1 停堆后的剩余功率组成及计算方法

反应堆停堆后的功率包括三个部分,分别是:

1. 剩余中子引起的裂变功率

裂变时瞬间放出的功率大小与堆芯中的中子通量成正比。停堆后中子通量迅速衰减,因此剩余裂变功率也急剧下降。当从稳定运行状态引入的反应性较小时,中子通量的变化可近似用点堆模型来描述,其变化规律可近似写为

$$\frac{\varphi(t)}{\varphi(0)} = A_0 \exp\left(-\frac{t}{l_p}\right) + A_1 \exp(-\lambda_1 t_1) + A_2 \exp(-\lambda_2 t_2) + \cdots + A_6 \exp(-\lambda_6 t_6)$$

$$(6-1)$$

式中 $\varphi(0)$, $\varphi(t)$——停堆前的中子通量和停堆后 t 时刻的中子通量;

     A_0, A_1, $\cdots$, A_6——待定常数;

     l_p——瞬发中子平均寿命;

     λ_i——第 i 组缓发中子先驱核衰变常数。

对于以恒定功率运行了很长时间的轻水慢化反应堆,如果引入的负反应性绝对值大于 4%,则在剩余裂变功率起重要作用的时间内(例如停堆后 30 s 以内),可用下式近似估算相对中子通量的变化规律:

$$\frac{\varphi(t)}{\varphi(0)} = 0.15 \exp(-0.1t)$$

$$(6-2)$$

式中 t 的单位是 s。式(6-2)仅适用于以 ^{235}U 为燃料的反应堆。

2. 裂变产物的衰变功率

在反应堆停堆约 30 s 后,剩余中子引起的裂变功率就基本不起作用了。此后剩余功率主要来自于裂变产物的衰变和中子俘获产物的衰变。其中,在反应堆稳定运行无限长时间的情况下,停堆后裂变产物的衰变功率可方便地通过查图法获得。图 6-2 示出了反应堆稳定运行无限长时间后裂变产物释放出来的可吸收能量随停堆时间的变化规律。图中纵坐标 $E(\infty, t)$ 是反应堆稳态运行无限长时间以后每一次裂变产生的裂变产物平均释放的衰变能量。由于反应堆运行时一次裂变所产生的总能量大约为 200 MeV,因而裂变产物的衰变功率 $N_{s1}(\infty, t)$ 与停堆前的运行功率 $N(0)$ 的比值可由式(6-3)确定:

$$\frac{N_{s1}(\infty, t)}{N(0)} = \frac{E(\infty, t)}{200}$$

$$(6-3)$$

由此可知:

$$N_{s1}(\infty, t) = \frac{E(\infty, t)}{200} N(0)$$

$$(6-4)$$

如果反应堆只在功率 $N(0)$ 条件下运行了有限长时间 t_0,则停堆后 τ 时刻每次裂变所产生的衰变功率可由下式求得

$$E(t_0, t) = E(\infty, t) - E(\infty, t + t_0)$$

$$(6-5)$$

这时

$$N_{s1}(t_0, t) = \frac{N(0)}{200}\left[E(\infty, t) - E(\infty, t + t_0)\right]$$

$$(6-6)$$

图 6-2 中的曲线也可近似用分段指数函数来表示,即

$$E(\infty, t) = At^{-a}$$

$$(6-7)$$

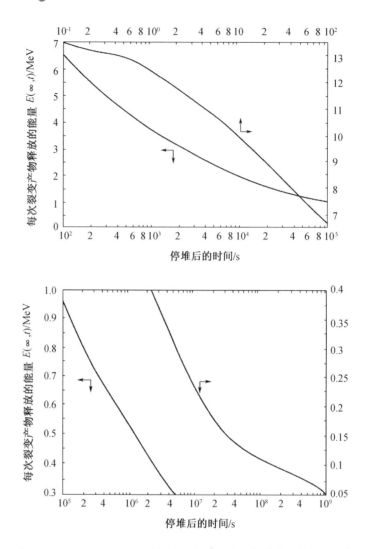

图6-2 反应堆稳定运行无限长时间后裂变产物释放出来的可吸收能量

式中 A 和 a 是与停堆时间 t 有关的常数,具体数值如表6-1所示。

将式(6-7)代入式(6-6),得

$$N_{s1}(t_0,t) = \frac{N(0)}{200}\left[A_1 t^{-a_1} - A_2 (t+t_0)^{-a_2}\right] \tag{6-8}$$

表6-1 式(6-7)中常数的取值

时间间隔/s	A	a	最大正偏差	最大负偏差
$10^{-1} \leqslant t < 10^1$	12.05	0.063 9	在 10^0 s,4%	在 10^1 s,3%
$10^1 \leqslant t < 1.5 \times 10^2$	15.31	0.180 7	在 1.5×10^2 s,3%	在 3×10^1 s, 1%
$1.5 \times 10^2 \leqslant t < 4 \times 10^6$	26.02	0.283 4	在 1.5×10^2 s,5%	在 3×10^3 s, 5%
$4 \times 10^6 \leqslant t \leqslant 2 \times 10^8$	53.18	0.335 0	在 4×10^7 s,8%	在 2×10^8 s, 9%

3. 中子俘获产物的衰变功率

在用天然铀或低浓缩铀做燃料的反应堆中,对中子俘获产物衰变功率贡献最大的是 ^{238}U 吸收中子后产生的 ^{239}U(其半衰期为 23.5 min)以及由 ^{239}U 衰变成的 ^{239}Np(其半衰期为 2.35 天)的 β、γ 辐射。除此以外,其他产物的衰变功率都很小。因此,俘获产物衰变功率 N_{s2} 可以表示成:

$$N_{s2} = N_{s2,^{239}U} + N_{s2,^{239}Np} \tag{6-9}$$

式中 $N_{s2,^{239}U}$——^{239}U 的衰变功率;

$N_{s2,^{239}Np}$——^{239}Np 的衰变功率。

$N_{s2,^{239}U}$ 衰减规律可由下式求得

$$\frac{N_{s2,^{239}U}(t_0,t)}{N(0)} = 2.28 \times 10^{-3} C(1+\alpha) \times$$
$$[1 - \exp(-4.91 \times 10^{-4} t_0)] \exp(-4.91 \times 10^{-4} t) \tag{6-10}$$

$N_{s2,^{239}Np}$ 衰减规律可由下式求得

$$\frac{N_{s2,^{239}Np}(t_0,t)}{N(0)} = 2.17 \times 10^{-3} C(1+\alpha) \{7.0 \times 10^{-3} \times [1 - \exp(-4.91 \times 10^{-4} t_0)] \times$$
$$[\exp(-3.41 \times 10^{-6} t) - \exp(-4.91 \times 10^{-4} t_0)] +$$
$$[1 - \exp(-3.41 \times 10^{-6} t_0)] \times \exp(-3.41 \times 10^{-6} t)\} \tag{6-11}$$

式中 C 是转换比,α 是 ^{239}U 的辐射俘获与裂变数之比。对于低浓缩铀作燃料的压水堆,可取 $C = 0.6$,$\alpha = 0.2$。如果 $t_0 \to \infty$,则可得总俘获产物的衰变功率为

$$\frac{N_{s2}}{N(0)} = 2.28 \times 10^{-3} C(1+\alpha) \exp(-4.91 \times 10^{-4} t) +$$
$$2.19 \times 10^{-3} C(1+\alpha) \exp(-3.41 \times 10^{-6} t) \tag{6-12}$$

由于在计算时忽略了其他俘获产物的衰变功率,所以在利用上述方法计算时,需要乘以 1.1 的安全系数。

综上所述,反应堆停堆后的剩余功率共有三项来源,其中剩余裂变功率在停堆后初期提供了剩余功率的大部分,而两项衰变功率则提供了长期的剩余功率。图 6-3 示出了反应堆停堆后各项功率随时间的变化规律。

6.1.2 停堆后的冷却

尽管反应堆在停堆后继续释放的功率仅有稳态功率的百分之几,但是其绝对值仍然是很可观的。以大亚湾核电站 900 MW 电功率的反应堆为例,其额定热功率大约为 2 895 MW,自紧急停堆两分钟后大约还有 120 MW 的剩余功率,一天后仍有 16 MW 的剩余功率,即便一年后也还有约 0.8 MW。这些热量如不能及时被带走,完全可以把堆芯烧毁。因此,在反应堆停堆后,还必须对堆芯进行持续有效的冷却,以保证堆芯的安全。

在动力反应堆中,对于停堆后的冷却都采用多重措施,以确保反应堆堆芯安全。这些措施主要包括:

(1)通过主冷却剂系统排出停堆后的释热。在正常停堆、厂用电可用以及主泵正常可用情况下发生的紧急停堆,可以利用主冷却剂系统把堆芯热量排出堆外。

(2)通过安注系统排出堆芯余热。在发生失水事故时,可以利用安注系统补充堆内丧失的冷却剂,同时由于注入的冷却剂都是低温的,因此可以排出部分堆芯热量。

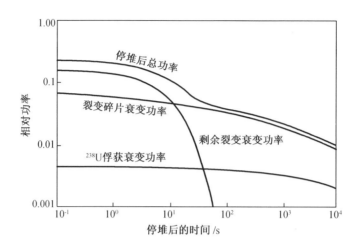

图 6-3 压水堆停堆后功率的衰减过程(停堆前运行无限长时间)

(3)增加主泵叶轮的转动惯量,提高泵的惰转能力,以延缓冷却剂流量的下降,辅助带出堆芯余热。

(4)依靠堆芯与蒸汽发生器之间的冷热源高度差,形成自然循环来带走堆芯余热。

6.2 反应堆典型事故瞬态

反应堆堆芯冷却剂系统故障和破坏事故可以分为两大类:一类是堆芯欠冷事故,主要是指在反应堆一回路冷却剂装量不变(即无泄漏)的情况下,由于流道阻塞、流量减少或堆芯冷却剂入口温度升高等原因使得对堆芯的冷却能力不足所造成的事故。堆芯欠冷事故主要有两种类型:

(1)失流事故,例如堆芯流道堵塞、主冷却剂泵故障等;

(2)热阱丧失事故,主要是由于二回路或热阱发生故障引起一回路冷却剂进入堆芯时的进口温度升高而引起对堆芯的冷却能力降低。

相比较而言,一般失流事故的后果要比热阱丧失事故更严重些,因此本书将只介绍失流事故。

另一类是冷却剂丧失事故(LOCA,Loss of Coolant Accident)。这类事故是指反应堆一回路压力边界的管线或设备发生破裂,如主管道、波动管破裂,或安全阀非预期打开等。在事故期间一部分或全部冷却剂丧失,使反应堆堆芯的冷却能力严重降低,燃料元件温度大幅上升,有可能使反应堆堆芯熔化,甚至发生放射性物质向外界释放的严重后果。

虽然冷却剂丧失事故和堆芯欠冷事故都是因反应堆冷却系统发生故障,使反应堆堆芯的冷却能力下降,但是两者之间存在明显不同:

首先,冷却剂丧失事故造成的堆芯冷却能力下降远比欠冷事故严重。冷却剂丧失事故造成的冷却剂泄漏使堆芯质量流量锐减,冷却能力下降更快。

其次,冷却剂丧失事故造成的后果远比欠冷事故严重得多。欠冷事故不会导致放射性物质外泄,而冷却剂丧失事故意味着放射性物质会进入安全壳,在更严重情况下甚至会释放至厂外。

最后,在欠冷事故的分析模型中,一般可用较为简单的不可压缩流体模型来处理。而冷却剂丧失事故过程中的冷却剂状态变化复杂,涉及的现象众多,因此需要采用更为复杂的模型来进行分析。

6.2.1 失流事故

压水堆通常是靠冷却剂强迫循环来冷却的。当反应堆带功率运行时,如果主冷却剂泵因电源故障或机械故障而被迫突然停止运行,致使冷却剂流量迅速减少时,就发生了失流事故。停泵的数量可能是全部(例如在断电时)也可能是一部分(例如在发生泵转子卡死或主轴断裂等机械故障时)。失流事故过程的特征是由冷却剂流量下降和堆芯功率下降两方面因素决定的。事故发生后,冷却剂流量下降将使冷却剂的温度和压力升高,燃料包壳温度因传热系数减小而升高。在没有其他故障或事故叠加的情况下,这种系统参数的变化会触发停堆保护系统。由于保护系统存在信号响应延迟,控制棒下插也需要时间,所以反应堆实现有效停堆要比冷却剂流量开始下降滞后,滞后时间大约为2.4 s左右。如前所述,在控制棒插入堆芯之前,反应堆功率维持原来数值。在控制棒插入堆芯之后,反应堆还可以发出可观的剩余功率,燃料元件本身还贮存着许多热能,在堆芯功率降低之后,这部分热能也要释放出来,所以在停堆以后,燃料元件表面的热流密度下降得比较缓慢,如图6-1所示。这时如果事故发生后流量下降过快,就会使包壳温度上升,甚至出现偏离核态沸腾(DNB)工况。二氧化铀的导热性能较差,满功率运行时燃料中心温度很高。当停堆后包壳表面传热恶化时,燃料内的贮热分布发生变化,结果是中心温度虽然降低,但外缘温度却会明显升高,如图6-4所示。

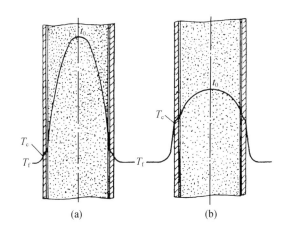

图6-4 失流事故前后燃料元件径向温度分布
(a)事故前;(b)事故后

反应堆设计主要从两个方面保证发生失流事故时的安全:

一是尽快紧急停堆,即缩短停堆保护信号延迟时间和控制棒下落时间;

二是设法减缓冷却剂流量在事故发生后的下降速度,并设法在泵停止运行后的相当长时间内维持一定的冷却剂流量,以降低事故后临界热流密度下降速度,并有效保证堆芯剩余热量的导出。

维持失流事故后冷却剂流量的有效和通用手段之一是在主冷却剂泵转子上加装惰转飞轮,以便使泵在断电以后能依靠惰转飞轮的转动惯量惰转一段时间,延缓冷却剂流量的衰减速率。待泵的惰转结束后,可依靠反应堆与蒸汽发生器之间的高度差,形成自然循环以维持一定的冷却剂流量,进而有效去除堆芯余热。

6.2.2　冷却剂丧失事故

压水堆一回路压力边界破裂引起的冷却剂丧失事故有很多种,其种类和可能的后果主要取决于断裂特性,即破口位置和破口尺寸。最严重的 LOCA 事故应该是压力容器在堆芯以下的灾难性破裂,但是这种事故发生的概率极低,因此现在依然将主管道双端剪切断裂作为极限设计基准事故来分析。根据破口大小及物理现象的不同,失水事故通常可分为大破口、中小破口、汽腔小破口、蒸汽发生器传热管破裂等几类。大、中、小破口之间的分界并不是绝对的,一般加以失水事故谱来辅助判断。

1. 小破口失水事故后的工况

(1)不同尺寸下小破口事故的特征

图 6 - 5 给出了在各种不同尺寸小破口下一回路系统的降压过程,其中破口面积为 50 cm^2 的情况属于小破口尺寸较大的情况。事故发生之后,系统压力瞬间降到饱和压力,随后系统内出现闪蒸,压力降低速度有所减缓。由于一回路有一部分热量要靠蒸汽发生器传出,因此在一段时间内一回路的冷却剂温度不能降到蒸汽发生器二次侧温度以下(点 B)。但由于破口较大,热量大部分从破口排出,对蒸汽发生器排热的依赖性并不强,所以随着衰变热的减少和连续的泄漏,系统压力很快就降下来,直至降到安注水箱的整定压力,大量的水注入堆芯,使压力容器内的水位得以回升,压力下降的趋势也减缓。

由于破口较大,这种冷却剂丧失事故有可能使冷却剂液面降到堆芯顶部以下。但是由于系统降压快,安注水箱投入得早,因而在燃料包壳温度明显上升之前,堆芯就会重新被冷却剂淹没。此外,由于系统降压快,堆芯内冷却剂闪蒸产生的大量气泡会使堆芯液位"膨胀",这种现象有助于推迟堆芯裸露,或减小裸露程度。

对于中等尺寸的小破口,从破口排除的冷却剂不足以带出堆芯同期产生的衰变热功率,因而有较多的热量要通过蒸汽发生器排出。根据一、二次侧传热的要求,一次侧冷却剂的压力会保持在高于二次侧水温度的饱和压力的水平,持续时间一直要到堆芯的衰变热水平降低到等于蒸汽从破口排放时带走的热量。随后一回路系统压力降低,安注流量加大,压力容器内的水位得以恢复。

对于这种尺寸的破口,高压安注对一回路冷却剂的补充起重要作用,蒸汽发生器对一回路热量的输出也起重要作用。值得注意的是,在这种破口出现时,一回路长时间保持在相当高的压力之下,冷却剂流失严重,堆芯可能露出水面。更为不利的是堆芯补水只靠高压安注,流量较小,不能补偿泄漏流量,因而堆芯可能长时间处于裸露状态之中。

对于小尺寸的小破口,冷却剂泄漏量较小,高压安注流量即可给予补偿,因而堆芯不会裸露。系统压力降低不多。当系统重新被高压安注水充满时,压力会突然升高。

(2)破口位置的影响

破口位置会影响从系统中泄漏出去的冷却剂流量,也会影响到注入的应急冷却剂能够到达堆芯的数量。例如,由于标高的不同,位于反应堆冷段主管道系统底部的破口会比位于系统顶部的破口流失更多的冷却剂。此外,由于标高较低的破口卸压速率比顶部破口

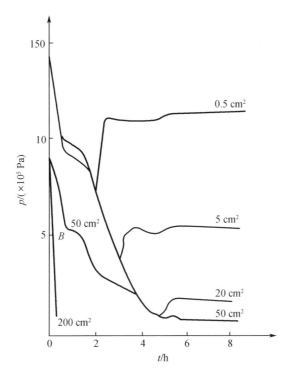

图6-5 不同破口尺寸事故条件下一回路压力变化规律

慢,从而会使冷却剂排出量增多。冷段管道底部的破口还会使一部分应急冷却水流失。

令人关注的另一个破口位置是稳压器顶部引出的各种接管上。例如,卸压阀的阀芯在打开的位置上被卡住就是一种小破口事故。在这种事故的喷放过程中,稳压器波动管中的汽水阻流现象对事故的特征起重要作用。压力容器内降压闪蒸产生的蒸汽在经波动管流入稳压器时,会妨碍水从从稳压器返回主回路,导致稳压器内会形成虚假水位。也就是说,稳压器内的水位不再能反映回路中冷却剂储量的多少。如果反应堆操作员这时仅仅根据控制室中稳压器液位指示来判断回路中冷却剂储量,就会造成误判和误操作。为了正确判断压力容器内水位下降的情况,已提出要在压力容器堆芯上部设置水位监测器。另外,由于在事故过程中稳压器内积存了一部分水,堆芯的裸露时间会提前。

(3) 自然循环的作用

在反应堆冷却剂循环泵停转以后,自然循环是把堆芯衰变热输送到蒸汽发生器去的唯一输热机理。所以自然循环工况在事故过程中起重要作用。

自然循环的驱动压头是回路上行段(上升段)和下行段(下降段)中冷却剂的密度差造成的,并与堆芯和蒸汽发生器的相对标高成正比。冷却剂主泵惰转停止以后,自然循环刚开始时是单相流动。随着系统压力的降低,回路中冷却剂温度最高的部分(堆芯出口的热段管道)开始出现闪蒸。闪蒸产生的气泡在进入蒸汽发生器传热管后不久就被凝结。气泡的存在可以增大回路上行段和下行段冷却剂间的密度差,因而可使循环流量增大。但是不久之后,当一回路压力降到接近二回路压力时,蒸汽发生器倒U形管顶部的水也接近了闪蒸点,致使进入倒U形管的气泡得不到凝结而滞留在顶部形成气腔,使自然循环中断。这种气液分层效应是小破口事故中最受关注的现象之一。

在自然循环中断之后,堆芯中产生的蒸汽通过热段管道流到蒸汽发生器,并在上升段中冷凝,凝结后的水又沿原来的路径返回堆芯,这种传热模式称为回流冷凝。蒸汽和冷凝水在热段主管道中流动方向相反,有可能形成阻流现象。在蒸汽发生器传热管上升段中,由于管径较细,会有一部分管子间歇地被堵塞。

事故如果造成燃料元件破损,则由此导致的氢气、氦气和裂变气体释放,以及安全注射时带入的空气将会被带入蒸汽发生器,这不仅会降低冷凝传热系数,妨碍蒸汽发生器的传热,还会在倒 U 形管顶部等制高点形成不凝性气腔,妨碍自然循环的恢复。不过实验和分析表明,只要不凝性气体不是异常多,而且蒸汽发生器二次侧热阱有大约 15% 是可用的,那么在回流冷凝的模式下,也可以使反应堆堆芯得到适当的冷却。

(4)安全设施和安全准则

小破口事故分析所关心的问题主要是事故发生后包壳的峰值温度、氧化程度,特别是在瞬态过程中堆芯裸露的可能性和裸露程度。在事故中堆芯应急冷却系统对防止堆芯裸露起重要作用。此外,由于事故中要靠蒸汽发生器排出一回路的热量和使回路降压,为了保证这种功能的实现,二回路辅助给水系统被列为专设安全设施之一。

一起小破口失水事故的延续时间从数十分钟到数小时不等。只要反应堆操作员不发生误判断和误操作,小破口失水事故是不会酿成灾难性后果的。在事故过程中,一回路系统冷却剂储量减少的趋势总是可以被抑制下来并得到恢复。恢复的原因可能是随着系统的减压,高压安全注射流量最终超过了破口处冷却剂的流失量,或者是系统的压力降到了安全注射水箱或低压安注的阈值压力,使大量的水注入到回路中去。在回路系统被水充满之后,即可视为整个小破口事故处理结束。

2. 大破口失水事故后的工况

大破口失水事故是一种极限事故。在安全分析中,设想最严重的情况是一根冷却剂主管道发生脆性断裂,管道在一瞬间完全断开并错位。这时冷却剂从断开的两个端口,即从相当于两倍于主管道截面的开口同时向外喷射。这种断裂叫做"双端脆性断裂"。这种失水事故会造成以下危害:

(1)在管道断开的一瞬间,冷却剂在破口处突然失压,会在一回路内形成一个很强的冲击波。这种冲击波在系统内传播,可能会使堆芯结构遭到破坏。此外,冷却剂的猛烈喷放,其反作用力会造成管道甩击,破坏安全壳内的设施或相邻的回路管道。

(2)冷却剂的持续流失有可能使堆芯裸露,传热能力大为下降,使燃料元件因温度急剧上升而受到破坏。如果堆芯大量元件发生熔化,熔融的燃料会与残存在压力容器底部的水相接触,发生剧烈的放热化学反应。熔融状态的燃料还可能把压力容器熔穿,进入到地基里去。

(3)高温高压的冷却剂喷入安全壳,使安全壳内的压力、温度升高,危及安全壳的完整性。

(4)燃料元件的锆包壳在高温时会与水蒸气发生剧烈的化学反应:

$$Zr + 2H_2O \Longrightarrow ZrO_2 + 2H_2 + 6.51\,[\,MJ/kg(Zr)\,]$$

反应产生的氢积存在安全壳中,在一定条件下会发生爆炸。锆水反应还会使包壳脆化,导致包壳破裂,所产生的热量还会使堆芯过热。

(5)反应堆冷却剂中的放射性物质进入安全壳后,若通过安全壳发生泄漏,会污染环境。

对于应急冷却系统起作用的情况,大破口冷却剂丧失事故中发生的事件序列可分为四个连续阶段,即喷放、再灌水、再淹没和长期冷却。这个时间序列所包含的相应热工水力现象如图6-6所示。图中给出了冷段主管道破裂(实线)和热段主管道破裂(虚线)两种情况的计算结果。

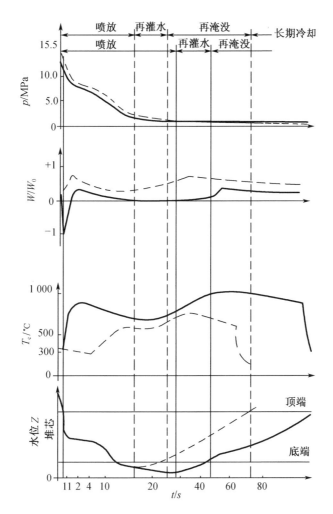

图6-6 压水堆大破口失水事故后热工参数演变规律
——冷段破裂;－－－－热段破裂

(1)喷放阶段

①堆功率变化

由于大破口事故中系统压力下降极快,大约在0.1 s内即可降至冷却剂的饱和压力,从而生成大量的蒸汽。空泡效应引入的负反应性使反应堆自行停堆,此后堆芯长期处于衰变热功率水平。

②卸压过程

破口出现之前,系统中的冷却剂是欠热的。在管道破裂时,破口处的压力突然降到饱和压力。该压力突降产生一个稀疏压力波。这种压力波在一回路系统和压力容器内传播,作用在堆芯吊篮等堆内构件上,产生很大的动态负荷,欠热卸压之后,系统内的冷却剂达到饱和态,以气液两相临界流速通过破口向外喷放,通常把这种工况称为饱和喷放。饱和喷放的卸压比较缓慢。

③堆芯流量

热段主管道破裂将会使堆芯冷却剂瞬时加速,而冷段主管道破裂则会使堆芯冷却剂瞬时减速,并使流向由向上流转变为向下流动。在转向过程中会出现流动停滞,使传热恶化。随后喷放阶段堆芯冷却剂的流量由堆芯至两个喷放端口的流动阻力决定。相比较而言,热段管道破裂时堆芯冷却剂流量较大,对堆芯冷却有利;而冷段破裂时堆芯冷却剂流量很小,这对堆芯的冷却是很不利的。

④包壳温度

由于冷段管道破裂时堆芯冷却剂会出现停滞,包壳表面会出现偏离核态沸腾(DNB)工况。这种工况在冷段破口出现后 $0.5 \sim 0.85$ s 时就会发生。DNB后包壳温度上升到一个峰值,有时把它称作第一包壳峰值温度。该峰值温度主要是燃料储热再分配形成的。峰值的幅度主要由三个因素决定:

a. 燃料芯块和包壳之间的间隙热阻越大,则燃料芯块的温度越高,即储能越大;

b. 喷放开始瞬间流过堆芯的水所带走的热量;

c. 随后,堆芯内蒸汽带走的热量受到水滴夹带量的强烈影响。根据保守的分析,冷段双端断裂事故的第一峰值温度接近 900 ℃。

在第一包壳峰值温度之后,包壳温度的变化主要由能量的产生和传出之间的平衡以及传热工况所决定。开始时,衰变热的减小使包壳温度有所降低,但是到后来(约 15 s)由于堆芯开始裸露,传热恶化,包壳温度又开始上升。锆 – 水反应会加剧温度的上升。

⑤堆芯应急冷却水的注入

在喷放开始 $10 \sim 15$ s 之后,一回路系统压力会降到安注箱的氮气压力以下,箱内储存的硼水开始从冷段管道向一回路注入。

然而在冷段管道破裂的情况下,开始时,注入的应急冷却水未必能到达堆芯。这是因为冷段破裂时,冷却剂从堆芯下腔室经堆芯周围的环形通道向上流动,然后从冷段管道破口排出。在注入开始时,这股喷放流量还相当大,它会阻止注入的应急冷却水在环形通道中向下流动到达堆芯下腔室。结果,从完整的环路冷段管道注入的冷却水在环形通道中绕过堆芯之后又从破裂的冷段管道排出,这种现象称作安全注射的旁通现象。在系统压力进一步降低之后,冷却剂喷放流量减小,注入的应急冷却水才能够到达堆芯。

热段管道破裂时不存在上述问题。因为注入冷管段的应急冷却剂可以顺利地穿过环形通道到达堆芯下腔室。

通常认为,当一回路的压力与安全壳的压力达到平衡时(约 0.3 MPa),喷放阶段结束。喷放阶段所经历的时间预计是 $30 \sim 40$ s。

(2)再灌水阶段

由于冷却剂大量喷放,压力容器内的水位可以降到堆芯底端以下。尽管在喷放阶段安全注射已经开始,但是在进行安全分析时保守地假设,只有在喷放阶段结束后,注射的应急冷却水才能到达堆芯。从冷却剂注入堆芯下腔室开始,到水位恢复到堆芯底端为止的这段时间称为再灌水阶段。

从安注开始到再灌水阶段结束的这段时间里,堆芯基本上是裸露的。在充满蒸汽的堆芯中,燃料棒除了靠热辐射和不大的自然对流以外,没有别的冷却方式。堆芯几乎是在衰变热作用下绝热升温,温度上升的速率为 8 ~ 12 ℃/s。如果燃料元件从 800 ℃ 左右开始上升,那么在经过 30 ~ 50 s 之后,温度就将增加到 1 100 ℃ 以上,此时锆合金和水蒸气的化学反应已相当剧烈,成为包壳表面上一个附加的热源。因此,再灌水阶段是整个冷却剂丧失事故过程中堆芯冷却最差的阶段。喷放结束时的下腔室水位和下腔室再灌水的终止时间是两个关键参量,它们决定了这个阶段内可能达到的最高燃料包壳温度。

(3)再淹没阶段

再淹没阶段开始于压力容器内的水位达到堆芯底端并开始向上升的时刻。在这一阶段中会出现下列重要的物理现象:

①第二包壳峰值温度

再淹没是从堆芯底部开始的,在堆芯下部开始淹没时,堆芯上部燃料元件可能还在继续升温,所以堆芯包壳温度峰值的高低决定于堆芯上部燃料元件温度升高的趋势得到抑制的时间。在应急冷却剂进入堆芯时,遇到温度很高的包壳表面,沸腾过程十分剧烈,产生的蒸汽夹带着许多液滴,向上流出堆芯,并对其流经的元件表面提供预冷。其冷却效果随着再淹没水位的上升越来越好,从而使堆芯上部燃料温度上升的趋势逐渐得到抑制。第二峰值包壳温度大约出现在事故出现后的 60 ~ 80 s。峰值的幅度决定于燃料元件的间隙热阻。如果间隙热阻较小,则在第一包壳峰值温度出现时,即已经将大部分贮热传给包壳,形成较高的第一峰值温度,而第二峰值温度较低。反之,如果间隙热阻很大,则会形成较高的第二峰值温度。

②骤冷过程

当包壳温度很高时,水在接触壁面之前即已汽化,并形成强烈的液滴飞溅。这种过程可以对包壳起降温作用,只有温度降到一定程度时,液体才能浸润包壳表面,形成稳定的核态沸腾或单相水对流换热。由于浸润后传热系数大大增加,致使壁温突然降低,这就是骤冷过程。当整个堆芯都被骤冷,且水位最终达到顶端时,即认为再淹没阶段结束。结束的时间大约在事故瞬态开始后 1 ~ 2 min。

③蒸汽的气塞作用

在再灌水和再淹没期间,从堆芯出来的蒸汽在流向破口时受到阻力,从而使上腔室形成一个背压。在气流经过蒸汽发生器时,由于二次侧的温度还相当高,会使蒸汽中夹带的液滴蒸发或过热,流速增加,从而会使流动阻力进一步增加。上腔室存在的气压好像是一个气塞,抵消应急冷却水注入堆芯的驱动压头,降低再淹没的速度。

④锆水反应

由于在 1 000 ℃ 以上时锆水反应变得相当剧烈,会使包壳严重氧化。包壳的氧化会导致包壳的脆化。在随后燃料包壳被骤冷时产生很大的热应力,会使脆化的包壳碎裂。燃料包壳的碎片和散落的燃料芯块可能会使流道堵塞。

(4)长期冷却阶段

在再淹没阶段结束之后,低压安注系统继续运行。当它的正常水源——换料水箱中储存的水全部用尽时,低压安注系统水泵的进口转接到安全壳地坑,用地坑中汇集的水对堆芯进行长期冷却。地坑的水进入水泵之前要流经热交换器进行冷却,以排出它从堆芯带出的热量。

6.3 燃料元件瞬态过程温度场分析

6.3.1 导热微分方程及其边界条件

在反应堆瞬态工况条件下,求解燃料元件的温度场随时间的变化规律是验证反应堆是否安全的前提。燃料元件温度场随时间的变化主要受导热微分方程约束,其一般形式如下:

$$\rho c_p \frac{\partial T}{\partial t} = \nabla \cdot (k \nabla T) + q_v \qquad (6-13)$$

对于棒状燃料元件,通常假定导热是轴对称的。即假定棒的材料是均匀的,棒周围的换热系数相等。采用柱坐标系,棒状芯块的导热微分方程为

$$c_u \rho_u \frac{\partial T}{\partial t} = \frac{1}{r} \frac{\partial}{\partial r}\left(r k_u \frac{\partial T}{\partial r}\right) + \frac{\partial}{\partial z}\left(k_u \frac{\partial T}{\partial z}\right) + q_v \qquad (6-14)$$

式中　c_u——燃料芯块的比热容,J/(kg·℃);

　　　ρ_u——芯块密度,kg/m³;

　　　k_u——燃料芯块热导率,W/(m·℃)。

一般情况下,可不考虑燃料芯块的轴向导热,即式(6-14)中$\frac{\partial}{\partial z}\left(k_u \frac{\partial T}{\partial z}\right)$可近似认为等于零。

在棒状燃料元件中,包壳为薄层圆筒壁结构,由于包壳本身热导率较高,因此包壳径向温度变化的幅度小,近似处理可以把它的热导率看作常数,且一般不考虑其轴向导热。此外,在反应堆正常运行工况下,由于包壳内释热极少,可忽略其内热源。这样,包壳的导热微分方程可写成:

$$c_c \rho_c \frac{\partial T}{\partial t} = \frac{1}{r} k_c \frac{\partial}{\partial r}\left(r \frac{\partial T}{\partial r}\right) \qquad (6-15)$$

式中　c_c——包壳的比热容,J/(kg·℃);

　　　ρ_c——包壳的密度,kg/m³;

　　　k_c——包壳的热导率,W/(m·℃)。

如果包壳外表面发生了明显的锆水反应,则反应生成的热量应该反映在等效的热源项中。

在实际反应堆运行条件下,以上两个方程的边界条件是:

(1)包壳外表面的换热条件:

$$-k_c \frac{\partial T}{\partial r}\Big|_{r=r_c} = h_f(T_c - T_f) + q_R \qquad (6-16)$$

(2)芯块和包壳的连续性条件:

$$-k_c \frac{\partial T}{\partial r}\Big|_{r=r_{ci}} = q(r_{ci}, t) = h_g(T_u - T_{ci}) \qquad (6-17)$$

$$-k_u \frac{\partial T}{\partial r}\Big|_{r=r_u} = q(r_u, t) = \frac{r_{ci}}{r_u} q(r_{ci}, t) \qquad (6-18)$$

（3）轴对称条件：

$$\frac{\partial T}{\partial r}\Big|_{r=0} = 0 \tag{6-19}$$

式中　h_f——冷却剂与包壳表面之间的对流换热系数；

　　　h_g——燃料芯块与包壳之间的间隙等效传热系数；

　　　q_R——辐射热流密度，当燃料元件表面温度很高时要考虑这一项；

　　　r_c，r_{ci}和r_u——包壳外表面、包壳内表面和燃料芯块的半径；

　　　T_f，T_c，T_{ci}和T_u——冷却剂、包壳外表面、包壳内表面和燃料芯块表面温度。

在给定适当的边界和初始条件后，上述方程组可利用数值算法进行求解。下面先对上述方程进行简化处理，然后对数值解法中常用的差分法进行讨论。

6.3.2　集总参数解法

在集总参数法中，认为参数在所研究的控制单元中的几何分布是不变的，因此可不考虑有关参数随空间的变化。例如对于燃料元件而言，认为燃料芯块和包壳的热阻和热容量是按它们对时间和空间的平均状态计算的，每个量被集中在实际物体的中心。如果假设燃料芯块的热导率和芯块内的体积释热率都是常数，根据导热微分方程容易求得，稳态时燃料芯块的温度分布满足如下关系式：

$$T(r) - T_u = \frac{q_v r_u^2}{4k_u}\Big[1 - \Big(\frac{r}{r_u}\Big)^2\Big], \quad 0 \leqslant r \leqslant r_u \tag{6-20}$$

假设在瞬态过程中燃料芯块的温度分布满足式（6-20）给出的函数关系。为了求出集总参数的微分方程，对式（6-14）在截面上进行积分。其中方程左边的积分为

$$\int_0^{r_u} c_u \rho_u \frac{\partial T(r,t)}{\partial t} 2\pi r \mathrm{d}r = c_1 \frac{\mathrm{d}T_1}{\mathrm{d}t} \tag{6-21}$$

其中

$$c_1 = \pi r_u^2 c_u \rho_u$$

$$T_1 = \frac{\int_0^{r_u} T(r,t) 2\pi r \mathrm{d}r}{\pi r_u^2}$$

式中　c_1——单位长度燃料芯块的热容，$\mathrm{J/(m \cdot \text{℃})}$；

　　　T_1——燃料芯块的平均温度。

忽略轴向导热后，方程（6-14）右边第一项积分的物理意义是径向导热换热量，积分后可写成下列的集总参数的形式：

$$\frac{T_1 - T_u}{R_1'} = -\int_0^{r_u} \frac{1}{r} k_u \frac{\partial}{\partial r}\Big(r \frac{\partial T}{\partial r}\Big) 2\pi r \mathrm{d}r = 2\pi k_u \Big(r \frac{\partial T}{\partial r}\Big)_{r=r_u} \tag{6-22}$$

使用式（6-21）给出的燃料芯块平均温度 T_1 的定义，可以从式（6-22）中导出燃料芯块等效热阻 R_1' 的表达式：

$$R_1' = \frac{\dfrac{\int_0^{r_u} T(r,t) 2\pi r \mathrm{d}r}{\pi r_u^2} - T_u}{2\pi k_u \Big(r \dfrac{\partial T}{\partial r}\Big)_{r=r_u}} = \frac{\dfrac{\int_0^{r_u} [T(r,t) - T_u] 2\pi r \mathrm{d}r}{\pi r_u^2}}{2\pi k_u \Big(r \dfrac{\partial T}{\partial r}\Big)_{r=r_u}} \tag{6-23}$$

将燃料芯块内的温度分布函数式(6-20)代入上式,即可求得

$$R_1' = \frac{1}{8\pi k_u} \qquad (6-24)$$

方程(6-14)右边体积释热率在相同范围内的积分可写为

$$\int_0^{r_u} q_v 2\pi r\mathrm{d}r = q_v \pi r_u^2 = q_1 \qquad (6-25)$$

式中 q_1 为燃料芯块的线功率密度。

在第3章中已经讲过,当反应堆运行时间较长,燃耗较深后,燃料芯块与包壳之间以接触加间隙导热的混合方式传热,通常用等效传热系数来表征这传热过程,这样包括燃料芯块与包壳之间间隙传热过程的总热阻可写为下式:

$$R_1 = \frac{1}{8\pi k_u} + \frac{1}{2\pi r_u h_g} \qquad (6-26)$$

由于燃料芯块与燃料元件包壳都采用集总参数表示,因此,式(6-26)中对应的总传热温差为 $T_1 - T_2$,其中 T_2 为燃料元件包壳的平均温度。至此,即可将燃料芯块导热微分方程的集总参数形式写出:

$$c_1 \frac{\mathrm{d}T_1}{\mathrm{d}t} + \frac{T_1 - T_2}{R_1} = q_1 \qquad (6-27)$$

类似的,可以写出包壳导热微分方程的集总参数形式,即

$$\frac{T_1 - T_2}{R_1} = c_2 \frac{\mathrm{d}T_2}{\mathrm{d}t} + \frac{T_2 - T_f}{R_2} \qquad (6-28)$$

式中 c_2——单位长度包壳的热容,$c_2 = 2\pi \bar{r}_c \delta \rho_c c_c$,J/(m·℃),$\bar{r}_c$ 和 δ 分别为包壳内外半径的平均值和厚度;

R_2——包壳和冷却剂之间的传热热阻,若忽略包壳本身的热阻,则 $R_2 = 1/(2\pi r_c h_f)$,m·℃/W,其中,h_f 为冷却剂与包壳外表面的对流传热系数;T_f 为冷却剂的温度。

式(6-27)和式(6-28)即为燃料元件在瞬态工况条件下瞬态导热微分方程的集总参数形式。应该注意到,随着将芯块、包壳温度的集总化,原瞬态导热的偏微分方程就转化为了常微分方程组的形式,即可利用常微分方程(组)求解方法,例如利用拉普拉斯积分变换法进行求解,过程如图6-7所示。

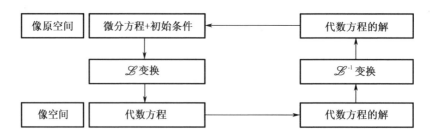

图6-7 拉普拉斯积分变换法求常微分方程解法

在此,作为举例,我们用方程(6-27)和(6-28)来求主泵断电事故中包壳温度和燃料芯块平均温度随时间的变化。在主泵断电引起的失流事故中,可以做三点简化:

①泵断电后系统压力并无显著的变化,冷却剂温度也大致保持不变;

②泵断电后由于冷却剂流量减少,冷却剂发生膜态沸腾传热;

③从泵断电时刻起到实现有效停堆之间的时间间隔为τ_1,在τ_1之前,堆芯功率保持事故前的数值。在τ_1之后,堆芯衰变热功率为常数。

由于包壳最高温度通常出现在断电10 s以内,在这样短的时间内,假设衰变功率为常数不会带来很大的误差。上述的假设可以归纳如下:

当$\tau \leqslant 0$:$q_1 = q_1(0)$,$R_2 = R_{2,0}$;

当$0 < \tau \leqslant \tau_1$:$q_1 = q_1(0)$,$R_2 = R_{2,1}$;

当$\tau > \tau_1$:$q_1 = \beta q_1(0)$,$R_2 = R_{2,f}$。

利用T_f为常数这一条件,可以由方程(6-28)解出T_1,并对T_1求导得出$\mathrm{d}T_1/\mathrm{d}t$。然后代入方程(6-27),即可把方程改写成

$$q_1 = c_1 c_2 R_1 \frac{\mathrm{d}^2\theta}{\mathrm{d}t^2} + \left(c_1 + c_2 + \frac{c_1 R_1}{R_2}\right)\frac{\mathrm{d}\theta}{\mathrm{d}t} + \frac{\theta}{R_2} \qquad (6-29)$$

其中$\theta = T_2 - T_f$。

对式(6-29)进行拉普拉斯变换,可以得到:

$$\frac{q_1}{s}\left[1 - (1-\beta)\exp(t_1 s)\right] = c_1 c_2 R_1 \left[\bar{\theta}s^2 - \theta(0)s - \frac{\mathrm{d}\theta(0)}{\mathrm{d}t}\right] +$$

$$\left(c_1 + c_2 + \frac{c_1 R_1}{R_2}\right)\left[\bar{\theta}s - \theta(0)\right] + \frac{\bar{\theta}}{R_2} \qquad (6-30)$$

其中$\bar{\theta}$表示θ的拉普拉斯变换。$\theta(0)$的值由下式给出:

$$\theta(0) = q_1(0)R_{2,0} \qquad (6-31)$$

而$\mathrm{d}\theta(0)/\mathrm{d}t$由关系式

$$T_1(0) = q_1(0)(R_1 + R_{2,0}) + T_f \qquad (6-32)$$

和式(6-28)共同确定。

由式(6-30)、式(6-31)和式(6-32)可解出$\bar{\theta}$,然后通过对求得的表达式进行拉普拉斯反变换,即可求得时间函数θ。

【例题6-1】 燃料元件燃料芯块半径4.18 mm,包壳外表面半径4.75 mm,厚度0.57 mm,燃料芯块与包壳间等效换热系数$h_g = 5.7 \times 10^3$ W/(m²·℃),在正常工况下冷却剂的强迫对流传热系数$h_f = 4.1 \times 10^4$ W/(m²·℃)。停泵事故发生前,燃料元件的线功率为$q_1(0) = 42$ kW/m,假设事故发生后,燃料棒表面立即出现膜态沸腾传热,传热系数降到$h_{c,f} = 5 \times 10^3$ W/(m²·℃),在事故发生后3 s实现有效停堆,元件线功率降到正常工况下的15%。试求出事故中包壳温度随时间的变化。

解 燃料棒和包壳的物性经查表得出如下:

$$\rho_u = 10.5 \times 10^3 \text{ kg/m}^3, k_u = 4.3 \text{ W/(m·℃)} \quad c_u = 320 \text{ J/(kg·℃)};$$

$$\rho_c = 6.57 \times 10^3 \text{ kg/m}^3, k_c = 13 \text{ W/(m·℃)} \quad c_c = 340 \text{ J/(kg·℃)}。$$

根据题目给出的数据,可计算出:

$$c_1 = \pi r_u^2 c_u \rho_u = \pi (4.18 \times 10^{-3})^2 \times 320 \times 10.5 \times 10^3 = 184.4 \text{ J/(m·℃)}$$

若取 $r_c \approx r_{cs}$，则可得

$$c_2 = 2\pi r_c \delta c_c \rho_c = 2\pi \times 4.75 \times 0.57 \times 10^6 \times 340 \times 6.57 \times 10^3 = 38 \text{ J/(m} \cdot {}^\circ\text{C)}$$

$$\begin{aligned}
R_1 &= \frac{1}{8\pi\kappa_u} + \frac{1}{2\pi h_g r_u} = \frac{1}{8\pi \times 4.3} + \frac{1}{2\pi \times 4.18 \times 10^{-3} \times 5.7 \times 10^3} \\
&= 9.25 \times 10^{-3} + 6.68 \times 10^{-3} \\
&= 15.93 \times 10^{-3} \text{ m} \cdot {}^\circ\text{C/W}
\end{aligned}$$

$$R_{2,0} = \frac{1}{2\pi r_c h_f} = \frac{1}{2\pi \times 4.75 \times 10^{-3} \times 4.1 \times 10^4} = 8.17 \times 10^{-4} \text{ m} \cdot {}^\circ\text{C/W}$$

$$R_{2,f} = \frac{1}{2\pi r_c h_{c,f}} = \frac{1}{2\pi \times 4.75 \times 10^{-3} \times 5 \times 10^{-3}} = 6.7 \times 10^{-3} \text{ m} \cdot {}^\circ\text{C/W}$$

根据式(6-31)，

$$\theta(0) = q_1(0) \cdot R_{2,0} = 42 \times 10^3 \times 8.17 \times 10^{-4} = 34.3 \ {}^\circ\text{C}$$

根据式(6-32)，

$$T_1(0) - T_1 = q_1(0)(R_1 + R_{2,0}) = 42 \times 10^3 \times (15.93 + 0.817) \times 10^{-3} = 703.3 \ {}^\circ\text{C}$$

由方程(6-28)，

$$\begin{aligned}
\frac{\mathrm{d}\theta(0)}{\mathrm{d}t} &= \frac{1}{c_2}\left(\frac{T_1 - T_2}{R_1} - \frac{\theta}{R_1} - \frac{\theta}{R_{2,f}}\right) \\
&= \frac{1}{38}\left(\frac{703.3}{15.93 \times 10^{-3}} - \frac{34.3}{15.93 \times 10^{-3}} - \frac{34.3}{6.7 \times 10^{-3}}\right) \\
&= 970.4 \ {}^\circ\text{C/s}
\end{aligned}$$

将上述数据代入式(6-30)，

$$\begin{aligned}
\frac{q_1(0)}{s}[1 - (1-\beta)\exp(t_1 s)] &= 184.4 \times 38 \times 15.93 \times 10^{-3}(\bar{\theta}s^2 - 34.3s - 970.4) + \\
&\quad \left(184.4 + 38 + 184.4 \times \frac{15.93 \times 10^{-3}}{6.7 \times 10^{-3}}\right) \times \\
&\quad (\bar{\theta}s - 34.3) + \frac{\bar{\theta}}{6.7 \times 10^{-3}} \\
&= \bar{\theta}(111.6s^2 + 660.8s + 149) - 3\,829s - 1.31 \times 10^5 \\
&= 111.6\bar{\theta}(s + 5.69)(s + 0.235) - 3\,829s - 1.31 \times 10^5
\end{aligned}$$

因此

$$\begin{aligned}
\bar{\theta} = \frac{q_1(0)}{111.6s(s + 5.69)(s + 0.235)} &- \frac{q_1(0)(1-\beta)\mathrm{e}^{(t_1 s)}}{111.6s(s + 5.69)(s + 0.235)} + \\
\frac{34.3s}{(s + 5.69)(s + 0.235)} &+ \frac{1.17 \times 10^3}{(s + 5.69)(s + 0.235)}
\end{aligned}$$

进行反拉普拉斯变换，整理后可得：

当 $0 \leq t \leq t_1$ 时，

$$\theta = 281.6 - 166.6\mathrm{e}^{-5.69t} - 80.58\mathrm{e}^{-0.235t}$$

当 $t > t_1$ 时，

$$\theta = 42.1 - \mathrm{e}^{-5.69t}(166.6 + 10.32\mathrm{e}^{5.69t_1}) - \mathrm{e}^{-0.235t}(80.58 - 249.8\mathrm{e}^{0.235t_1})$$

由结果可知，由于传热系数降低，开始时包壳温度剧增，在 t_1 时刻后，由于实现了有效

停堆,包壳温度降低。容易看出,停堆时刻 t_1 越推迟,则包壳温度升得越高,但由于燃料芯块内部热阻和接触热阻比较大,所以包壳最高温度大约只有281 ℃。当然,这一温度与膜态沸腾换热系数的大小有关,该换热系数越小,表面温度升得越高。

6.3.3 差分解法

除了利用集总参数法获得常微分方程,然后利用拉普拉斯积分变换法求解燃料元件温度场的解析解以外。还可以对导热偏微分方程组(分别对燃料芯块和包壳列写)进行一定的简化,利用汉克尔积分变换法进行求解。实际上,目前提出的各种解析解法都要做许多简化,这必然会带来较大的误差。例如,在集总参数法中,认为燃料芯块的导热系数、比热容等在芯块内是保持不变的常数,这种假设实际上是不成立的,尤其对于使用二氧化铀做燃料的反应堆是很不准确的。在一般情况下,瞬态导热微分方程只能用数值解法求解,常用的方法有有限差分法、有限容积法或有限单元法等。其中有限差分法的数学基础是连续函数的泰勒展开,具有明确的数学意义,也是最早使用的一种方法。图6-8给出了采用有限差分法求解棒状燃料元件温度场时,采用内节点法对燃料元件径向和轴向进行网格划分的结果,其中径向上仅以两个控制单元为例。

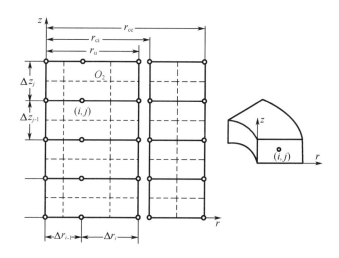

图6-8 内节点法划分燃料元件计算区域

在内节点法基础上,对空间导数项采用中心差分进行离散化,可得

$$r_{i+\frac{1}{2}} = \frac{1}{2}(r_i + r_{i+1}) \qquad (6-33)$$

$$\left(rk\frac{\partial T}{\partial r}\right)\Big|_{i+\frac{1}{2}} = r_{i+\frac{1}{2}}k_{i+\frac{1}{2}}\left(\frac{T_{i+1}-T_i}{r_{i+1}-r_i}\right) + o(\Delta r^2) \qquad (6-34)$$

$$\left(rk\frac{\partial T}{\partial r}\right)\Big|_{i-\frac{1}{2}} = r_{i-\frac{1}{2}}k_{i-\frac{1}{2}}\left(\frac{T_i-T_{i-1}}{r_i-r_{i-1}}\right) + o(\Delta r^2) \qquad (6-35)$$

对于内部节点 r_i,有

$$\frac{\partial}{\partial r}\left(rk\frac{\partial T}{\partial r}\right)\Big|_{r_i} = \frac{1}{\Delta r_i}\left[\left(rk\frac{\partial T}{\partial r}\right)\Big|_{i+\frac{1}{2}} - \left(rk\frac{\partial T}{\partial r}\right)\Big|_{i-\frac{1}{2}}\right] + o(\Delta r)$$

$$= \frac{1}{\Delta r_i} \left[r_{i+\frac{1}{2}} k_{i+\frac{1}{2}} \left(\frac{T_{i+1} - T_i}{r_{i+1} - r_i} \right) - r_{i-\frac{1}{2}} k_{i-\frac{1}{2}} \left(\frac{T_i - T_{i-1}}{r_i - r_{i-1}} \right) \right] + o(\Delta r)$$

$$(6-36)$$

式中 $\Delta r_i = r_{i+\frac{1}{2}} - r_{i-\frac{1}{2}}$。

类似地,可以写出轴向导数项的差分格式为

$$\frac{\partial}{\partial z} \left(k \frac{\partial T}{\partial z} \right) \Big|_{z_j} = \frac{1}{\Delta z_j} \left[\left(k \frac{\partial T}{\partial z} \right) \Big|_{z_{j+\frac{1}{2}}} - \left(k \frac{\partial T}{\partial z} \right) \Big|_{z_{j-\frac{1}{2}}} \right] + o(\Delta z)$$

$$= \frac{1}{\Delta z_j} \left[\frac{k_{j+\frac{1}{2}}(T_{j+1} - T_j)}{z_{j+1} - z_j} - \frac{k_{j-\frac{1}{2}}(T_j - T_{j-1})}{z_j - z_{j-1}} \right] + o(\Delta z) \quad (6-37)$$

时间导数项如采用向前差分,则可以写成:

$$\frac{\partial T}{\partial t} = \frac{T_{i,j}^{n+1} - T_{i,j}^n}{\Delta t} + o(\Delta t^2)$$

$$(6-38)$$

式中 T 的上标 n 为时间节点的编号。将导热微分方程(6-14)逐项用差商格式离散化,方程两边同乘以 $2\pi r_{i,j} \Delta r_i \Delta z_j$,略去小项,可以得到如下形式的差分方程:

$$V_{i,j} \rho_{i,j}^n c_{p,i,j}^n \frac{T_{i,j}^{n+1} - T_{i,j}^n}{\Delta t} = q_{i,j}^n + \frac{T_{i+1,j}^n - T_{i,j}^n}{R_{i+\frac{1}{2},j}} - \frac{T_{i,j}^n - T_{i-1,j}^n}{R_{i-\frac{1}{2},j}} + \frac{T_{i,j+1}^n - T_{i,j}^n}{R_{i,j+\frac{1}{2}}} - \frac{T_{i,j}^n - T_{i,j-1}^n}{R_{i,j-\frac{1}{2}}}$$

$$(6-39)$$

式中 $V_{i,j}$——控制单元(i,j)的体积,$V_{i,j} = 2\pi r_{i,j} \Delta r_i \Delta z_j$;

         $q_{i,j}^n$——控制单元(i,j)内的总释热率,$q_{i,j}^n = 2\pi r_{i,j} \Delta r_i \Delta z_j q_{v,i,j}^n$;

         $R_{i+\frac{1}{2},j}, R_{i-\frac{1}{2},j}, R_{i,j+\frac{1}{2}}, R_{i,j-\frac{1}{2}}$——热阻,其算法相同,如其中$(i,j)$与$(i+1,j)$之间的热

                           阻 $R_{i+\frac{1}{2},j}$可写为

$$R_{i+\frac{1}{2},j} = \frac{r_{i+1} - r_i}{k_{i+\frac{1}{2},i} A_{i+\frac{1}{2},i}}$$

$$(6-40)$$

式中 $k_{i+\frac{1}{2},j}$——(i,j)区和$(i+1,j)$区平均温度下的热导率;

         $A_{i+\frac{1}{2},j}$——(i,j)区和$(i+1,j)$区之间的传热面积。

对于与包壳接触的体积元可以写出:

$$R_{i+\frac{1}{2},j} = \frac{1}{h_g A_{i+\frac{1}{2},j}}$$

$$(6-41)$$

方程(6-39)是显式差分格式,新时刻$(n+1)$节点的温度可以由 n 时刻的条件直接算出。这种方法计算简单,但是如果所选的时间步长太大,会导致计算结果发散或结果没有物理意义。为了保证计算的稳定性,对于径向导热,时间步长要满足下列要求:

$$\Delta t_i \leqslant \frac{V_{i,j} \rho_{i,j}^n c_{p,i,j}^n R_{i+\frac{1}{2},j} R_{i-\frac{1}{2},j}}{R_{i+\frac{1}{2},j} + R_{i-\frac{1}{2},j}}$$

$$(6-42)$$

为了避免显式格式对时间步长的严格限制和计算过程中形成的误差放大,可以使用隐式差分格式。对于棒状燃料元件,由于轴向导热量与径向相比是小量,因此通常只需要对径向用隐式差分,而轴向仍可用显式差分。这种混合差分方程如下:

$$V_{i,j} \rho_{i,j}^{n-1} c_{p,i,j}^{n-1} \frac{T_{i,j}^n - T_{i,j}^{n-1}}{\Delta t} = q_{i,j}^n + \frac{T_{i+1,j}^n - T_{i,j}^n}{R_{i+\frac{1}{2},j}} - \frac{T_{i,j}^n - T_{i-1,j}^n}{R_{i-\frac{1}{2},j}} + \frac{T_{i,j+1}^{n-1} - T_{i,j}^n}{R_{i,j+\frac{1}{2}}} - \frac{T_{i,j}^n - T_{i,j-1}^{n-1}}{R_{i,j-\frac{1}{2}}}$$

$$(6-43)$$

对于每一个轴向位置,径向每排节点导出的方程组成一个线性方程组,这个方程组形成一个三对角系数矩阵,可以用求解三对角线性方程组的方法进行求解,如高斯消元法。求解开始时,可以假设密度和比热等为前一时刻的值。如果它们随温度变化很大,则要随着计算过程不断进行修正。

值得注意的是,尽管隐式离散格式可以提高数值计算本身的稳定性,一定范围内解除了对时间步长 Δt 的限制,但采用大的 Δt 会增加截断误差,在实际使用中要权衡使用空间和时间步长。相关内容可参见数值传热学有关教材。

6.4 流体动力学方程

研究反应堆各种瞬态过程的核心就是求解在瞬态过程中燃料元件的温度场和冷却剂的流动特性。正如燃料元件的温度场受导热微分方程控制,对于冷却剂的流场而言,其控制方程就称为冷却剂(或流体)的动力学方程。流体的动力学方程主要用来求解反应堆和一回路系统冷却剂参数和工况随时间的变化规律。因此,本节重点介绍单相、两相流体动力学方程组。

6.4.1 基本模型

流体的质量守恒、动量守恒和能量守恒方程是冷却剂系统分析的基础。为了求解这些方程,还需要配上适当的结构关系式以使方程组可解。在轻水堆瞬态和事故过程中,冷却剂既可能处于单相状态,也可能处于两相状态。而当冷却剂处于汽液两相流动状态时,其热工水力过程是非常复杂的,一般需要通过合适的数学模型来描述两相流动。可采用的两相流数学模型主要有均相流模型、漂移流模型等混合物模型和两流体模型等。这些模型各有其特点和适用场合。

均相流模型是根据气液两相介质流速相等,且处于平衡态的假设建立起来的。它的守恒方程形式上与单相流相同,只是其参数使用两相流的平均值,并在结构关系式中反映两相流的特征。这种数学模型求解简单,对于流速较高或两相介质均匀混合的情况(例如泡状流或雾状流),精度可以满足要求。但是由于这种模型回避了两相介质之间的相互作用,因而对于两相介质非均匀混合或处于非平衡态的情况误差较大。为了弥补其不足,对于临界喷放、大空间的气液分层等均相流所不能描述的工况,常使用专门的结构关系式加以补充,但这种处理方法增加了该模型的局限性。

漂移流模型是以描述气泡分布和气液两相相对滑移的两个结构参数为基础建立起来的。从整体上看,它具有均相流模型的特点,求解简单,而由于某些结构参数的作用,它也可以表现两相流的局部特性。对很多工况,使用这种模型可以得到相当满意的效果。利用漂移流模型的不同结构条件,可以写出多种形式的两相流方程组,其中的守恒方程式可以有三个、四个或五个不等。

两流体模型相对而言是比较完善的两相流数学模型。它对于气相和液相分别列出质量、动量和能量守恒方程,并且考虑气液两相间的质量、动量和能量交换,可以较真实地反映各种物理现象的内在机理过程。所以从原则上说,这种模型可以描述两相流的各种复杂现象,例如冷却剂在反应堆下腔室中的流动、气液逆向流动和堆芯失水后再淹没期间复杂的热工水力过程。但是由于场方程(即守恒方程)的数目很多,还要补充许多结构关系式,所以求解困难,运算量大。此外,由于某些过程,特别是两相界面处的相互作用还了解得很不够,因而有些结构关系式难以建立得很准确,从而使这种完善的数学模型计算精度受到影响。

各种模型中采用结构关系式是为了使方程组闭合。属于结构关系式的主要有边界条件、物性(状态)方程、介质与壁面间的动量和能量交换方程、两相之间的各种交换方程,以及一些描述特定热工水力现象的关系式等。关系式的选择因两相流方程的不同而异,它的选择是否恰当对解题工作量影响很大。下面我们对系统分析中最常用的混合物漂移流模型进行介绍。在进行系统分析时,通常只使用一维方程,所以下面的介绍也只限于一维的。

6.4.2 守恒方程

1. 单相流体动力学方程

为获得单相流体动力学微分方程,可通过分析如图6-9所示的微元流动受力及能量平衡等关系来获得。其中微元体应满足"流体微团"的概念内涵,即在宏观上无限小,微观上足够多,以保证流体的连续性和参数的稳定性。

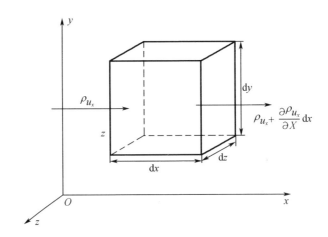

图6-9 微元体示意图

对于图6-9所示的微元体而言,质量守恒可以表示为

微元体内的质量变化 = 流入微元体的质量 − 流出微元体的质量

即有

$$\frac{\partial \rho}{\partial t}(\mathrm{d}x\mathrm{d}y\mathrm{d}z) = \rho u_x(\mathrm{d}y\mathrm{d}z) - \left[\rho u_x + \frac{\partial}{\partial x}(\rho u_x)\mathrm{d}x\right](\mathrm{d}y\mathrm{d}z) +$$

$$\rho u_y(\mathrm{d}x\mathrm{d}z) - \left[\rho u_y + \frac{\partial}{\partial y}(\rho u_y)\mathrm{d}y\right](\mathrm{d}x\mathrm{d}z) +$$

$$\rho u_z(\mathrm{d}x\mathrm{d}y) - \left[\rho u_z + \frac{\partial}{\partial z}(\rho u_z)\mathrm{d}z\right](\mathrm{d}x\mathrm{d}y)$$

化简后得到

$$\frac{\partial \rho}{\partial t} = -\frac{\partial}{\partial x}(\rho u_x) - \frac{\partial}{\partial y}(\rho u_y) - \frac{\partial}{\partial z}(\rho u_z) \tag{6-44}$$

用矢量形式表示,有

$$\frac{\partial \rho}{\partial t} + \nabla \cdot (\rho \boldsymbol{u}) = 0 \qquad (6-45)$$

这是欧拉坐标系下的方程形式,我们可以把它转化为拉格朗日坐标系下的形式。因为式(6-45)的第二项可以写成

$$\nabla \cdot (\rho \boldsymbol{u}) = \rho(\nabla \cdot \boldsymbol{u}) + \boldsymbol{u} \cdot \nabla\rho$$

代入式(6-45)就可得到拉格朗日坐标系下的方程,即有

$$\frac{\mathrm{D}\rho}{\mathrm{D}t} + \rho(\nabla \cdot \boldsymbol{u}) = 0 \qquad (6-46)$$

其中

$$\frac{\mathrm{D}\rho}{\mathrm{D}t} = \frac{\partial \rho}{\partial t} + \boldsymbol{u} \cdot \nabla\rho$$

密度不发生变化或密度变化很小可以忽略的情况下,称为不可压缩流动,这时质量守恒方程可以简化为

$$\nabla \cdot \boldsymbol{u} = 0 \qquad (6-47)$$

根据牛顿第二定律,动量守恒可表示为

微元体内的动量变化 = 流入微元体的动量 - 流出微元体的动量 + 合外力做功

其中合外力包括重力、电场力、磁场力和每个面受到的三个方向表面力(一个垂直于表面,两个相切于表面),因此,如图6-10、6-11所示,对于 x 方向的动量守恒,有:

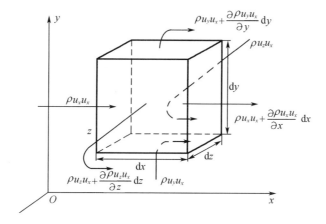

图6-10 x 方向动量微元分析示意图

$$\frac{\partial \rho u_x}{\partial t}(\mathrm{d}x\mathrm{d}y\mathrm{d}z) = \rho u_x u_x(\mathrm{d}y\mathrm{d}z) - \left[\rho u_x u_x + \frac{\partial \rho u_x u_x}{\partial x}\mathrm{d}x\right](\mathrm{d}y\mathrm{d}z) +$$

$$\rho u_y u_x(\mathrm{d}x\mathrm{d}z) - \left[\rho u_y u_x + \frac{\partial \rho u_y u_x}{\partial y}\mathrm{d}y\right](\mathrm{d}x\mathrm{d}z) +$$

$$\rho u_z u_x(\mathrm{d}x\mathrm{d}y) - \left[\rho u_z u_x + \frac{\partial \rho u_z u_x}{\partial z}\mathrm{d}z\right](\mathrm{d}x\mathrm{d}y) +$$

$$\left(\sigma_x + \frac{\partial \sigma_x}{\partial x}\mathrm{d}x\right)\mathrm{d}y\mathrm{d}z - \sigma_x\mathrm{d}y\mathrm{d}z + \left(\tau_{yx} + \frac{\partial \tau_{yx}}{\partial y}\mathrm{d}y\right)\mathrm{d}x\mathrm{d}z - \tau_{yx}\mathrm{d}x\mathrm{d}z +$$

$$\left(\tau_{zx} + \frac{\partial \tau_{zx}}{\partial z}\mathrm{d}z\right)\mathrm{d}x\mathrm{d}y - \tau_{zx}\mathrm{d}x\mathrm{d}y + \rho f_x\mathrm{d}x\mathrm{d}y\mathrm{d}z$$

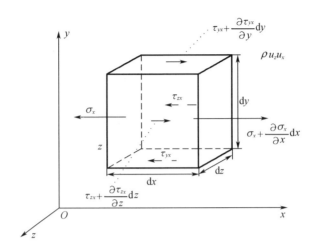

图 6-11 x 方向的切应力张量示意图

简化后得到

$$\frac{\partial}{\partial t}(\rho u_x) + \frac{\partial}{\partial x}(\rho u_x u_x) + \frac{\partial}{\partial y}(\rho u_x u_y) + \frac{\partial}{\partial z}(\rho u_x u_z)$$

$$= \frac{\partial \sigma_x}{\partial x} + \frac{\partial \tau_{yx}}{\partial y} + \frac{\partial \tau_{zx}}{\partial z} + \rho f_x \qquad (6-48)$$

方程左侧是 x 方向动量的变化率,三维情况下的动量变化率可以记为

$$\rho \frac{\mathrm{D}\boldsymbol{u}}{\mathrm{D}t} = \frac{\partial(\rho \boldsymbol{u})}{\partial t} + \nabla \cdot (\rho \boldsymbol{u}\boldsymbol{u}) \qquad (6-49)$$

其中,$\boldsymbol{u}\boldsymbol{u}$ 是矢量积,在直角坐标系下有

$$\boldsymbol{u}\boldsymbol{u} = \begin{pmatrix} u_x u_x & u_x u_y & u_x u_z \\ u_y u_x & u_y u_y & u_y u_z \\ u_z u_x & u_z u_y & u_z u_z \end{pmatrix} \qquad (6-50)$$

法向应力可以分解成压力和内摩擦力,即

$$\begin{cases} \sigma_x = -p + \tau_{xx} \\ \sigma_y = -p + \tau_{yy} \\ \sigma_z = -p + \tau_{zz} \end{cases} \qquad (6-51)$$

把式(6-51)代入式(6-48)式并应用式(6-49),可得到动量方程的矢量形式

$$\frac{\partial(\rho \boldsymbol{u})}{\partial t} + \nabla \cdot (\rho \boldsymbol{u}\boldsymbol{u}) = -\nabla p + \nabla \cdot \boldsymbol{\tau} + \rho \boldsymbol{f} = -\nabla \cdot (p\boldsymbol{I} - \boldsymbol{\tau}) + \rho \boldsymbol{f} \qquad (6-52)$$

其中

$$\boldsymbol{\tau} = \begin{pmatrix} \tau_{xx} & \tau_{xy} & \tau_{xz} \\ \tau_{yx} & \tau_{yy} & \tau_{yz} \\ \tau_{zx} & \tau_{zy} & \tau_{zz} \end{pmatrix} \qquad (6-53)$$

根据坐标的可置换性,可知 $\boldsymbol{\tau}$ 具有对称性,即 $\tau_{xy} = \tau_{yx}$,$\tau_{xz} = \tau_{zx}$ 和 $\tau_{yz} = \tau_{zy}$。把式(6-52)式的左侧展开,并用式(6-45),得到

$$\frac{\partial(\rho\boldsymbol{u})}{\partial t} + \nabla\cdot(\rho\boldsymbol{uu}) = \rho\frac{\partial u}{\partial t} + \rho(\boldsymbol{u}\cdot\nabla)\boldsymbol{u} = \rho\frac{\mathrm{D}\boldsymbol{u}}{\mathrm{D}t} \tag{6-54}$$

因此,式(6-52)可以写成

$$\rho\frac{\mathrm{D}\boldsymbol{u}}{\mathrm{D}t} = -\nabla p + \nabla\cdot\boldsymbol{\tau} + \rho\boldsymbol{f} \tag{6-55}$$

这就是拉格朗日系统里的动量方程,也称为 Navier-Stokes 方程。下面来讨论黏性应力。假设流体是各向同性的牛顿流体,则有

$$\tau_{ii} = 2\mu\left(\frac{\partial v_i}{\partial x_i}\right) - \left(\frac{2}{3}\mu - \mu'\right)(\nabla\cdot\boldsymbol{u}) \tag{6-56}$$

$$\tau_{ij} = \tau_{ji} = \mu\left(\frac{\partial v_i}{\partial x_j} + \frac{\partial v_j}{\partial x_i}\right) \tag{6-57}$$

其中,μ 是流体的动力黏度,μ' 为涡黏度。对于稠密气体和液体来说,μ' 很小,可以忽略。只有在流体是稀薄气体并且接近声速流动的时候,涡团的黏性扩散不可忽略。因此在一般情况下,式(6-56)可以简化为

$$\tau_{ii} = 2\mu\frac{\partial v_i}{\partial x_i} - \frac{2}{3}\mu\,\nabla\cdot\boldsymbol{u} \tag{6-58}$$

把式(6-52)、式(6-57)和式(6-58)代入式(6-48),得到

$$\frac{\partial}{\partial t}(\rho u_x) + \frac{\partial}{\partial x}(\rho u_x u_x) + \frac{\partial}{\partial y}(\rho u_x u_y) + \frac{\partial}{\partial z}(\rho u_x u_z)$$

$$= -\frac{\partial p}{\partial x} + \frac{\partial}{\partial x}\left[2\mu\frac{\partial u_x}{\partial x} - \frac{2}{3}\mu\,\nabla\cdot\boldsymbol{u}\right] +$$

$$\frac{\partial}{\partial y}\left[\mu\left(\frac{\partial u_x}{\partial y} + \frac{\partial u_y}{\partial x}\right)\right] + \frac{\partial}{\partial z}\left[\mu\left(\frac{\partial u_x}{\partial z} + \frac{\partial u_z}{\partial x}\right)\right] + \rho f_x \tag{6-59}$$

这就是 x 方向的 Navier-Stokes 方程,在式(6-59)中把 x,y,z 互相置换就可以得到 y 和 z 方向的动量方程了,写成矢量形式有

$$\frac{\partial}{\partial t}(\rho\boldsymbol{u}) + \nabla\cdot(\rho\boldsymbol{uu}) = -\nabla p + \nabla\cdot[\mu\,\nabla\boldsymbol{u}] + \nabla\left[\frac{4}{3}\mu\,\nabla\cdot\boldsymbol{u}\right] + \rho\boldsymbol{f} \tag{6-60}$$

到此为止,利用所得到的质量守恒方程、动量守恒方程、初始条件、边界条件和其他结构方程,就可以形成一个封闭的方程组体系来确定流场内的速度、密度和压力分布了。结构方程,包括流体压力、密度20、黏性应力的关系式等。

对于不可压缩流体,有 $\nabla\cdot\boldsymbol{u} = 0$,在黏度和密度是常数的情况下,$x$ 方向的 Navier-Stokes 动量方程(6-59)可以简化为

$$\rho\frac{\partial u_x}{\partial t} + \rho\,\nabla\cdot u_x\boldsymbol{u} = -\frac{\partial p}{\partial x} + \mu\,\nabla^2 u_x + \rho f_x \tag{6-61}$$

其中

$$\nabla^2 u_x = \frac{\partial^2 u_x}{\partial x^2} + \frac{\partial^2 u_x}{\partial y^2} + \frac{\partial^2 u_x}{\partial z^2}$$

注意到

$$\nabla\cdot\rho\boldsymbol{uu} = \rho\boldsymbol{u}\cdot\nabla\boldsymbol{u} + \boldsymbol{u}(\nabla\cdot\rho\boldsymbol{u})$$

这样在密度为常数的情况下,就得到矢量形式的方程

$$\rho\frac{\partial\boldsymbol{u}}{\partial t} + \rho\boldsymbol{u}\cdot\nabla\boldsymbol{u} = -\nabla p + \mu\,\nabla^2\boldsymbol{u} + \rho\boldsymbol{f} \tag{6-62a}$$

或

$$\rho \frac{\mathrm{D}\boldsymbol{u}}{\mathrm{D}t} = -\nabla p + \mu \nabla^2 \boldsymbol{u} + \rho \boldsymbol{f} \qquad (6-62\mathrm{b})$$

进一步,对于可以忽略黏性的无黏流动,有

$$\rho \frac{\mathrm{D}\boldsymbol{u}}{\mathrm{D}t} = -\nabla p + \rho \boldsymbol{f} \qquad (6-63)$$

此外,关于单相流体的能量方程,在第 4 章已经进行了导出,在此不再赘述。

2. 两相流体动力学方程

如 6.4.1 节中所述,描述两相流体的模型有均相流、漂移流、两流体等,其中均相流和漂移流模型又可称为混合流模型,指的是把两相看成是一种混合物,用混合物的参数来描述两相流,本节将对该模型的基本守恒方程进行介绍。

两相流体的质量方程有时候也称为连续方程,在一维的情况下有

$$\frac{\partial}{\partial t}\iint_{A_z} \rho \mathrm{d}A_z + \frac{\partial}{\partial z}\iint_{A_z} \rho u_z \mathrm{d}A_z = 0 \qquad (6-64)$$

或

$$\frac{\partial}{\partial t}\left[\rho_g \alpha + \rho_f(1-\alpha)\right]A_z + \frac{\partial}{\partial z}\left[\rho_g \alpha u_{g,z} + \rho_f(1-\alpha)u_{f,z}\right]A_z = 0 \qquad (6-65)$$

其中,$u_{g,z}$ 和 $u_{f,z}$ 分别是气相和液相在 z 方向的速度。式(6-65)还可以写成

$$\frac{\partial}{\partial t}(\rho_m A_z) + \frac{\partial}{\partial z}(G_m A_z) = 0 \qquad (6-66)$$

其中,ρ_m 和 G_m 分别两相混合物的静态平均密度和平均质量流密度。

图 6-12 是一维情况下的通道内两相流的流体受力示意图,可以得到相应的动量守恒方程

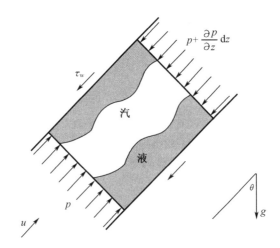

图 6-12　通道内的一维两相流受力示意图

$$\frac{\partial}{\partial t}\iint_{A_z} \rho u_z \mathrm{d}A_z + \frac{\partial}{\partial z}\iint_{A_z} \rho u_z^2 \mathrm{d}A_z = -\iint_{A_z} \frac{\partial p}{\partial z}\mathrm{d}A_z - \int_{P_z} \tau_w \mathrm{d}P_z - \iint_{A_z} \rho g\cos\theta \mathrm{d}A_z \qquad (6-67)$$

其中,P_z 为 z 点的湿周,进一步可以得到

$$\frac{\partial}{\partial t}\{[\rho_g \alpha u_{g,z} + \rho_f(1-\alpha)u_{f,z}]A_z\} + \frac{\partial}{\partial z}\{[\rho_g \alpha u_{g,z}^2 + \rho_f(1-\alpha)u_{f,z}^2]A_z\}$$

$$= -\frac{\partial(pA_z)}{\partial z} - \int_{P_z}\tau_w dP_z - [\rho_g \alpha + \rho_f(1-\alpha)]g\cos\theta A_z \tag{6-68}$$

假设同一截面 A_z 内压力 p 均匀分布,即 $\{p\} = p$,则有

$$\frac{\partial}{\partial t}(G_m A_z) + \frac{\partial}{\partial z}\left(\frac{G_m^2}{\rho_m^+}A_z\right) = -\frac{\partial(pA_z)}{\partial z} - \int_{P_z}\tau_w dP_z - \rho_m g\cos\theta A_z \tag{6-69}$$

其中 ρ_m^+ 称为动力密度,由下式定义:

$$\frac{1}{\rho_m^+} \equiv \frac{1}{G_m^2}\{\rho_g \alpha u_{g,z}^2 + \rho_f(1-\alpha)u_{f,z}^2\} \tag{6-70}$$

假如 $u_{g,z} = u_{f,z}$,则有 $\rho_m^+ = \rho_m$。

对于两相流体的能量方程,首先假设流体内沿流动方向的轴向导热可以忽略,并且流体的膨胀功可以忽略,壁面的摩擦力和流体内的黏性力以及重力所做的功都很小,也可以忽略,则能量方程为

$$\frac{\partial}{\partial t}\iint_{A_z}\rho\overline{H}dA_z + \frac{\partial}{\partial z}\iint_{A_z}\rho\overline{H}u_z dA_z = q_1 + \iint_{A_z}q_V dA_z \tag{6-71}$$

其中 q_1——壁面的线释热率;

q_V——流体内的内热源,比如中子在冷却剂内慢化时直接释放在冷却剂中的能量就是内热源的一种。

式(6-71)还可以写成

$$\frac{\partial}{\partial t}\iint_{A_z}\rho\overline{H}dA_z + \frac{\partial}{\partial z}\iint_{A_z}\rho\overline{H}u_z dA_z = \frac{\partial}{\partial t}\iint_{A_z}\rho(pv)dA_z + q_1 + \iint_{A_z}q_V dA_z \tag{6-72}$$

或

$$\frac{\partial}{\partial t}(\{\rho_g \alpha\overline{H}_g + \rho_f(1-\alpha)\overline{H}_f\}A_z) + \frac{\partial}{\partial z}(\{\rho_g \alpha\overline{H}_g u_{g,z} + \rho_f(1-\alpha)\overline{H}_f u_{f,z}\}A_z) \times$$

$$\left(\frac{\partial p}{\partial t}\right)A_z + q_1 + \iint_{A_z}q_V dA_z \tag{6-73}$$

进一步忽略动能,并且引入

$$H_m = \frac{1}{\rho_m}(\{\rho_g \alpha H_g + \rho_f(1-\alpha)H_f\}) \tag{6-74}$$

$$H_m^+ = \frac{1}{G_m}(\{\rho_g \alpha H_g u_{g,z} + \rho_f(1-\alpha)H_f u_{f,z}\}) \tag{6-75}$$

从而得到

$$\frac{\partial}{\partial t}(\rho_m H_m A_z) + \frac{\partial}{\partial z}(G_m H_m^+ A_z) = \left(\frac{\partial p}{\partial t}\right)A_z + q_1 + \iint_{A_z}q_V dA_z \tag{6-76}$$

假如 $u_{g,z} = u_{f,z}$,则有 $H_m^+ = H_m$。

根据上述建立的两相流体动力学方程组,结合合适的本构关系式,包括物性关系式、传热关系式以及流动阻力关系式等,原则上就可以通过数值求解的方法,获得冷却剂在一维瞬态条件下的流场特性。

6.5 瞬态分析的几种方法

对于通道内的瞬态热工问题的数学描述通常由质量方程、动量方程和能量方程及相关的本构关系式组成。由于各方程之间存在相互耦合以及方程本身的非线性特性而难于求解。因此,为了便于采用数值方法求解瞬态问题,需要对方程进行适当的简化。常用的简化方法主要有两类:

1. 通过对通道内的速度分布进行近似,对能量方程和动量方程进行解耦;

2. 通过把偏微分方程转化为常微分方程,即可分别在时间域和空间域上对方程进行数值积分处理,进而求解对应的瞬态问题。

本节主要对几种常用的求解瞬态问题的方法进行简单介绍。为了分析问题的方便,采用如下假设:

1. 如流体处于两相状态,则认为两相之间无滑移,即可采用均相流模型来描述;

2. 通道中的流体流动可简化为一维流动;

3. 通道的流通截面积沿流动方向不变。

这样,式(6-66)、式(6-69)和式(6-76)分别可简化为

$$\frac{\partial}{\partial t}\rho_m + \frac{\partial}{\partial z}G_m = 0 \tag{6-77}$$

$$\frac{\partial}{\partial t}G_m + \frac{\partial}{\partial z}\frac{G_m^2}{\rho_m} = -\frac{\partial p}{\partial z} - \frac{1}{A_z}\int_{P_z}\tau_w \mathrm{d}P_z - \rho_m g\cos\theta \tag{6-78}$$

$$\rho_m \frac{\partial}{\partial t}H_m + G_m \frac{\partial}{\partial z}H_m = \frac{\partial p}{\partial t} + \frac{q_1}{A_z} + \frac{1}{A_z}\iint_{A_z}q_V \mathrm{d}A_z \tag{6-79}$$

为了封闭方程组,还需要给出状态方程,即

$$\rho_m = \rho_m(H_m, p) \tag{6-80}$$

6.5.1 分段可压缩模型

式(6-77)至式(6-80)给出了瞬态问题的一般性定义。待求的未知变量为 ρ_m, G_m, p 和 H_m,分段可压缩模型的主要思想是通过适当的转化,将守恒方程组转化为分别关于 G_m, p 和 H_m 的独立时变微分方程,以便求解。

根据式(6-80),有

$$\frac{\partial \rho_m}{\partial t} = \frac{\partial \rho_m}{\partial H_m}\frac{\partial H_m}{\partial t} + \frac{\partial \rho_m}{\partial p}\frac{\partial p}{\partial t} \tag{6-81}$$

若令 $R_h = \dfrac{\partial \rho_m}{\partial H_m}\bigg|_p$, $R_p = \dfrac{\partial \rho_m}{\partial p}\bigg|_{H_m}$,则式(6-77)可写为

$$R_h \frac{\partial H_m}{\partial t} + R_p \frac{\partial p}{\partial t} + \frac{\partial}{\partial z}G_m = 0 \tag{6-82}$$

利用式(6-79)和式(6-82),可以得到:

$$(\rho_m R_p + R_h)\frac{\partial p}{\partial t} = R_h G_m \frac{\partial H_m}{\partial z} - \rho_m \frac{\partial G_m}{\partial z} - R_h \frac{q_1}{A_z} - R_h B \tag{6-83}$$

$$\left(\rho_{\mathrm{m}}R_p + R_{\mathrm{h}}\right)\frac{\partial H_{\mathrm{m}}}{\partial t} = R_p\frac{q_1}{A_z} + R_p B - R_p G_{\mathrm{m}}\frac{\partial H_{\mathrm{m}}}{\partial z} - \frac{\partial G_{\mathrm{m}}}{\partial z} \qquad (6-84)$$

其中

$$B = \frac{1}{A_z}\iint_{A_z} q_V \mathrm{d}A_z$$

注意到等熵声速的定义

$$c^2 = \frac{\partial p}{\partial \rho}\bigg|_s \qquad (6-85)$$

由于

$$\frac{\partial \rho}{\partial p}\bigg|_s = \frac{\partial \rho}{\partial p}\bigg|_h + \frac{\partial \rho}{\partial H}\bigg|_p\frac{\partial h}{\partial p}\bigg|_s = R_p + R_h\frac{\partial h}{\partial p}\bigg|_s \qquad (6-86)$$

根据热力学第一定律,有

$$\mathrm{d}H = T\mathrm{d}s + v\mathrm{d}p \qquad (6-87)$$

容易得到

$$\frac{\partial H}{\partial p}\bigg|_s = v = \frac{1}{\rho_{\mathrm{m}}} \qquad (6-88)$$

据此可得

$$c^2 = \frac{\rho_{\mathrm{m}}}{\rho_{\mathrm{m}}R_p + R_h} \qquad (6-89)$$

至此,原守恒方程组可重写为

$$\frac{\rho_{\mathrm{m}}}{c^2}\frac{\partial p}{\partial t} = R_h G_{\mathrm{m}}\frac{\partial H_{\mathrm{m}}}{\partial z} - \rho_{\mathrm{m}}\frac{\partial G_{\mathrm{m}}}{\partial z} - R_h\frac{q_1}{A_z} - R_h B \qquad (6-90)$$

$$\frac{\rho_{\mathrm{m}}}{c^2}\frac{\partial H_{\mathrm{m}}}{\partial t} = R_p\frac{q_1}{A_z} + R_p B - R_p G_{\mathrm{m}}\frac{\partial H_{\mathrm{m}}}{\partial z} - \frac{\partial G_{\mathrm{m}}}{\partial z} \qquad (6-91)$$

$$\frac{\partial G_{\mathrm{m}}}{\partial t} = -\frac{\partial p}{\partial z} - C - \rho_{\mathrm{m}}g\cos\theta - \frac{\partial}{\partial z}\frac{G_{\mathrm{m}}^2}{\rho_{\mathrm{m}}} \qquad (6-92)$$

其中

$$C = \frac{1}{A_z}\int_{P_z}\tau_{\mathrm{w}}\mathrm{d}P_z$$

在对所研究的通道进行空间离散化后,再利用式(6-90)~式(6-92)进行数值求解,求得 p 和 H_{m} 后,即可利用状态方程(6-80)求得 ρ_{m}。如果采用显式方式求解,为了保证求解精度和数值计算稳定性,通常要求时间步长、空间步长满足如下条件:

$$\Delta t \leqslant \frac{\Delta z}{c + |v_{\mathrm{m}}|} \qquad (6-93)$$

其中 $v_{\mathrm{m}} = G_{\mathrm{m}}/\rho_{\mathrm{m}}$。

由式(6-93)可知,若要保证分段可压缩方法的数值稳定性,通常需要选用很小的时间步长,这也将导致对计算资源的要求较高。这种方法的优势是可以考虑流体的可压缩性,对于某些声波现象主导的瞬态过程,可以进行准确的预测。

6.5.2 动量积分模型

鉴于分段可压缩模型对于时间步长的要求过于苛刻,而对于很多瞬态过程而言,流体的可压缩性对于流动过程的影响有限,因此可以假定流体的密度仅随焓值变化,则有:

$$\rho_{\mathrm{m}} = \rho_{\mathrm{m}}\left(H_{\mathrm{m}}, p^*\right) \qquad (6-94)$$

其中 p^* 是定义流体物性的参考压力。

进一步地,若在能量方程中不考虑由于压力瞬变项,并忽略流体内部释热项(对于求解来讲不必要),则能量方程(6-79)可简化为

$$\rho_m \frac{\partial}{\partial t} H_m + G_m \frac{\partial}{\partial z} H_m = \frac{q_1}{A_z} \qquad (6-95)$$

所谓动量积分模型,就是在不考虑流体压缩性的前提下,沿流动通道对动量方程式(6-78)进行积分,即

$$\int_0^L \left(\frac{\partial}{\partial t} G_m \right) dz + \int_0^L \left(\frac{\partial}{\partial z} \frac{G_m^2}{\rho_m} \right) dz = \int_0^L \left(-\frac{\partial p}{\partial z} \right) dz - \int_0^L \left(\frac{1}{A_z} \int_{P_z} \tau_w dP_z \right) dz - \int_0^L \rho_m g \cos\theta dz$$

$$(6-96)$$

由式(6-96)容易得到:

$$\frac{\partial}{\partial t} \int_0^L G_m dz + \left(\frac{G_m^2}{\rho_m} \right)_{z=L} - \left(\frac{G_m^2}{\rho_m} \right)_{z=0} = p_{z=0} - p_{z=L} - \int_0^L \left(\frac{1}{A_z} \int_{P_z} \tau_w dP_z \right) dz - \int_0^L \rho_m g \cos\theta dz$$

$$(6-97)$$

若分别定义:

$$\overline{G}_m = \frac{1}{L} \int_0^L G_m dz$$

$$\Delta p = p_{z=0} - p_{z=L}$$

$$F = \left(\frac{G_m^2}{\rho_m} \right)_{z=L} - \left(\frac{G_m^2}{\rho_m} \right)_{z=0} + \int_0^L \left(\frac{1}{A_z} \int_{P_z} \tau_w dP_z \right) dz + \int_0^L \rho_m g \cos\theta dz$$

则式(6-96)可改写为

$$\frac{d \overline{G}_m}{dt} = \frac{1}{L} (\Delta p - F) \qquad (6-98)$$

利用式(6-98)可以方便地计算平均质量流速 $\overline{G}_m$,对于质量流速沿流动方向上的变化,则可以利用连续性方程和能量方程来求解。由质量方程可知:

$$\frac{\partial G_m}{\partial z} = -\frac{\partial \rho_m}{\partial t} = -\frac{\partial \rho_m}{\partial H_m} \frac{\partial H_m}{\partial t} - \frac{\partial \rho_m}{\partial p} \frac{\partial p}{\partial t} = -R_h \frac{\partial H_m}{\partial t} \qquad (6-99)$$

由式(6-99)和式(6-95),可得

$$\frac{\partial G_m}{\partial z} = -\frac{1}{\rho_m} R_h \left[\frac{q_1}{A_z} - G_m \frac{\partial h_m}{\partial z} \right] \qquad (6-100)$$

至此,在给定的边界条件下,可以用数值计算的方法求解由式(6-95)、式(6-98)和式(6-100)组成的微分方程组,进而求得密度场等。值得注意的是,由于忽略了流体可压缩性的影响,在进行显示求解时,动量积分模型要求的时间步长和空间步长的关系只需满足下式:

$$\Delta t \leqslant \frac{\Delta z}{|v_m|} \qquad (6-101)$$

6.5.3 单一速度模型

在动量积分模型的基础上,若进一步忽略流体密度随焓值的变化,则质量方程可退化为

$$\frac{\partial G_m}{\partial z} = 0 \tag{6-102}$$

据此可知,此时质量流速不随位置发生变化,而仅是时间的函数,这就是所谓的单一速度模型。此时,质量流速(速度)只需求解式(6-98)即可。单一速度模型既不考虑流体的膨胀性,也不考虑流体的压缩性,因此仅适用于流体密度随时间变化不大的瞬态过程,例如单相液体流动。

6.5.4　通道积分模型

所谓通道积分模型是指除了对动量方程进行积分求解外,对能量方程和质量方程也进行积分。在这种模型中,将整个通道视为一个整体,并以通道进出口作为能量和质量平衡的物理边界。对质量方程的积分可写成如下形式:

$$\frac{dm}{dt} = G_{in} - G_{out} \tag{6-103}$$

式中　m——通道单位流通面积上的质量,$m = \int_0^L \rho dz$;

　　G_{in}, G_{out}——通道进出口处的质量流速。

在通道积分模型中,通常选用守恒形式的能量方程,即

$$\frac{\partial}{\partial t}(\rho_m H_m) + \frac{\partial}{\partial z}(G_m H_m) = \frac{q_1}{A_z} \tag{6-104}$$

对式(6-104)进行积分,可以得到

$$\frac{\partial}{\partial t}\int_0^L (\rho_m H_m) dz + \int_0^L \partial(G_m H_m) = \int_0^L \frac{q_1}{A_z} dz \tag{6-105}$$

由于

$$G_{out} H_{out} - G_{in} H_{in} = G_{out} H_{out} - \left(G_{out} + \frac{dm}{dt}\right) H_{in} = G_{out}(H_{out} - H_{in}) - \frac{d(mH_{in})}{dt} \tag{6-106}$$

式中 $H_{in} = H_m(z=0)$,且 H_{in} 作为边界条件,可认为是常数。由此,式(6-105)可写为

$$\frac{dE}{dt} = \bar{q} - G_{out}(H_{out} - H_{in}) \tag{6-107}$$

式中,$E = \int_0^L \rho_m (H_m - H_{in}) dz$;$\bar{q} = \int_0^L \frac{q_1}{A_z} dz$。

为了完成对能量方程的积分,通常需要给出流体焓沿流动方向的分布形式。例如可以给出如下的分布形式:

$$H_m(z,t) = H_{in} + \beta(z)[\overline{H}_m(t) - H_m(0,t)] \tag{6-108}$$

如前所述,$H_m(0,t) = H_m(0,0) = H_{in}$,而 $\overline{H}_m(t)$ 为通道内的平均焓值,其表达式可写为

$$\overline{H}_m(t) = \frac{1}{L}\int_0^L H_m(z,t) dz \tag{6-109}$$

式(6-108)中 $\beta(z)$ 为由稳态焓值进行归一化后的形状函数,即满足:

$$\frac{1}{L}\int_0^L \beta(z) dz = 1 \tag{6-110}$$

对于质量流速,也可以得到如下的分布函数:

$$G_m(z,t) = G_m(0,t) + \gamma(z, \overline{H}_m)[\overline{G}_m(t) - G_m(0,t)] \tag{6-111}$$

其中

$$\gamma(z, \overline{H}_{\mathrm{m}}) = \frac{1}{\xi} \int_0^z -\beta(z) \frac{\mathrm{d}\rho_{\mathrm{m}}}{\mathrm{d}H_{\mathrm{m}}} \mathrm{d}z' \tag{6-112}$$

$$\xi = \frac{1}{L} \int_0^L \left[\int_0^z -\beta(z) \frac{\mathrm{d}\rho_{\mathrm{m}}}{\mathrm{d}H_{\mathrm{m}}} \mathrm{d}z' \right] \mathrm{d}z \tag{6-113}$$

这样,就可以通过求解积分质量方程(6-103)、积分动量方程(6-98)和积分能量方程(6-107)求得对应的物理量,并根据式(6-108)和式(6-111)求得沿程的分布。

通道积分模型与动量积分模型相似,其优点是可以进一步放松对于计算时间步长的限制,即

$$\Delta t \leqslant \frac{L}{|v_{\mathrm{m}}|} \tag{6-114}$$

习　题

6-1　反应堆停堆后是否需要继续冷却,为什么?

6-2　反应堆停堆后的功率由哪几部分组成,各有什么特点?

6-3　简述确定反应堆停堆后剩余功率的方法。

6-4　动力反应堆停堆后,常采用的冷却措施有哪些?

6-5　什么是欠冷事故,主要有哪些类型?

6-6　什么是冷却剂丧失事故?冷却剂丧失事故有哪些类型,各有什么特点?

6-7　欠冷事故和冷却剂丧失事故有什么异同?

6-8　反应堆设计时,主要从哪些方面保证发生失流事故时的安全?

6-9　小破口事故分析时主要考虑哪些问题?

6-10　安全分析中最严重的冷却剂丧失事故是哪一种?

6-11　大破口冷却剂丧失事故的主要后果有哪些?

6-12　大破口冷却剂丧失事故中发生的事件序列主要有哪些?简述各阶段特点。

6-13　写出集总参数法求解燃料元件温度场的守恒方程。

6-14　描述冷却剂两相瞬态过程的模型主要有几类,各有什么特点?

6-15　已知压水反应堆中某通道的进口压力降低,其降低过程可描述为

$$p_{\mathrm{in}}(t) - p_{\mathrm{out}} = 0.5[p_{\mathrm{in}}(0) - p_{\mathrm{out}}](1 + e^{-400t})$$

其中时间单位为 s。相关的几何条件和运行参数列于表6-2。试分别利用分段可压缩模型、动量积分模型、单一速度模型和通道积分模型求解下述瞬态问题,并比较异同。

表6-2　运行参数表

参数	值
通道长度/m	3.66
燃料棒外径/mm	9.70
燃料元件节距/mm	12.80

表 6 – 2(续)

参数	值
单棒流通面积/mm^2	90.00
等效直径/mm	12.00
线功率密度/(kW/m)	17.50
质量流速/kg/(m^{2}s)	4.125
进口压力/MPa	15.50
出口压力/MPa	15.42
进口焓值/(kJ/kg)	1 337.2

第7章 反应堆热工分析工具简介

7.1 概　　述

本书在第5章和第6章分别介绍了稳态反应堆热工分析和瞬态反应堆热工分析的基础知识。对于反应堆热工分析,基于不同的分析目的,目前主要有两类分析工具,一类是以 RELAP 系列软件为代表的系统分析程序,主要用于分析核电厂整个冷却剂系统的热工水力瞬态特性;另一类则是以 ANSYS - FLUENT 为代表的计算流体动力学分析程序,由于系统分析程序无法预测具有三维特性的一些物理现象,比如冷却剂在下腔室内的流动,因此,计算流体动力学分析程序主要用来深入了解与安全有关的物理现象。本章分别对系统分析程序和计算流体动力学软件做简单介绍。

7.2 系统程序简介

本节以 RELAP5 为例来对系统分析程序进行简要介绍。RELAP5 是爱达荷国家实验室为美国核管会开发的轻水堆瞬态分析程序,广泛应用于轻水堆运行规程制定、审评计算、事故缓解措施评价、操作规程评价、实验计划分析等。

7.2.1 程序架构

RELAP5 采用自顶向下结构,采用模块化方法搭建总体程序。不同的操作过程处于相互独立的子程序中。图7-1 给出了RELAP5程序的整体架构。

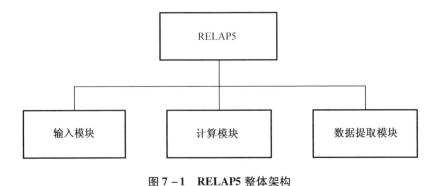

图 7 - 1　RELAP5 整体架构

在输入模块中,用户首先对所需仿真计算的问题进行适当的节点划分;然后,按照 RELAP5 中各部件输入卡的填写方法,编写相应的.i 文件。

在计算模块中,读取.i 文件,对问题进行求解;在此过程中,产生输出文件(.o 文件)和再启动文件(.r 文件)。

在数据提取时,通过读取再启动文件,可提取出变量在不同时刻的数值。

计算模块又包含 7 个子模块,它们分别是:时间步长控制模块、trip 控制模块、边界条件模块、热构件模块、水力部件模块、点堆模型和控制模块。

在一个瞬态计算步中,各模块先后计算顺序由图 7-2 列出。

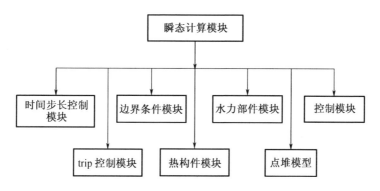

图 7-2 RELAP5 瞬态计算结构

7.2.2 控制方程

RELAP5 的开发是基于瞬态一维、两相流体、六方程水力学(不考虑不凝性气体和硼浓度计算)和一维热传导及点堆中子动力学模型。

在水力学方程计算中,通过气、液质量方程,动量方程和能量方程,求解压力(p)、液相比内能(U_f)、气相比内能(U_g)、截面含气率(α)、液相流速(u_f)、气相流速(u_g)这 6 个变量。

质量方程:

$$\frac{\partial}{\partial t}(\alpha\rho_g) + \frac{1}{A}\frac{\partial}{\partial z}(\alpha\rho_g u_g A) = \Gamma_g \tag{7-1}$$

$$\frac{\partial}{\partial t}[(1-\alpha)\rho_f] + \frac{1}{A}\frac{\partial}{\partial z}[(1-\alpha)\rho_f u_f A] = \Gamma_f \tag{7-2}$$

$$\Gamma_g = -\Gamma_f \tag{7-3}$$

式中 Γ_g,Γ_f 分别为气相和液相的质量源项。

动量方程:

$$\alpha\rho_g A \frac{\partial u_g}{\partial t} + \frac{1}{2}\alpha\rho_g A \frac{\partial u_g^2}{\partial z} = -\alpha A \frac{\partial p}{\partial z} + \alpha\rho_g B_z A - (\alpha\rho_g A)F_{WG}(u_g) +$$
$$\Gamma_g A(u_{gi} - u_g) - (\alpha\rho_g A)F_{IG}(u_g - u_f) -$$
$$C\alpha(1-\alpha)\rho_m A\left[\frac{\partial(u_g - u_f)}{\partial t} + u_f \frac{\partial u_g}{\partial z} - u_g \frac{\partial u_f}{\partial z}\right] \tag{7-4}$$

$$(1-\alpha)\rho_{\rm f}A\frac{\partial u_{\rm f}}{\partial t}+\frac{1}{2}(1-\alpha)\rho_{\rm f}A\frac{\partial u_{\rm f}^2}{\partial z}$$

$$=-(1-\alpha)A\frac{\partial p}{\partial z}+(1-\alpha)\rho_{\rm f}B_{z}A-(1-\alpha)(\rho_{\rm f}A)F_{WF}(u_{\rm f})-\Gamma_{\rm f}A(u_{\rm fi}-u_{\rm f})-$$

$$(1-\alpha)(\rho_{\rm f}A)F_{IF}(u_{\rm f}-u_{\rm g})-C\alpha(1-\alpha)\rho_{\rm m}A\left[\frac{\partial(u_{\rm f}-u_{\rm g})}{\partial t}+u_{\rm g}\frac{\partial u_{\rm f}}{\partial z}-u_{\rm f}\frac{\partial u_{\rm g}}{\partial z}\right]$$

$$(7-5)$$

在式(7-4)和式(7-5)中,左边各项的含义是:流体速度随时间的变化,流入、流出控制体产生的动量变化;方程右侧各项的含义分别是:控制体前后压力差、体积力、壁面摩擦力、相间动量迁移、相间摩擦和虚拟质量力。虚拟质量力的主要作用是求解两相临界速度。

能量方程:

$$\frac{\partial(\alpha\rho_{\rm g}U_{\rm g})}{\partial t}+\frac{1}{A}\frac{\partial(\alpha\rho_{\rm g}u_{\rm g}U_{\rm g}A)}{\partial z}$$

$$=-p\frac{\partial\alpha}{\partial t}-\frac{p}{A}\frac{\partial}{\partial z}(\alpha Au_{\rm g})+Q_{\rm wg}+Q_{\rm ig}+\Gamma_{\rm ig}h_{\rm g}^{*}+\Gamma_{\rm w}h_{\rm g}+DISS_{\rm g} \qquad (7-6)$$

$$\frac{\partial[(1-\alpha)\rho_{\rm f}U_{\rm f}]}{\partial t}+\frac{1}{A}\frac{\partial[(1-\alpha)\rho_{\rm f}u_{\rm f}U_{\rm f}A]}{\partial z}$$

$$=-p\frac{\partial(1-\alpha)}{\partial t}-\frac{p}{A}\frac{\partial}{\partial z}[(1-\alpha)Au_{\rm f}]+Q_{\rm wf}+Q_{\rm if}+\Gamma_{\rm ig}h_{\rm f}^{*}+\Gamma_{\rm w}h_{\rm f}+DISS_{\rm f}$$

$$(7-7)$$

式(7-6)和式(7-7)中,左边各项的含义是:控制体内流体内能的变化,流入、流出控制体内能的变化。右边各项的含义分别是:做功项,控制体前后界面动能差,壁面换热量,气液界面换热量,气液界面质量迁移所带入(带走)的热量,近壁面质量迁移所带入(带走)的热量和能量耗散项。

7.2.3 部件模型

RELAP5 程序建模过程被认为与实际系统建造相似。RELAP5 中的建模单元由 5 个基本部分组成。它们分别是:水力部件、热构件、trip、控制部件和点堆动力学模型。

1. 水力部件

水力部件主要用于模拟实际系统中的流动通道,以及为不同控制体提供连接方式。另外,采用时间控制体和时间控制接管可以模拟边界条件。水力部件中也包括一些特殊的模型,用于模拟特定设备。例如,鉴于核动力系统中,阀门种类繁多,且各类阀门运行机制不同,水力部件中提供了止回阀、触发阀、惯性旋转止回阀、电动阀、伺服阀和释放阀这 6 种模型;针对泵,在一般水力部件的基础上,加入了泵的特性曲线及力矩方程;针对汽轮机、汽水分离器、安注箱等有别于一般水力部件的设备,也为其建立了特定模型。

2. 热构件

热构件用于模拟内热源、导热材料、管壁等固体结构。相对于水力部件而言,热构件结构形式较为单一。在全系统建模中,需对结构材料尽可能地详细模拟,因为结构材料的显热对事故进程有着较大的影响。

3. trip

trip 在 RELAP5 中用于逻辑判断。其包括条件 trip、逻辑 trip 和终止前进 trip。

条件 trip 用于描述当某一个变量达到特定条件时,便发出触发信号。例如:在模拟稳压器备用组电加热器开启时,可采用条件 trip。当压力低于备用组电加热器触发整定值,trip 发出信号,此时,模拟电加热元件的热构件开始产生功率,使得回路压力升高;待回路压力超过整定值时,相应的条件 trip 停止发出触发信号,备用电加热元件停止加热。

在核动力系统中,很多触发信号并不是简单的只与一个变量挂钩,而是会牵扯到数个变量。当这几个变量之间满足特定的逻辑关系时,才能产生触发信号。对于这种情况,条件 trip 已不能进行准确描述;因此,RELAP5 添加了逻辑 trip 来解决这类问题。逻辑 trip 包括"与""或""异或"这 3 种逻辑关系。

以稳压器泄压阀开启条件为例来说明逻辑 trip 的使用方法。在秦山 I 期核电厂中,当一回路系统压力高于 16.07 MPa 时,泄压阀起跳;当压力低于 15.87 MPa 时,泄压阀回座。因此,判断泄压阀处于开启状态有两个判据:

(1)泄压阀正处于关闭状态,一回路压力大于 16.07 MPa;

(2)泄压阀正处于开启状态,一回路压力大于 15.87 MPa。

上述两个判据为"或"的关系,满足其中一个,泄压阀便开启。

4. 控制部件

控制部件为系统运行构造控制系统。例如:蒸汽发生器液位控制系统、稳压器液位控制系统等。除此之外,控制部件中的和、差、乘积等运算,可以产生用户所关心的变量(例如:蒸汽发生器液位等)。

5. 点堆动力学模型

点堆动力学模型用来计算反应堆堆芯功率。另外,针对衰变热,RELAP5 中内置了两种模型。一种是依据美国 1973 年提出的 ANS5.1 标准,用于计算铀燃料堆衰变热;另一种是依据美国于 1979 年提出的 ANSI/ANS－5.1－1979 标准,用于计算轻水堆衰变热。

7.2.4 适用范围

作为轻水堆最佳估算程序,RELAP5 并不是适合模拟核动力系统中的所有设备,也不能用来预测所有工况。从公开发表的文献来看,RELAP5 对商业化压水反应堆一回路各设备能够做到较为准确的估算;但是,对于二回路中的主要设备,汽轮机和冷凝器,其仿真误差较大,不宜用于模型验证。另外,对于低压自然循环运行条件下的系统热工水力特性,采用 RELAP5 来预测是有争议的。

7.2.5 RETRAN－02 简介

RETRAN－02 程序是美国电力研究协会(EPRI)资助美国能源公司(EI)研制的通用轻水堆热工水力瞬态特性大型计算机程序。作为工业标准的复杂流体系统瞬态热工水力学分析程序,可用于核电站设计、事故分析、运行瞬态计算、安全审批、员工培训等。RETRAN－02 已成为世界各国核反应堆系统设计和事故安全评审的重要工具,并为各国核安全当局认可用作执照申请。

自洽稳态初始化是 RETRAN－02 程序与同类大型程序 RELAP5 等相比最为突出的一个优点,其目的是帮助使用者建立所需的初始稳态以进一步模拟瞬态现象。另外,与其他同类系统程序相比,RETRAN－02 的计算速度要快得多。

RETRAN－02 程序基于一维均相流模型开发,并提供可选择的基于漂移流模型或相速度差分方程的相滑移公式(phasic slip formulation)。RETRAN-02 为反应堆控制系统、稳压器、汽水分离器的建模提供了点堆中子动力学模型、一维动力学模型、组件模型。程序还提供了自由的导热、传热模型以方便使用者对反应堆堆芯、蒸汽发生器等进行建模。

RETRAN-02 具体有如下功能：

(1)BWR 和 PWR 瞬态；

(2)小破口事故；

(3)未引起紧急停堆的瞬态。

EI 公司在 20 世纪 90 年代对 RETRAN-02 程序进行了开发和改进，使其功能得到了进一步的扩展，除了 RETRAN-02 程序提供的上述功能外，RETRAN-3D 还具有以下功能：

(1)长期瞬态；

(2)带有热力学不平衡的瞬态；

(3)带有不凝性气体的中间回路运行；

(4)三维功率分布的核反应性反馈重要的瞬态；

(5)BWR 稳定性问题(stability events)。

为了改进对于两相流系统建模的准确性，RETRAN-3D 提供了除均相流模型外两个额外的模型。一是利用滑移模型(动力学或代数)来增加均相流模型(HEM)方程组的个数，以避免使用两相流体速度相等的假设；二是使用滑移模型并增加气相连续性方程来增加均相流模型方程的个数。使用上述两个模型可以避免均相流模型中两相流体必须等速和等温的假设。气相连续方程可以添加到上述任意一个模型中，从而可以对两相流系统中存在不凝性气体的情况进行建模。

使用 RETRAN-3D 程序中的点堆、一维或三维中子动力学模型可以对堆内释热进行较好的建模。RETRAN-3D 提供了设备(component)和辅助模型，从而具备了对包括控制系统在内的核蒸汽供应系统建模的能力。

对于稳态和瞬态问题，RETRAN-3D 都提供了隐式求解方法，而 RETRAN-02 中只提供了显式和半隐式的求解方法。这大大提高了两相系统稳态初始化的收敛性，并提高了瞬态解的稳定性。

7.3　计算流体动力学程序简介

7.3.1　FLUENT 简介

2006 年 5 月，FLUENT 成为全球最大的 CAE 软件供应商——ANSYS 大家庭中的重要成员。所有的 FLUENT 软件都集成在 ANSYS Workbench 环境下，共享先进的 ANSYS 公共 CAE 技术。

ANSYS 公司收购 FLUENT 以后做了大量高技术含量的开发工作，具体如下：

(1)内置六自由度刚体运动模块配合强大的动网格技术；

(2)领先的转捩模型，精确计算层流到湍流的转捩以及飞行器阻力精确模拟；

(3)非平衡壁面函数和增强型壁面函数加压力梯度修正大大提高了边界层回流计算精度；

（4）多面体网格技术大大减少了网格数量并提高了精度；

（5）密度基算法解决高超声速流动；

（6）高阶格式可以精确捕捉激波；

（7）噪声模块解决航空领域的气动噪声问题；

（8）非平衡火焰模型用于航空发动机燃烧模拟；

（9）旋转机械模型加虚拟叶片模型广泛用于螺旋桨旋翼 CFD 模拟；

（10）先进的多相流模拟；

（11）HPC 大规模计算高效并行技术。

1. 网格技术

（1）FLUENT 使用非结构化网格技术，这就意味着可以使用各种网格单元，具体如下：

①二维的四边形和三角形单元；

②三维的四面体；

③六面体；

④棱柱和多面体。

（2）在目前的 CFD 市场上，FLUENT 以其在非结构网格的基础上提供丰富物理模型而著称，主要有以下特点：

①完全非结构化网格

FLUENT 软件采用基于完全非结构化网格的有限体积法，而且具有基于网格节点和网格单元的梯度算法。

②先进的动网格技术

FLUENT 软件中的动网格技术主要解决边界运动的问题，用户只需要指定初始网格和运动壁面的边界条件，余下的网格变化完全由解算器自动完成。

网格变形方式有三种：弹簧压缩式、动态铺层式以及局部网格重构式。其中，局部网格重构是 FLUENT 独有的，用途广泛，可用于非结构网格、变形较大的问题以及物理规律事先不知道而完全由流动所产生的力所决定的问题。

③多网格支持功能

FLUENT 具有强大的网格支持能力，支持截面不连续的网格、混合网格、动网格以及滑移网格。值得强调的是，FLUENT 还拥有多种基于解的网格的自适应。

2. 数值技术

FLUENT 中提供了两类不同的求解器，以供用户选择：基于压力的求解器和基于密度的求解器。FLUENT 中这两种求解器完全在同一界面下，确保 FLUENT 对不同问题都可以得到良好的收敛性、稳定性和精度。

（1）基于压力的求解器

FLUENT 中包含以下两种基于压力的求解器。

①基于压力的分离求解器

分离求解器顺序地求解每一个变量的控制方程，每一个控制方程在求解时被从其他方程中"解耦"或分离，并且因此而得名。分离求解器的内存效率非常高，因为离散方程仅仅在一个时刻需要占用内存，收敛速度相对较慢。工程实践表明，分离求解器对于燃烧、多相流问题更加有效，因为它提供了更为灵活的收敛控制机制。

②基于压力的耦合求解器

基于压力的耦合求解以耦合方式求解动量方程和基于压力的连续方程,它的内存使用量大约是分离求解器的 1.5 ~ 2 倍;由于以耦合方式求解,所以它的收敛速度有 5 ~ 10 倍的提升。基于压力的耦合求解器同时还具有传统压力算法物理模型丰富的优点,可以和所有动网格、多相流、燃烧和化学反应模型兼容,同时收敛速度远远高于基于密度的求解器。

(2)基于密度的求解器

基于密度的求解器直接求解瞬态 N - S 方程(瞬态 N - S 方程在理论上是绝对稳定)。将稳态问题转化为时间推进的瞬态问题,由给定的出场时间推进到收敛的稳态解,这就是通常说的时间推进法(密度基求解方法)。这种方法适用于求解亚音速、高超声速等流畅的强可压缩流问题,且易于改为瞬态求解器。

FLUENT 增加了 AUSM 和 Roe - FDS 通量格式,AUSM 对不连续激波提供了更高精度的分辨率,Roe - FDS 通量格式减小了在大涡模拟中的耗散,从而进一步提高了 FLUENT 在高超声速模拟方面的精度。

3. 物理模型

FLUENT 中提供了丰富的物理模型,本节简要介绍几类。

(1)传热、相变、辐射模型

FLUENT 提供一系列应用广泛的对流、热传导及辐射模型。对于热辐射,P1 和 ROSSLAND 模型适用于介质光学厚度较大的环境;基于角系数的 S2S 模型适用于介质不参与辐射的情况;DO 模型适用于包括玻璃在内的任何介质。DRTM 模型也同样适用。

太阳辐射模型使用光线追踪算法,包含了一个光照计算器,它允许光照和阴影面积可视化,这使得气候控制变化的模拟更加有意义。

其他与传热紧密相关的模型还有汽蚀模型、可压缩流体模型、热交换器模型、壳导热模型、真实气体模型和湿蒸汽模型。

相变模型可以模拟融化和凝固。离散相模型可用于液滴的蒸发。易懂的附加源项和完备的热边界条件使得 FLUENT 的传热模型成为满足各种模拟需要的成熟可靠的工具。

(2)湍流

FLUENT 的湍流模型一直处在商业 CFD 软件的前沿,提供的丰富湍流模型中有常用的 S - A 模型、k - ω 模型、k - ε 模型组。FLUENT 已经将大涡模拟纳入,并开发了分离涡模型,FLUENT 提供的壁面函数和加强壁面处理可以很好地处理壁面附近的流动问题。

(3)化学反应模型

化学反应模型,尤其在湍流状态下的化学反应模型在 FLUENT 中一直占有很重要的地位,多年来 FLUENT 强大的化学反应模型帮助工程师完成了对各种复杂燃烧过程的模拟。

涡耗散概念、PDF 转换以及优先速度化学反应模型已经加入 FLUENT 的主要模型中:涡耗散模型、均衡混合颗粒模型、小火焰模型,以及模拟大量气体燃烧、煤燃烧、液体燃料燃烧的预混合模型。表面反应模型可以用来分析气体和表面之间的化学反应,以确保准确预测表面沉积和蚀刻。

FLUENT 的化学反应可以和大涡模拟以及分离涡模型联合使用,也只有将这些非稳态湍流模型耦合到化学反应模型中,才有可能预测火焰稳定性及燃尽特性。

(4)多相流模型

欧拉多相流模型通过分别求解各相的流动方程的方法分析相互渗透的各种流体或各

相流体,对于颗粒相流体,采用特殊的物理模型进行模拟。

很多情况下,占用资源较小的混合模型也用来模拟颗粒与连续相的混合。FLUENT 可以模拟三相混合流(液、颗粒、气)。可以模拟相间传热和传质,这使得模拟均相和非均相都成为可能。

FLUENT 可以使用离散相模型来模拟喷雾干燥器、液体燃料喷雾、煤粉高炉等。可以模拟射入的粒子、泡沫或液滴与背景流之间的传热、传质及动量交换。

VOF 模型可以用来模拟自由表面流动。汽蚀模型已被证实可以很好的应用到水翼艇、泵及燃料喷雾器的模拟。沸腾现象可以很容易的通过用户自定义函数实现。

4. FLUENT 独有的特点

(1)方便设置惯性或非惯性坐标系、复数基准坐标系、滑移网格以及动静翼相互作用模型化后的连续截面。

(2)内部集成的丰富的材料数据库。

(3)高效率的并行计算功能,提供手动或自动分区算法;内置 MPI 并行机制,大幅提高并行效率。另外,FLUENT 特有的动态负载平衡功能确保全局高效并行计算。

(4)友好的用户界面,并为用户提供二次开发接口(UDF)。

(5)内置处理和数据输出,生成可视化的图形和曲线、报表等。

7.3.2　CFX 简介

CFX 是全球第一款通过 ISO9001 质量认证的大型商业 CFD 软件,目前 CFX 的应用已遍及航空航天、旋转机械、能源化工、石油化工、机械制造、汽车、生物技术、水处理、火灾安全、冶金、环保等领域。

CFX 是全球第一个在复杂集合、网格、求解这三个 CFD 传统瓶颈问题上均获得重大突破的商业 CFD 软件。其特点主要包括以下几个方面。

1. 精确的数值方法

目前绝大多数商业 CFD 软件采用的是有限体积法,然而 CFX 采用的是基于有限元的有限体积法。该方法在保证有限体积法的守恒特性基础上,吸收了有限元法的数值精确性。

(1)基于有限元的有限体积法,对六面体网格使用 24 点积分,而单纯的有限体积法仅采用 6 点积分。

(2)基于有限元的有限体积法,对四面体网格采用 60 点积分,而单纯的有限体积法仅采用 4 点积分。

ANSYS CFX 是全球第一个发展和使用全隐式多网格耦合求解技术的商业 CFD 软件,此方法克服了传统分离算法所要求的"假设压力项—求解—修正压力项"的反复迭代过程,而是采用同时求解动量方程和连续方程,该方法能有效提高计算稳定性和收敛性。

2. 湍流模型

绝大多数工业流动都是湍流流动。因此,ANSYS – CFX 一直致力于提供先进的湍流模型以准确有效地捕捉湍流效应。除了常用的 RANS(如 $k - \varepsilon$, $k - \omega$、SST 及雷诺应力模型)及 LSE 与 DES 模型之外,ANSYS CFX 提供了更多的改进的湍流模型,如能捕捉流线曲率效应的 SST 模型、层流—湍流转捩模型(Menter – Langtry$\gamma - \theta$ 模型)、SAS(Scale – Adaptive Simulation)模型等。

3. 旋转机械

ANSYS CFX 提供了旋转机械模块,能够使用户方便地对旋转机械进行分析计算。

ANSYS CFX 是旋转机械 CFD 仿真领域的长期领跑者。该领域在精度、速度及稳健性方面均有较高的要求。通过采用专为旋转机械定制的前后处理环境,利用一套完整的模型捕捉转子与定子间的相互作用,ANSYS CFX 完全满足旋转机械流体动力学分析的需求。利用 ANSYS 模块 BladeModeler 与 TurboGrid,能够满足旋转机械设计分析过程中的几何构造与网格划分工作。

4. 多相流

ANSYS CFX 中集成了超过 20 年的多相流领域经验,允许模拟仿真多组分流动、气泡、液滴、粒子及自由表面流动。拉格朗日粒子输运模型允许求解计算在连续相内一个或多个离散粒子或液滴相的运动。瞬态粒子追踪模拟可以模拟火焰扑灭过程、粒子沉降和喷雾等。粒子破碎模型可以模拟液滴颗粒雾化,捕捉粒子在外力作用下的破碎过程,并考虑相间的作用力。壁面薄膜模型可以考虑颗粒在高温/低温壁面的反弹、滑移、破碎等现象。欧拉多相流模型可以很好地模拟相间动量、能量和质量传输,而且 CFX 中包含丰富的曳力及非曳力模型,全隐式耦合算法对于求解相变导致的气蚀、蒸发、凝固、沸腾等问题具有很好的鲁棒性。MUSIG 多尺度模型可以模拟颗粒在多分散相流动中的破碎与汇聚行为。利用粒子动力学理论和考虑固体相之间的作用,可以模拟流化床内的流动。

5. 传热及辐射

ANSYS CFX 不仅能够求解流体流动中的能量对流传输,还提供共轭热传递(Conjugate Heat Transfer,CHT)模型求解计算固体内部的热传导。同时 CFX 还集成了大量的模型,捕捉各类固体与流体间的辐射换热,不论这些固体和流体材料是完全透明、半透明还是不透明。

6. 燃烧

不论是在燃气轮机燃烧设计、汽车发动机燃烧模拟、膛炉内煤粉燃烧还是火灾模拟,CFX 都提供了非常丰富的物理模型来模拟流动中的燃烧及化学反应问题。CFX 涵盖了从层流至湍流、从快速化学反应至慢速化学反应、从预混燃烧到非预混燃烧的问题所有的组分作为一个耦合的系统求解。对于复杂的反应系统能够加速收敛。模型包含单步/多步涡破碎模型、有限速率化学反应模型、层流火焰燃烧模型、湍流火焰模型、部分预混 BVM 模型、修正的部分预混 ECM 模型、NOx 模型、Soot 模型、Zimont 模型、废气再循环 EGR 模型、自动点火模型、壁面火焰作用(Quenching)模型、火花塞点火模型等。

7. 流固耦合

ANSYS 结合领先的流体力学和结构力学专业能力和技术以提供最先进的功能模拟流体和固体间的相互作用。单向和双向 FSI 都可以实现,从问题建立到计算结果后处理全部在 ANSYS Workbench 环境中完成。

8. 运动网格

当流体模型中包含有几何运动(如转子压缩机、齿轮泵和血液泵等)时,此时就要求网格具有运动。运动网格的策略涵盖了每个你能想到的运动。特别是在流固耦合计算中涉及固体在流体中的大变形和大位移运动,ANSYS CFD 结合 ICEM CFD 可以实现外部网格重构功能,可以用于模拟特别复杂构型的动网格问题,这种运动可以是制定规律的运动,如汽缸的活门运动,也可以是通过求解刚体六自由度运动的结果,配合 ANSYS CFX 的多配置

（MultiConfigration）模拟，可以很方便地处理活塞封闭和边界接触计算。而且对于螺杆泵、齿轮泵这类特殊的泵体运动，ANSYS CFX 还包含了独特的浸入实体方法，不需要任何网格变形或重构，采用施加动量源项的方法模拟固体在流体中的任意运动。

习　　题

7 - 1　试简述 RELAP5 的整体架构。

7 - 2　RELAP5 的主要建模单元有哪些？

7 - 3　RETRAN 程序的主要功能有哪些？

7 - 4　试比较 CFD 计算方法与系统分析程序分析方法的优缺点。

附录 A　国际单位与工程单位的换算

名称	国际单位	工程单位	换算关系
力	N(牛顿)	kgf(千克力)	1 N = 0.102 kgf 1 kgf = 9.807 N
压力	Pa = N/m^2 (帕 = 牛顿/米^2) MPa(兆帕) 1 bar = 10^5 Pa (1 巴 = 10^5 帕)	kgf/m^2(千克力/米^2) kgf/cm^2(千克力/厘米^2) = at(工程大气压)	1 Pa = 0.102 kgf/m^2 = 10.2 × 10^{-6} kgf/cm^2 1 bar = 1.02 kgf/cm^2 1 kgf/cm^2 = 0.098 MPa = 0.98 bar
动力黏度	Pa · s = N · s/m^2 (帕·秒 = 牛顿·秒/米^2) P(Poise)(泊) 1 P = 0.1 Pas CP(厘泊) 1 CP = 10^{-2}P	kgf · s/m^2 (千克力·秒/米^2)	1 Pa · s = 0.102 kgf · s/m^2 1 kgf · s/m^2 = 9.807 Pa · s
功、能、热量	J(焦耳) kJ(千焦耳)	kgf · m(千克力·米) kcal(大卡)	1 J = 0.102 kgf · m 1 kgf · m = 9.807 J 1 kJ = 0.238 9 kcal 1 kcal/kg = 4.187 kJ
功率	kW = kJ/s (千瓦 = 千焦/秒)	kgf · m/s (千克力·米/秒)	1 kW = 102 kgf · m/s 1 kgf · m/s = 0.009 8 kW
焓	kJ/kg(千焦/千克)	kcal/kg(大卡/千克)	1 kJ/kg = 0.238 9 kcal/kg 1 kcal/kg = 4.187 kJ
比热容	kJ/(kg · ℃) 千焦(千克·℃)	kcal/(kg · ℃) 大卡/(千克·℃)	1 kJ/(kg · ℃) = 0.238 9 kcal/(kg · ℃) 1 kcal/(kg · ℃) = 4.187 kJ/(kg · ℃)
热导率	W/(m · ℃) 瓦/(米·℃)	kcal/(m · h · ℃) 大卡/(米·时·℃)	1 W/(m · ℃) = 0.859 8 kcal/(m^2 · ℃) 1 kcal/(m · h · ℃) = 1.163 W/(m · ℃)
传热系数	W/(m^2 · ℃) 瓦/(米^2·℃)	kcal/(m^2 · ℃) 大卡/(米^2·℃)	1 W/(m^2 · ℃) = 0.859 8 kcal/(m^2 · ℃) 1 kcal/(m^2 · ℃) = 1.163 W/(m^2 · ℃)
表面张力	N/m(牛顿/米)	kgf/m(千克力/米)	1 N/m = 0.102 kgf/m 1 kgf/m = 9.807 N/m

附录 B 核燃料的热物性

燃 料	密度 /(g/cm³)	熔点 /℃	热导率 /(W/(m·℃))	体膨胀系数 /(10⁻⁶℃⁻¹)	比定压热容 /(J/(kg·℃))
金属铀	19.05/93 ℃ 18.87/204 ℃ 18.33/649 ℃	1 133	27.34/93 ℃ 30.28/316 ℃ 36.05/538 ℃ 38.08/760 ℃	61.65/(25~650)℃	116.39/93 ℃ 171.66/538 ℃ 14.27/649 ℃
U－Zr (2%质量)	18.3/室温	1 127	21.98/35 ℃ 27.00/300 ℃ 37.00/600 ℃ 48.11/900 ℃	14.4/(40~500)℃	120.16/93 ℃
U－Si (3.8%质量)	15.57/室温	985	15.0/25 ℃ 17.48/65 ℃	13.81/(100~400)℃	
U－Mo (12%质量)	16.9/室温	1 150	13.48/室温	13.176/(100~400)℃	133.98/300 ℃ 150.72/400 ℃
Zr－U (14%质量)	7.16	1 782	11.00/20 ℃ 11.61/100 ℃ 12.32/200 ℃ 13.02/300 ℃ 18.00/700 ℃	6.80/(105~300)℃ 6.912/(350~550)℃	282.19/93 ℃
UO₂	10.98	2 849	4.33/499 ℃ 2.60/1 093 ℃ 2.16/1 699 ℃ 4.33/2 204 ℃	11.02/(24~2 799)℃	237.40/32 ℃ 316.10/732 ℃ 376.81/1 732 ℃ 494.04/2 232 ℃
UO₂－PuO₂	11.08	2 780	3.50/499 ℃ 1.80/1 988 ℃	11.02/(24~2 799)℃	近似于 UO₂
ThO₂	10.01	3 299	12.6/93 ℃ 9.24/204 ℃ 6.21/371 ℃ 4.64/538 ℃		229.02/32 ℃ 291.40/732 ℃ 324.78/1 732 ℃ 343.32/2 232 ℃

续表

燃 料	密度 /(g/cm³)	熔点 /℃	热导率 /(W/(m·℃))	体膨胀系数 /(10⁻⁶℃⁻¹)	比定压热容 /(J/(kg·℃))
			3.58/790 ℃ 2.91/1 316 ℃		
UC	13.6	2 371	21.98/199 ℃ 23.02/982 ℃	10.8/(21~982)℃	
UN	14.32	2 843	15.92/327 ℃ 20.60/732 ℃ 24.40/1 121 ℃	0.936/(16~1 024)℃	

注:斜杠后面的数指的是测量到的数据所对应的温度。

附录 C 包壳和结构材料的热物性

燃料	密度 /(g/cm³)	熔点 /℃	热导率 /(W/(m·℃))	体膨胀系数 /(10⁻⁶℃⁻¹)	定压比热容 /(J/(kg·℃))
Zr-2	6.57	1 849	11.80/38 ℃ 11.92/93 ℃ 12.31/204 ℃ 12.76/316 ℃ 13.22/427 ℃ 13.45/482 ℃	8.32/(25~800)℃ （扎制方向） 12.3/(25~800)℃ （横向）	303.54/93 ℃ 319.87204 ℃ 330.33/316 ℃ 339.13/427 ℃ 347.92/538 ℃ 375.13/649 ℃
347 不锈钢	8.03	1 399~1 428	14.88/38 ℃ 15.58/93 ℃ 16.96/204 ℃ 18.35/316 ℃ 19.90/427 ℃ 21.46/538 ℃	16.29/(20~38)℃ 16.65/(20~93)℃ 17.19/(20~204)℃ 17.64(20~316)℃ 18.00/(20~427)℃ 18.45/(20~538)℃	502.42/(0~100)℃
1Cr18Ni9Ti	7.9		16.33/100 ℃ 18.84/300 ℃ 22.19/500 ℃ 23.45/600 ℃	16.1/(20~100)℃ 17.2(20~300)℃ 17.9/(20~500)℃ 18.6(20~700)℃	502.42/20 ℃
因科洛依 800	8.02		17.72/21 ℃ 12.98/93 ℃ 14.65/204 ℃ 16.75/316 ℃ 18.42/427 ℃ 20.00/538 ℃ 21.77/649 ℃ 23.86/760 ℃ 25.96/871 ℃ 30.98/982 ℃	14.4/(20~100)℃ 15.8/(20~200)℃ 16.1/(20~300)℃ 16.5/(20~400)℃ 16.8/(20~500)℃ 17.1/(20~600)℃ 17.5/(20~700)℃ 18.0/(20~800)℃ 18.5/(20~900)℃ 19.0/(20~1 000)℃	502.42/20 ℃

续表

燃料	密度 /(g/cm³)	熔点 /℃	热导率 /(W/(m·℃))	体膨胀系数 /(10⁻⁶℃⁻¹)	定压比热容 /(J/(kg·℃))
因科镍 600	8.42		14.65/20 ℃ 15.91/93 ℃ 17.58/204 ℃ 19.26/316 ℃ 22.61/538 ℃ 26.80/760 ℃ 28.89/871 ℃	13.4/(20~100)℃ 13.8/(20~200)℃ 14.1/(20~300)℃ 14.5/(20~400)℃ 14.9/(20~500)℃ 15.3/(20~600)℃ 15.7/(20~700)℃ 16.1/(20~800)℃ 16.8/(20~1 000)℃	460.55/21 ℃ 460.55/93 ℃ 502.42/204 ℃ 502.42/316 ℃ 544.28/427 ℃ 544.28/538 ℃ 586.15/649 ℃ 628.02/760 ℃ 628.02/871 ℃
哈斯特洛依 N	8.93		12/149 ℃ 14/302 ℃ 16/441 ℃ 18/529 ℃ 20/629 ℃ 24/802 ℃	12.60/(100~400)℃ 15.12/(400~800)℃ 17.82/(600~1 000)℃ 15.48/(100~1 000)℃	

注:斜杠后面的数指的是测量到的数据所对应的温度。

附录 D 贝塞尔函数

n 阶贝塞尔方程为

$$x^2 \frac{d^2 y}{dx^2} + x \frac{dy}{dx} + (x^2 - n^2) y = 0$$

式中，n 为常数。

该方程的通解可表示为

$$y = A J_n(x) + B Y_n(x)$$

式中　A, B——常数；

$J_n(x)$——n 阶第一类贝塞尔函数；

$Y_n(x)$——n 阶第二类贝塞尔函数，有时也用符号 $N_n(x)$ 来表示，称为诺埃曼函数。

$J_n(x)$ 及 $Y_n(x)$ 由下列级数定义：

$$J_n(x) = \sum_{m=0}^{\infty} \frac{(-1)^m}{m!} \frac{1}{\Gamma(n+m+1)} \left(\frac{x}{2}\right)^{2m+n} \quad (n = 整数)$$

$$\Gamma(n+m+1) = (n+m)!$$

$$Y_n(x) = \begin{cases} \dfrac{J_n(x)\cos n\pi - J_{-n}(x)}{\sin n\pi} & (n \neq 整数) \\[3mm] \lim\limits_{a \to 0} \dfrac{J_a(x)\cos n\pi - J_{-a}(x)}{\sin n\pi} & (n = 整数) \end{cases}$$

在核工程感兴趣的自变量范围内，零阶、一阶第一类贝塞尔函数值见下表。

贝塞尔函数值

x	$J_0(x)$	$J_1(x)$	x	$J_0(x)$	$J_1(x)$
0	1.000 0	0.000 0	1.4	0.566 9	0.541 9
0.05	0.999 4	0.025 0	1.5	0.483 8	0.564 4
0.10	0.997 5	0.049 9	1.6	0.455 4	0.569 9
0.15	0.994 4	0.074 8	1.7	0.369 0	0.580 2
0.20	0.990 0	0.099 5	1.8	0.340 0	0.581 5
0.25	0.984 4	0.124 0	1.9	0.252 8	0.579 4
0.30	0.977 6	0.148 3	2.0	0.223 9	0.576 7
0.35	0.969 6	0.172 3	2.1	0.138 3	0.562 6
0.40	0.960 4	0.196 0	2.2	0.110 4	0.566 0
0.45	0.950 0	0.219 4	2.3	0.028 8	0.530 5
0.50	0.938 5	0.242 3	2.4	0.002 5	0.520 2
0.55	0.925 8	0.264 7	2.5	0.072 9	0.484 3

续表

x	$J_0(x)$	$J_1(x)$	x	$J_0(x)$	$J_1(x)$
0.60	0.912 0	0.286 7	2.6	$-0.096\ 8$	0.470 8
0.65	0.897 1	0.308 1	2.7	$-0.164\ 1$	0.426 0
0.70	0.881 2	0.329 0	2.8	$-0.185\ 0$	0.409 7
0.75	0.864 2	0.349 2	2.9	$-0.242\ 6$	0.357 5
0.80	0.846 3	0.368 8	3.0	$-0.260\ 1$	0.339 1
0.85	0.827 4	0.387 8	3.2	$-0.320\ 2$	0.261 3
0.90	0.807 5	0.405 9	3.4	$-0.364\ 3$	0.179 2
0.95	0.786 8	0.423 4	3.6	$-0.391\ 8$	0.095 5
1.0	0.765 2	0.440 1	3.8	$-0.402\ 6$	0.012 8
1.1	0.695 7	0.485 0	4.0	$-0.397\ 1$	$-0.066\ 0$
1.2	0.671 1	0.498 3			
1.3	0.593 7	0.532 5			

附录 E　水的热物性

温度 T /℃	压力 /MPa(绝对)	密度 /(kg/m³)	比定压热容 /(kJ/(kg·℃))	热导率×10⁻² /(W/(m·℃))	动力黏度×10⁶ /(N·s/m²)	普朗特数
0	0.101 325	999.9	4.212 7	55.122	1 789.0	13.67
10	0.101 325	999.7	4.191 7	57.448	1 306.1	9.52
20	0.101 325	998.2	4.183 4	59.890	1 004.9	7.02
30	0.101 325	995.7	4.175 0	61.751	801.76	5.42
40	0.101 325	992.2	4.175 0	63.379	653.58	4.31
50	0.101 325	988.1	4.175 0	64.774	549.55	3.54
60	0.101 325	983.2	4.179 2	65.937	470.06	2.98
70	0.101 325	977.8	4.107 6	66.751	406.28	2.55
80	0.101 325	971.8	4.195 9	64.449	355.25	2.21
90	0.101 325	965.3	4.205 8	68.031	315.01	1.95
100	0.101 325	958.4	4.221 1	68.263	282.63	1.75
110	0.243 26	951.0	4.233 6	68.492	259.07	1.60
120	0.198 54	943.1	4.250 4	68.612	237.48	1.47
130	0.270 12	934.8	4.267 1	68.612	217.86	1.36
140	0.361 36	926.1	4.288 1	68.496	201.17	1.26
150	0.435 97	917.0	4.313 2	68.380	186.45	1.17
160	0.618 04	907.4	4.346 7	68.263	173.69	1.10
170	0.792 02	897.3	4.380 2	67.914	162.90	1.05
180	1.002 7	886.9	4.417 9	67.449	153.09	1.00
190	1.255 2	876.0	4.459 7	66.984	144.25	0.96
200	1.555 1	863.0	4.505 8	66.286	136.40	0.93
210	1.907 9	853.8	4.556 1	65.472	130.52	0.91
220	2.320 1	840.3	4.614 7	64.542	124.63	0.89
230	2.797 9	827.3	4.687 1	63.728	119.72	0.88
240	3.348 0	813.6	4.757 1	62.797	114.81	0.87
250	3.977 6	799.0	4.845 0	61.751	109.91	0.86
260	4.694 0	784.0	4.949 7	60.472	105.98	0.87

续表

温度 T /℃	压力 /MPa(绝对)	密度 /(kg/m³)	比定压热容 /(kJ/(kg·℃))	热导率×10⁻² /(W/(m·℃))	动力黏度×10⁶ /(N·s/m²)	普朗特数
270	5.505 1	767.9	5.088 2	58.960 3	102.06	0.88
280	6.419 1	750.7	5.230 3	57.448	98.135	0.90
290	7.444 8	732.3	5.485 7	55.820	94.210	0.93
300	8.597 1	712.5	5.737 0	53.959	91.265	0.97
310	9.869 7	691.1	6.072 0	52.331	88.321	1.03
320	11.290	667.1	6.574 5	50.587	85.377	1.11
330	12.865	640.2	7.244 5	48.377	81.452	1.22
340	14.608	610.1	8.165 8	45.702	77.526	1.39
350	16.537	574.4	9.505 8	43.028	72.620	1.60
360	18.674	528.0	13.986	39.539	66.732	2.35
370	21.053	450.5	40.326	33.724	56.918	6.79

参 考 文 献

[1] 黄素逸.反应堆热工水力分析[M].北京:机械工业出版社,2014.

[2] 苏光辉,秋穗正,田文喜.核动力系统热工水力计算方法[M].北京:清华大学出版社,2013.

[3] 陈文振,于雷,郝建立.核动力装置热工水力[M].北京:原子能出版社,2013.

[4] 郝老迷.核反应堆热工水力学基础[M].北京:原子能出版社,2010.

[5] 阎昌琪,曹夏昕.核反应堆安全传热[M].哈尔滨:哈尔滨工程大学出版社,2010.

[6] 杨世铭,陶文铨.传热学[M].4 版.北京:高等教育出版社,2008.

[7] 林诚格,郁祖盛,欧阳予.非能动安全先进核电厂 AP1000[M].北京:原子能出版社,2008.

[8] Kays W,Crawford M,Weigand B.对流传热与传质[M].赵镇南,译.4 版.北京:高等教育出版社,2007.

[9] 沈维道,童钧耕.工程热力学[M].北京:高等教育出版社,2007.

[10] 孔珑.工程流体力学[M].3 版.北京:中国电力出版社,2007.

[11] 军扬,陈连发.先进型沸水堆核电厂[M].北京:中国电力出版社,2007.

[12] 谷海峰.密度锁内流体分层特性的实验研究[D].哈尔滨:哈尔滨工程大学,2007.

[13] 李满昌,王明利.超临界水冷堆开发现状与前景展望[J].核动力工程,2006,27(2):1-4.

[14] 阎昌琪.核反应堆工程[M].哈尔滨:哈尔滨工程大学出版社,2004.

[15] Carelli M D,Conway L E,Oriani L,et al.The design and safety features of the IRIS reactor [J].Nuclear Engineering and Design,2004,230(1):151-167.

[16] 于平安,朱瑞安,喻真烷,等.反应堆热工水力分析[M].3 版.上海:上海交通大学出版社,2002.

[17] 徐济鋆.沸腾传热和气液两相流[M].北京:原子能出版社,2001.

[18] 顾马昌文,徐元辉.先进核动力反应堆[M].北京:原子能出版社,2001.

[19] Tong L S,Weisman J.Thermal Analysis of Pressurized Water Reactor[M].3rd ed.New York:American Nuclear Society,1996.

[20] 阎昌琪.气液两相流[M].哈尔滨:哈尔滨工程大学出版社,1995.

[21] 凌备备,杨延洲.核反应堆工程原理[M].北京:原子能出版社,1982.